Fundamentos Físicos

de la computación

2.ª Edición

FUNDAMENTOS FÍSICOS
DE LA COMPUTACIÓN

2.ª Edición

Javier García Zubía

Nekane Sainz Bedoya

Susana Romero Yesa

Facultad de Ingeniería
Universidad de Deusto

Garceta
grupo editorial

FUNDAMENTOS FÍSICOS DE LA COMPUTACIÓN 2.ª EDICIÓN

Javier García Zubía; Nekane Sainz Bedoya; Susana Romero Yesa

ISBN: 978-84-1903-452-6

IBERGARCETA PUBLICACIONES, S.L., Madrid, 2025

Edición: 2.ª

Nº de páginas: 340

Formato: 17 × 24 cm.

Thema: PH. Física

Director Editorial y de Producción: Andrés Otero Reguera

Fundamentos Físicos de la computación 2.ª Edición

ISBN: 978-84-1903-452-6

© Javier García Zubía; Ignacio Nekane Sainz Bedoya; Susana Romero Yesa

COPYRIGHT © 2025 IBERGARCETA PUBLICACIONES, S.L.

Imagen de cubierta: Flickr by kameel, con licencia C00 Creative Commonsl

Edición: 2.ª.

Impresión: 1.ª

Depósito legal: M-906-2025

Impreso por: Ulzama Digital

OI: 002/2025

IMPRESO EN ESPAÑA-*PRINTED IN SPAIN*

CONTENIDO

PRÓLOGO

El libro *Fundamentos físicos de la computación* realiza el recorrido desde el electrón a la puerta lógica, es decir, del elemento físico al elemento lógico.

Para un estudiante del Grado en Ingeniería Informática el computador es el elemento central. Un computador no es otra cosa que un diseño digital sofisticado.

Desde mediados de los años 50 del siglo XX los diseños digitales se han implementado en circuitos electrónicos digitales, así pues, un ordenador real es un circuito electrónico digital de diseño avanzado. Así, resulta curioso ver circuitos digitales hechos con Lego, con fichas de dominó e incluso con botellines de cerveza, e incluso ahora ya diseñan ordenadores cuánticos y la bioquímica también está trabajando en ello. Quizá en un tiempo este libro deba cambiar de tecnología.

En este libro se describen todos los fundamentos físicos que permiten que un computador sea un circuito electrónico, y de esta manera, se entiende el título del libro. Más específicamente este circuito tiene dos partes: la energética o de potencia y la lógica. La primera es la que más típicamente se encuentra en los libros de esta temática: la parte más eléctrica. Sin embargo, la segunda parte es la que da sentido a la primera, salvando las diferencias. Por tanto, la primera parte es el *hardware* y la segunda, el *software*. Ambas son importantes e indisolubles.

En el Capítulo 5 y en parte del Capítulo 4 se describen los fundamentos de una puerta lógica: el material semiconductor, la tecnología MOS y el diseño de puertas lógicas con dicha tecnología MOS.

Además, este libro integra un aspecto que en otras obras queda fuera: la experimentación. Mediante el uso del laboratorio remoto VISIR el alumno podrá llevar a cabo experiencias prácticas reales que le permitirán descubrir el comportamiento de distintos circuitos eléctricos y electrónicos o comprobar la validez de determinados modelos matemáticos. El laboratorio remoto VISIR hace a este libro algo único en el mundo, y sobre todo da al lector una gran oportunidad de aprendizaje.

Este libro es la segunda edición y se basa en la primera, como es lógico, y en el libro *Física para Computación* publicado en el 2022 también por Garceta grupo editorial. En esta edición se ha mejorado el Capítulo 1 y en todos los capítulos se han añadido nuevos ejercicios resueltos y problemas propuestos con el fin de que el lector disponga de una colección suficientemente amplia de ejercicios que le permita comprobar su progreso en la compresión de la materia.

Pedimos a los lectores que nos hagan las sugerencias y comentarios que crean oportunos en zubia@deusto.es.

Javier García Zubia

Bilbao, enero de 2025

Capítulo **1**

FUNDAMENTOS DE ELECTROSTÁTICA Y DE CIRCUITOS ELÉCTRICOS

1.1. INTRODUCCIÓN

Este capítulo inicial aborda los fundamentos de la electrostática. El objetivo es que el lector entienda que los electrones existen, que se mueven, que ejercen una fuerza y que esta fuerza se puede aprovechar para hacer un trabajo como ejecutar programas en un computador.

El capítulo es eminentemente teórico y en él domina el discurso de la física con desarrollos analíticos constantes. No es, por tanto, un capítulo fácil. Si un lector conoce o asume que los electrones se mueven dando lugar a corriente en los circuitos eléctricos y no le apetece demasiado realizar un esfuerzo físico-matemático, entonces quizá pueda pasar directamente al Capítulo 2.

1.2. LA MATERIA: ÁTOMOS, ENLACES Y ELECTRONES

En el siglo VI a. de C., Tales de Mileto urge a los ciudadanos de Atenas a no buscar en los dioses y los mitos la explicación a fenómenos naturales. Las causas y la explicación debían ser comprensibles para las personas.

Unos doscientos años después, Demócrito acierta de pleno al plantear que la materia frente a nuestros ojos puede ser tan diversa como se quiera, pero que en el fondo todo estaba compuesto por unas partículas elementales que él llamó átomos, y así se siguen llamando en la actualidad.

Unos 2000 años después, científicos, magos y nigromantes intentan explicar y/o aprovechar lo que a la postre resultaron ser fenómenos eléctricos y magnéticos. Ya Tales de Mileto intentó sin éxito explicar por qué y cómo después de frotar ámbar en un tejido, este atraía plumas y otros objetos poco pesados. Por cierto, ámbar en griego se dice *elektron*. Y lo mismo ocurre al acercar hierro al mineral llamado magnetita. No tenían las explicaciones, pero observaban los hechos.

Primero los hechos son observados, luego son explicados y modelados matemáticamente (si se puede) y finalmente son explotados en beneficio del hombre.

1.2.1. Átomos y científicos

A principios del siglo XIX, el científico inglés John Dalton plantea y explica que la materia está compuesta de átomos. El libro donde propone su teoría atómica tiene el título de *Chemical Philosophy*, que dice mucho del enfoque. Otro científico, en este caso el químico ruso Dimitri Mendeléyev, indica que en la Naturaleza solo existe un número determinado de elementos, cuya combinación da lugar a toda la materia. En 1869

Mendeléyev publica la tabla periódica de elementos, que en su primera versión contaba con 67 elementos, muchos ya descubiertos y otros por descubrir. La tabla en su versión del año 2016 tiene 118 elementos.

Volviendo hacia atrás, hasta el siglo XVIII se ve que algunos científicos, físicos y químicos habían empezado a explicar determinados fenómenos eléctricos. Benjamin Franklin plantea que en la materia hay dos tipos de cargas, y que su equilibrio o, mejor dicho, su falta de equilibrio daba lugar a distintos fenómenos eléctricos.

Un momento destacado se produce cuando a finales del siglo XVIII Charles-Augustin de Coulomb utilizando una balanza de torsión de suficiente precisión enuncia la ley: *"dos cargas de distinto tipo se atraen con una fuerza que es proporcional al producto de sus cargas y es inversamente proporcional al cuadrado de la distancia que las separa"*. Es decir, Coulomb aporta un modelo matemático para un fenómeno físico. Este modelo es similar al propuesto por Isaac Newton para la fuerza gravitatoria.

El siguiente momento crucial se produce en 1820 cuando el físico danés Hans Christian Oersted demuestra que los fenómenos eléctricos y magnéticos han de ser vistos como uno solo, es decir, debe hablarse de electromagnetismo. El cálculo diferencial desarrollado por Newton y Leibniz se convierte en una herramienta perfecta para comenzar a desentrañar el electromagnetismo desde planteamientos matemáticos. En este aspecto, el físico y matemático francés André-Marie Ampere es el primero en obtener resultados apreciables.

Falta por remarcar que justo en 1800, el físico italiano Alessandro Volta construye la primera pila eléctrica, lo que viene a demostrar un hecho que ahora es evidente: la electricidad es un fenómeno de naturaleza físico-química.

Antes de seguir es importante recalcar que en menos de 100 años se dan muchos avances y que estos están protagonizados por científicos de muy distintos países y con muy distinto perfil científico. La electricidad y su utilidad ha crecido de la mano de físicos, químicos, médicos, inventores, etc. Quizá merece la pena recordar que Faraday al ser interpelado por el ministro de hacienda inglés *"esto es muy bonito, pero ¿tiene utilidad práctica?"* respondió *"algún día usted gravará esto con impuestos.*

Pero todavía queda por responder una cuestión básica ¿dónde está la carga? ¿dónde reside? ¿cómo y por qué se mueve? ¿se puede modelizar matemáticamente?

1.2.2. Electrones y científicos

El modelo atómico de John Dalton permitía explicar varios fenómenos ya que planteaba la existencia de varios elementos, todos ellos formados por átomos idénticos e indivisibles.

Los átomos de elementos diferentes también eran diferentes, y estaban *recubiertos* de una envolvente también diferente para cada uno de ellos. Algunos elementos combinaban más fácilmente con otros, dando lugar a moléculas y a los distintos materiales. Su planteamiento es el de un químico.

Ya casi en el siglo XX, Joseph John Thomson encuentra experimentalmente un fenómeno que al final sería achacable a los electrones. En el modelo de Thomson el átomo se compone de cargas positivas y negativas, es decir, por primera vez el átomo deja de ser indivisible. Un átomo tiene las mismas cargas positivas que negativas, y es eléctricamente neutro. Cada elemento tiene un número distinto de cargas positivas y negativas.

El modelo de Thomson permite que algunas cargas escapen de un átomo a otro, dejando de ser neutros. De este modo se pueden explicar muchos fenómenos anteriormente observados. Thomson aporta un razonamiento, pero todavía quedaba cuantificar y modelizar el comportamiento de las cargas.

El modelo de Ernest Rutherford aporta una novedad muy importante a lo planteado por Thomson. Resulta que tras repetir varias veces un experimento con partículas α, observa que estas atraviesan en gran medida a la materia bombardeada con las partículas α. Es decir, la materia, y por tanto, los átomos, son bastante *más huecos* de lo que creían, no son tan densos como planteaba Thomson. Experimentalmente Rutherford hacia el año 1910 incluso llega a plantear que el átomo tiene un núcleo y que su radio será del orden de 1000 o 10 000 veces menor que el del átomo. Esta característica le permite plantear un mecanismo que facilita el movimiento de los electrones.

Esta conjetura no tiene una base matemática, sino experimental, pero no es menos científico por eso, ni mucho menos. Primero se observa, luego se mide y si se puede se modeliza, preferentemente de modo matemático.

En este momento ya tenemos átomos con un núcleo positivo y electrones negativos girando alrededor de él en una órbita unas 1000 veces mayor que la del núcleo.

El modelo atómico de Niels Bohr aparece poco después y ya utiliza elementos de mecánica cuántica en el modelo matemático. En este modelo lo más importante para nosotros es que los electrones se agrupan en números fijos de electrones y cada uno de estos grupos gira en una órbita de radio fijo. Es decir, las órbitas no se mezclan entre sí, sino que están *cuantizadas*. Bohr además explica cómo un electrón puede pasar de una órbita a otra.

El trabajo de Bohr lo extiende Erwin Schrödinger al explicar que un electrón presenta un comportamiento de onda-corpúsculo. El modelo matemático se complica mucho.

A la hora de usar un modelo, ya sea atómico o de cualquier otro campo, es necesario saber para qué lo queremos usar y qué grado de exactitud necesitamos. Cuando existen varios modelos para explicar un mismo comportamiento, entonces cuanto más exacto es el modelo, más complejo suele ser, y viceversa. En esta situación el alumno y el profesor deben buscar el equilibrio adecuado entre exactitud y complejidad. En nuestro caso a veces vamos a sacrificar exactitud por sencillez ya que, en buena parte del curso, el objetivo es entender y caracterizar fenómenos eléctricos y electrónicos desde una óptica práctica.

1.2.3. Moléculas y enlaces

Fundamentalmente los átomos se unen entre sí mediante dos tipos de enlace: iónico y covalente.

En un enlace iónico dos elementos distintos se unen para equilibrar sus desequilibrios. Por ejemplo, el cloro tiende a cargarse negativamente (Cl^-) y el sodio (Na^+) positivamente con valores similares. Cuando ambos se encuentran en la naturaleza se unen debido a que sus cargas son contrarias y de valor similar, y así tenemos la sal común, ($NaCl$).

Ahora bien, para esta asignatura son más interesantes los enlaces covalentes en los que se unen dos átomos o más del mismo elemento. En este caso claramente no puede haber una atracción entre cargas de signo contrario. El enlace covalente queda muy bien explicado con el modelo atómico de Bohr, ya que en este caso cada órbita tiende a tener un número de electrones para ser estable energéticamente (para cada órbita el número de electrones es distinto). Así si una determinada órbita es estable con 8 electrones y para un elemento solo tiene cuatro, pues entonces estará encantada de compartir sus electrones con otro átomo y así tener 8, aunque sea de forma compartida. Esto es lo que ocurre con el silicio (Si), el material semiconductor por excelencia y fundamento de la electrónica.

El tipo de enlace condiciona si los electrones se mueven más o menos y, por tanto, este comportamiento caracteriza a cada material como aislante, conductor o semiconductor.

Por ejemplo, el cobre (Cu) tiene 29 electrones: 2 en la primera órbita, 8 en la segunda y 18 en la tercera, con lo que queda 1 solo electrón en su cuarta y última órbita, llamada de valencia.

¿Por qué el cobre es un conductor? Para que sea un conductor tiene que tener electrones libres, es decir fuera de las órbitas, y en el cobre ese único electrón de la órbita de valencia necesita muy poco para quedar libre, para salir de su órbita. Es decir, y tal y como muestra la Figura 1.1, la energía que ese electrón necesita para romper el enlace que le liga a la órbita es muy poca, y esta fácilmente puede provenir de la temperatura ambiente, de la luz recibida, de la fricción con otro objeto, etc. En un conjunto de átomos de metal se suele hablar de *nube* de electrones, formada por los electrones liberados de la órbita de valencia. Los metales son conductores porque en su mayoría tienen facilidad para liberar a sus electrones de valencia.

¿Pueden liberarse electrones de órbitas que no sean la de valencia (la última)? Pues sí, pero la energía necesaria es alta.

¿Pueden liberarse los protones del núcleo para moverse como los electrones? Sí pueden, pero en este caso la energía es todavía mayor; es energía nuclear. Cuando se fisiona el núcleo de un átomo o cuando se funde el núcleo de un reactor nuclear, entonces se produce una reacción nuclear que libera una gran cantidad de energía que puede ser usada civil o militarmente.

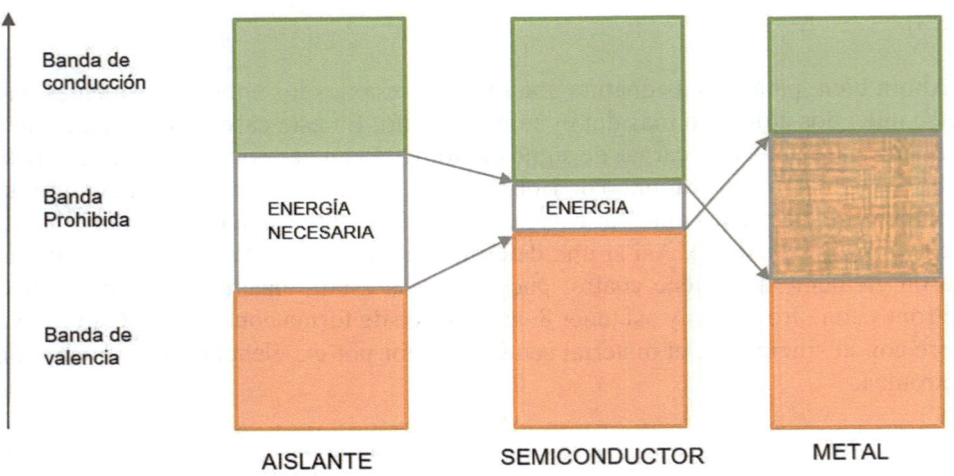

Figura 1.1. Bandas de energía de un átomo

En un material aislante la energía necesaria para liberar un electrón de la órbita de valencia es tanta que no se suele dar, lo que no quiere decir que no se pueda dar (ver Figura 1.2). Y viceversa en el material metálico.

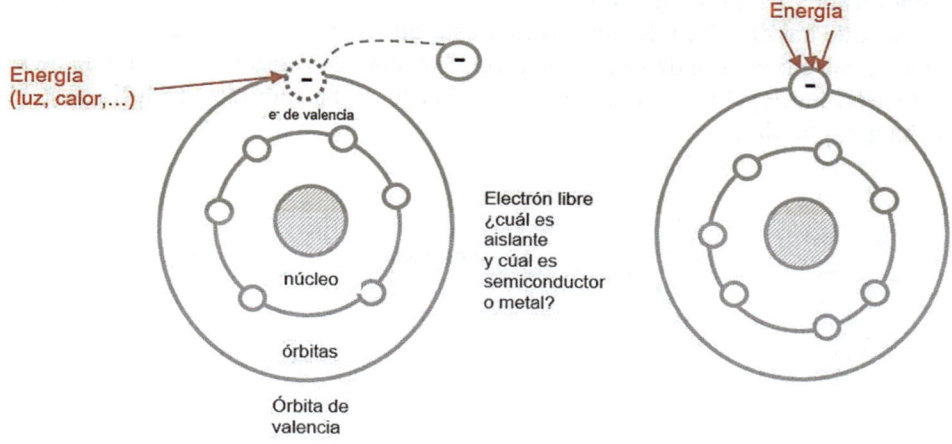

Figura 1.2. A la izquierda un átomo conductor o semiconductor,
y a la derecha un átomo de aislante

Por ejemplo, el aire no conduce la electricidad en condiciones normales, pero sí lo hace durante una tormenta o cuando se suelta abruptamente un enchufe.

En un semiconductor es relativamente fácil liberar alguno de los cuatro electrones de valencia (en los casos del silicio y del germanio), pero no se da espontáneamente, hay que encontrar y controlar esa energía.

Un ejemplo para explicar esta situación utiliza carreteras y coches (inspirado en el modelo de Shockley), las primeras son las órbitas y los segundos son los electrones.

En el átomo de un elemento aislante la carretera está llena de coches y todos van en fila sin moverse apenas. En el átomo de un elemento semiconductor hay dos carriles, por el de la izquierda hay menos tráfico y se puede ir con libertad (banda de conducción), pero para pasar a este carril necesitan acelerar, les hace falta una energía extra ya que sin ella no pueden pasar de carril. Por último, en el átomo de un elemento conductor todos los coches disponibles se mueven con absoluta libertad, sin carriles ni carreteras.

Hay un aspecto importante para la explicación posterior de los semiconductores: los huecos. Cuando un electrón sale de su órbita de valencia se convierte en un electrón libre, dejando un *hueco* en dicha órbita.

El electrón es un *portador* de carga eléctrica negativa, y el hueco lo es de carga positiva. Igual que se mueven los electrones, también lo hacen los huecos, aunque de distinta forma. Es fácil imaginar que si en una órbita hay un hueco y cerca se mueve un electrón (que habrá salido de otra órbita), este quizá caiga en el hueco. Esto es lógico ya que ambas cargas son de signo contrario y se atraen. Ahora bien, de donde ha salido ese electrón ha dejado un hueco, o sea, el hueco se ha movido (en la Figura 1.3 de derecha a izquierda).

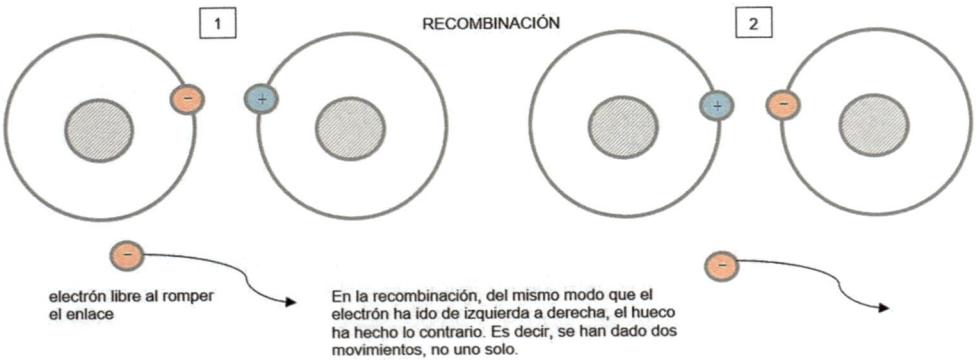

Figura 1.3. Movimiento de electrones y huecos

Hay que resaltar que un hueco se mueve por recombinación, mientras que un electrón puede moverse libremente. En conjunto el hueco se mueve más despacio que el electrón libre (del orden de un tercio). Cabe recordar el ejemplo anterior de los coches y los carriles, ahora con un hueco en la cola.

1.2.4. Fuerza electromagnética

Las fuerzas conocidas en el universo son cuatro: la *gravitatoria*, la *electromagnética*, la *nuclear fuerte* y la *nuclear débil*. A estas quizá haya que sumar una nueva fuerza descrita dentro de las investigaciones del bosón de Higgs.

La fuerza gravitatoria es bien conocida (y parecida a la eléctrica en algunos aspectos) aunque queda fuera de este texto, y con más razón lo están las dos nucleares. Por ejemplo, un rayo es una fuerza eléctrica (desatada). Una gran cantidad de electrones fluye de las nubes hacia la tierra. El rayo libera una gran cantidad de energía, que se consume en ionizar e iluminar el cielo (y en calentar el aire, crear el trueno, …), pero que nosotros no podemos utilizar o almacenar en nuestro beneficio. Este texto busca entender la electricidad para aprovecharla en nuestro beneficio.

Pero volviendo a la tempestad ¿por qué cae un rayo? Cabe recordar que la materia ya no solo se define por su masa, forma, color, etc., sino también por su carga ya que todos los materiales tienen electrones. Bien, en una tempestad las nubes cargadas de hielo y de gotas de agua se mueven a gran velocidad por el viento. Ese movimiento produce roces y fricciones entre las gotas y el hielo. Ese roce continuo hace que las nubes se carguen electrostáticamente de modo que se producen rayos bien de la nube a la tierra, o dentro de la nube, o en horizontal o incluso hacia arriba. Aunque nosotros solo vemos los primeros.

Los materiales ganan y pierden electrones por fricción. Por ejemplo, si frotamos una bolsa o un disco de vinilo este gana electrones, si hacemos lo mismo con el pelo este pierde electrones, todos los objetos ganan o pierden electrones al ser frotados, pero no todos lo hacen con la misma intensidad. Si acercamos un disco de vinilo frotado (cargado negativamente) a una persona con el pelo cargado positivamente (por haberlo frotado), entonces el pelo se encrespará, acercándose hacia el vinilo a consecuencia de la fuerza electrostática. En otro ejemplo, un coche circulando por aire seco tiende a cargarse de electrones, y si el viaje es largo la carga acumulada puede ser elevada, así al acercar la mano a la puerta puede que se produzca una descarga y un pequeño chasquido o chispa.

La serie triboeléctrica de la Figura 1.4 (*tribos* en griego significa frotar) muestra ordenados ciertos materiales indicando cuáles tienen tendencia a cargarse negativamente (atrayendo electrones) y cuáles se cargan positivamente (cediendo electrones). Si frotamos un disco de vinilo en un jersey de lana, entonces el primero se cargará con los electrones que el segundo está dispuesto a ceder. Una vez hecho esto, si acercamos el disco al pelo, este se encrespará ya que la fuerza de atracción supera al peso del pelo (fuerza gravitatoria). Pero si acercamos el jersey al pelo, no pasará nada, aunque puede que al quitárnoslo se produzcan chispas por frotamiento.

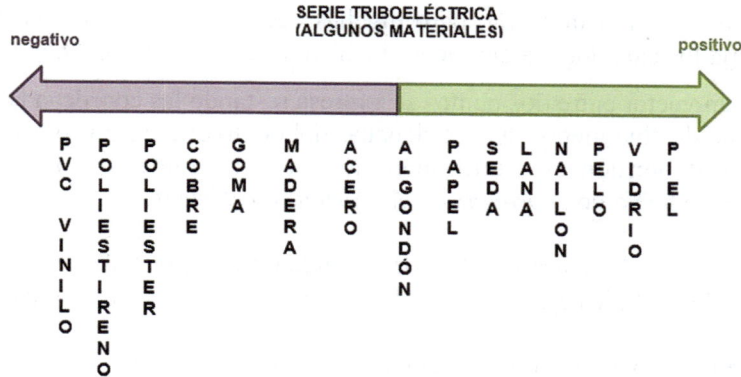

Figura 1.4. Serie triboeléctrica

Este fenómeno, más allá de lo gracioso que es, debe ser tratado con especial interés. En un ambiente peligroso, una chispa puede ser bastante para que el gas prenda y por tanto, los operarios tienen que ir vestidos de una forma determinada. En otro ejemplo si una persona se ha cargado eléctricamente al caminar por una moqueta de lana, entonces si toca sin más un chip de tecnología MOS, seguramente lo destruirá. Hay que tener en cuenta que una persona caminando por una moqueta puede acumular varios cientos de voltios. De hecho, hay una enfermedad, la lipoatrofia, que es de origen electrostático como bien supieron los trabajadores del edificio de Gas Natural en Barcelona en 2010.

Dentro de la electrostática por fricción hay que destacar que el comportamiento depende de si le material es conductor o no. Por ejemplo, si se frota cobre con pelo, entonces el cobre se cargará negativamente (ver serie triboeléctrica) pero al ser conductor, esos electrones cedidos por el pelo se repartirán de forma homogénea por todo el material. Mientras que, si el material es aislante, entonces donde se haya producido el paso o transferencia del electrón, ahí se quedará ya que el material *no lo conducirá*.

Resumiendo, la electrización es observable e incluso en parte controlable, pero no es aprovechable, ya que los electrones no se mueven, no dan lugar a corriente, excepto cuando se transfieren. Nadie se imagina que para encender un móvil o un ordenador haya que frotar un disco de Ronettes con el jersey de lana de la abuela.

1.3. RECUERDO MATEMÁTICO

Este capítulo utiliza diversas herramientas matemáticas que pueden ser de gran ayuda si se entienden bien, y lo contrario, claro. No es tan importante leer estas notas al principio, sino saber que están disponibles en caso de duda. A continuación se repasan varias de ellas.

- **Dimensiones.** El espacio tiene tres dimensiones: x, y, z y el plano tiene dos: x e y. El espacio unidimensional es una recta, solo hay x. Como es normal, el espacio de tres dimensiones es el más real, pero muchas veces se trabaja en una dimensión porque relaja los cálculos matemáticos sin afectar demasiado al concepto.

- **Vectores.** Un vector entre dos puntos se expresa restando las coordenadas cartesianas del punto destino menos las coordenadas del punto origen. En coordenadas polares (en dos dimensiones) se utilizan el módulo y el argumento o ángulo. En tres dimensiones se habla de *coordenadas cilíndricas* o *esféricas*.

  Los vectores pueden tener una, dos o tres coordenadas, según trabajemos en una, dos o tres dimensiones. Si los ejes son x, y, z, los vectores unitarios se denominan $\hat{\imath}$, $\hat{\jmath}$, $\hat{k}$.

  Por ejemplo, el vector $\vec{r}$ que une el punto A (0,1,2) con el punto B (3,2,1), siendo el punto A el origen, sería: $\vec{r} = 3\vec{\imath} + 1\vec{\jmath} - 1\vec{k} = (3, 1, -1)$.

En una única dimensión (Figura 1.5) hay una única coordenada, la x, y el ángulo solo puede tomar dos valores, 0° o 180°. Si el vector apunta a la derecha, 0°, y si lo hace a la izquierda, 180°. Esta situación simplifica mucho los cálculos.

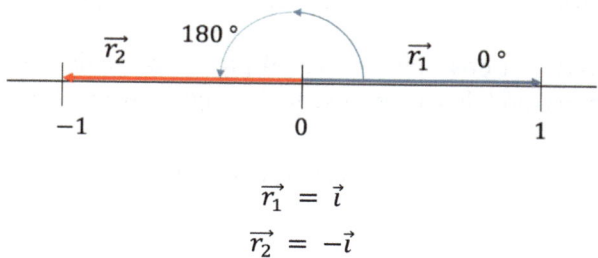

$$\vec{r_1} = \vec{\imath}$$
$$\vec{r_2} = -\vec{\imath}$$

Figura 1.5. vectores en una dimensión

- **Vectores unitarios.** Un vector unitario es aquel que tiene módulo 1. Si tenemos un vector $\vec{r}$ el vector unitario $\hat{r}$ es el vector anterior dividido entre su módulo.

$$\hat{r} = \frac{\vec{r}}{|r|}$$

Recordemos que los vectores $\vec{r}$ y $\hat{r}$ pueden tener una, dos o tres coordenadas, según trabajemos en una, dos o tres dimensiones.

- **Suma de vectores.** Sumar dos vectores supone ponerlos uno detrás de otro, la suma se obtiene sumando las coordenadas (Figura 1.6). También se obtiene el vector suma uniendo el destino y el origen y restando ambos puntos.

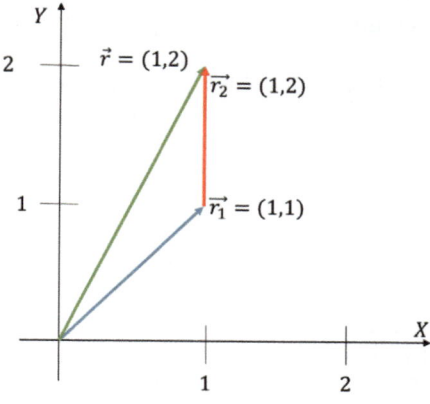

Figura 1.6. Suma de vectores en dos dimensiones

Sean

$$\vec{r_1} = (1,1) \ y \ \vec{r_2} = (0,1)$$

— Analíticamente: $\vec{r} = \vec{r_1} + \vec{r_2} = (1,1) + (0,1) = (1,2)$

— Gráficamente: $\vec{r} = (1 - 0, \ 2 - 0) = (1,2)$

- **Producto escalar.** En dos dimensiones el producto escalar de dos vectores es el producto de ambos módulos por el coseno del ángulo, θ, que forman ambos vectores (Figura 1.7).

$$\vec{x} \cdot \vec{y} = |x| \cdot |y| \cdot \cos\theta$$

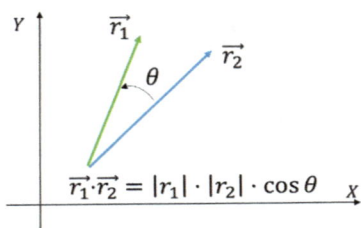

Figura 1.7. Producto escalar de dos vectores

El producto de dos vectores de una dimensión es más sencillo ya que el ángulo solo puede ser 0° o 180° y, por tanto, su coseno solo puede ser 1 o −1, según sea 0° o 180°, respectivamente (Figura 1.8). En este caso la dirección siempre es la misma (el eje x) y solo cambia el sentido.

Además, si sabemos si los dos vectores multiplicados tienen el mismo o distinto sentido, entonces no hace falta poner el coseno, ya que nosotros sabremos si el resultado es "+" o "−", según los vectores tengan el mismo sentido o contrario, respectivamente.

$$\vec{x} \cdot \vec{y} = |x| \cdot |y| \ o - |x| \cdot |y|$$

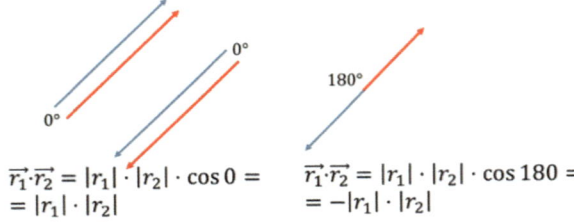

Figura 1.8. Producto escalar de dos vectores en una dimensión

- **Integral.** La integral es un operador que *acumula* valores de forma diferencial. Es el equivalente al sumatorio en el *mundo de lo continuo*. La integral puede ser en una dimensión, dos o tres, según acumule valores en una, dos o tres dimensiones. Puede ser una integral lineal, de superficie o de volumen.

  Para una integral definida de A a B, si hablamos de las tres dimensiones del espacio entonces obtenemos un valor, una superficie o un volumen, según sea una integral en una, dos o tres dimensiones. Y así:
  - La integral definida en una dimensión obtiene la distancia entre A y B siguiendo la función $f(x)$.
  - La integral definida en dos dimensiones obtiene el área de la superficie $f(x, y)$.
  - La integral definida en tres dimensiones obtiene el volumen del volumen $f(x, y, z)$.
  - La integral definida de una recta es d, donde d es la longitud de la recta.
  - La integral definida de un plano rectangular es $a \cdot b$, donde a y b son los lados del rectángulo.
  - La integral definida de un volumen cúbico es $a \cdot b \cdot c$, donde a, b y c son los lados del cubo.
  - La integral de una circunferencia es $2 \cdot \pi \cdot r$, la de un círculo es $\pi \cdot r^2$ y la de una esfera es $4/3 \cdot \pi \cdot r^3$.

  Y así sucesivamente para los distintos elementos geométricos, aunque no siempre estamos ante elementos geométricos regulares.

- **Diferencial.** Un diferencial en una dimensión, dx, es una cantidad infinitesimal en el eje x. Siempre que nos haga falta podemos pensar en 1 mm, o en 1 m, según queramos abstraer.

  Un diferencial vectorial, $\vec{dl}$, es un vector de módulo infinitesimal en tres dimensiones cuya dirección y sentido (ángulo) no están fijados, $\vec{dl}$, puede ser cualquier vector infinitesimal orientado en una esfera.

  El vector $\vec{dx}$, es un vector infinitesimal en una sola dirección y por tanto, puede ser asimilado por dx. Solo quedaría saber si va de derecha a izquierda (negativo) o de izquierda a derecha (positivo). Esto simplifica mucho ciertos cálculos.

  La integral definida de una circunferencia de A a B según dx es $2 \cdot \pi \cdot r$, sin embargo, la misma integral según $\vec{dx}$ es 0. Recordemos que sumar vectores es unirlos y medir la distancia final, pero vemos que los $\vec{dx}$ que arrancan en un punto, acaban en el mismo, o sea, la suma es 0. También podemos ver que a todo $\vec{dx}$ le corresponde otro simétrico, pero de sentido contrario.

En cuanto al dx, en la Figura 1.9 se ha exagerado su tamaño (un pentágono inscrito), pero si este se reduce se acaba obteniendo $2 \cdot \pi \cdot r$. Este planteamiento de polígonos fue el que usó Arquímedes hace más de 2000 años para sus cálculos.

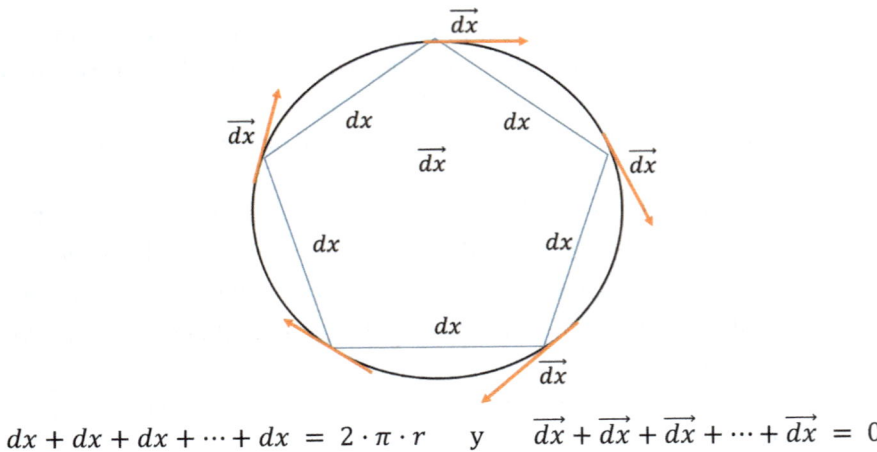

$$dx + dx + dx + \cdots + dx = 2 \cdot \pi \cdot r \quad \text{y} \quad \vec{dx} + \vec{dx} + \vec{dx} + \cdots + \vec{dx} = 0$$

Figura 1.9. Cantidades diferenciales y vectores diferenciales

La integral definida de una función $f(x)$ entre A y B, donde la distancia entre A y B es un diferencial, dx, es $f(A)$.

1.4. FUERZA Y CAMPO ELECTROSTÁTICOS

La fuerza electrostática se encarga de describir el comportamiento de las cargas y los efectos asociados a ellas, mientras aquellas están estáticas, es decir, mientras están quietas.

Es una realidad que la carga eléctrica existe, todos los elementos, materiales y objetos tienen una carga eléctrica asociada. Estas cargas ejercen y sufren la fuerza electromagnética (es una de las cuatro fuerzas detectadas por ahora en el Universo), el efecto de esa fuerza es el trabajo. Y el control y aprovechamiento de ese trabajo es de interés para la humanidad y por tanto, hay que estudiarlo y modelizarlo.

Los científicos relacionan la carga, la fuerza y el trabajo ya mencionadas con otros conceptos como el campo, el potencial y la energía, todos ellos eléctricos. La explicación de todo lo anterior discurre usando distintas definiciones y herramientas matemáticas.

El desarrollo de este capítulo se centra en expresar con claridad las definiciones, en explicarlas con detalle y sin evitar la complejidad de los desarrollos matemáticos y en aportar ejemplos que clarifiquen todo lo anterior. Pero en ningún caso este capítulo aportará ejemplos complejos de dudosa utilidad en el desarrollo del libro. Hay que tener en cuenta que el ordenador o la computadora, objetivo final del libro, no utiliza electrones estáticos, sino electrones que se mueven y dan lugar a una corriente eléctrica que hará un trabajo para nosotros, ya sea el clásico o uno lógico-matemático. El Apartado 1.4 se centra en explicar, modelizar y calcular la fuerza y el campo electrostáticos. El cálculo de la fuerza y el campo eléctricos de cargas aisladas es sencillo, pero no lo es tanto el de hilos, planos, etc., por tanto, el lector debe esforzarse en momentos puntuales, recordando que no se abordarán ejercicios complejos de puro interés analítico.

1.4.1. Ley de Coulomb y fuerza y campo electrostáticos

A finales del siglo XVIII el militar francés Charles A. Coulomb profundizó en la atracción y repulsión de las cargas mediante una balanza de torsión. Su mayor logro fue que consiguió cuantificar dicha atracción o repulsión en la Ley de Coulomb.

$$F = K \cdot \frac{Q_A \cdot Q_B}{d^2} \quad en\ N \ (newtons)$$

donde

Q_A y Q_B, son las cargas medidas en culombios, C (en reconocimiento a Coulomb).

d, es la distancia que separa a ambas cargas.

K, es la constante de Coulomb.

F, es un vector, como se detallará más adelante.

La fuerza con la que se atraen o repelen dos cargas es directamente proporcional al valor de las cargas, expresadas en culombios e inversamente proporcional al cuadrado de la distancia que les separa, en metros. El valor de la constante de Coulomb es:

$$K = \frac{1}{4 \cdot \pi \cdot \varepsilon_0}$$

siendo ε_0 la *permitividad*[1] en el vacío, que es una constante física ideal.

$$\varepsilon_0 = 8,854 \cdot 10^{-12} \frac{C^2}{N \cdot m^2}$$

y por tanto

$$K = 8,987 \cdot 10^9 \cong 9 \cdot 10^9 \frac{N \cdot m^2}{C^2}$$

---

[1] La permitividad en el vacío expresa en qué medida el vacío "permite" el campo eléctrico o la atracción entre cargas eléctricas.

Si el medio en el que se encuentran las cargas no es el vacío, entonces K se multiplica por un valor llamado *constante dieléctrica* cuyo valor expresa la permitividad o capacidad de conducción eléctrica de cada material. Por ejemplo, la constante dieléctrica del aire es 1,00059, pero en el papel es 3,5.

Así para el aire:

$$K_{aire} = 9 \cdot 10^9 \cdot 1,00059 = 9005310000 \; \frac{C^2}{N \cdot m^2}$$

La expresión anterior indica el valor o módulo de la fuerza, pero no dice si esa fuerza es de atracción o de repulsión, eso debe ser conocido por la persona que lo calcula, o calculado utilizando vectores directores.

Además, si hay dos cargas, Q_A y Q_B, entonces una ejerce una fuerza sobre la otra, y viceversa, siendo ambas de sentido contrario en consonancia con la tercera ley de Newton o principio de acción-reacción.

Por ejemplo, la Figura 1.10 muestra dos cargas Q_A y Q_B, de 3 µC y –4 µC, respectivamente, están separadas por 1 metro ¿qué módulo de fuerza está presente? No se usa el signo porque se trata del módulo.

$$F = K \cdot \frac{Q_A \cdot Q_B}{d^2} = \left| 9 \cdot 10^9 \frac{3 \cdot 10^{-6} \cdot -4 \cdot 10^{-6}}{1^2} \right| = 0{,}1088 \; N$$

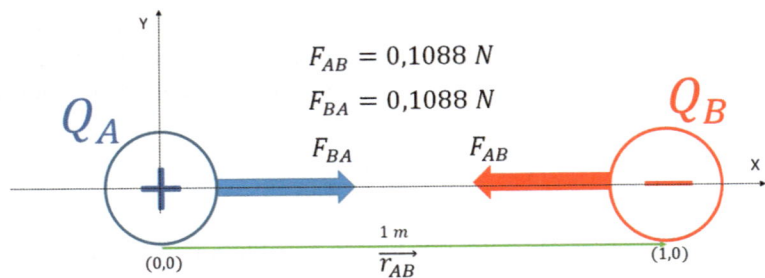

Figura 1.10. Ejemplo de fuerza electrostática

El valor anterior, 0,1088 N, se trata del módulo de la fuerza, que es un vector. De hecho, la expresión anterior debería estar *vectorizada* toda vez que Q_A y Q_B pueden estar en cualquier punto del espacio. Para obtener la fuerza como un vector hay dos caminos, uno intuitivo y otro matemático:

- Se calcula el módulo, se dibuja en Q_B la fuerza $\overrightarrow{F_{AB}}$ teniendo en cuenta el signo de las cargas y visto este sentido se obtiene el vector $\overrightarrow{r_{AB}}$, vector director de la fuerza, en este caso $-i$. Se multiplican el módulo y el vector para obtener $\overrightarrow{F_{AB}}$. Este método es rápido, pero no es sistemático y exige algo de habilidad.

- Analítico. En este caso hay que hablar de:

  — Cargas Q_A y Q_B. La fuerza $\overrightarrow{F_{AB}}$ es la que Q_A ejerce sobre Q_B, aunque se puede llamar $\vec{F}$ o $\overrightarrow{F_1}$.

  — El vector $\overrightarrow{r_{AB}}$, que *orienta* a la fuerza, es aquel que va de Q_A (la carga que ejerce la fuerza) a Q_B (la carga que soporta la fuerza) y se suele expresar en negrita para favorecer la lectura, $\boldsymbol{r} \equiv \vec{r}$. Se denomina *vector director*.

  — Si las coordenadas de A y B son (X_A, Y_A) o $X_A \cdot i + Y_A \cdot j$ y (X_B, Y_B) o $X_B \cdot i + Y_B \cdot j$, respectivamente, entonces se resta el destino menos el origen $\overrightarrow{r_{AB}} = (X_B - X_A, Y_B - Y_A) = (X_B - X_A) \cdot i + (Y_B - Y_A) \cdot j$. A este vector también se le puede llamar $\vec{r}$ o $\overrightarrow{r_1}$.

  — El vector unitario $\hat{r}_{AB}$ o $\hat{r}$ es aquel que tiene la dirección y el sentido de $\overrightarrow{r_{AB}}$, pero es de módulo unitario. Así

$$\hat{r} = \frac{\overrightarrow{r_{AB}}}{|r|}$$

donde $|r|$ es el módulo, la distancia d entre Q_A y Q_B.

La expresión anterior queda de la forma siguiente, donde Q_A y Q_B deben usarse con signo.

$$\vec{F} = K \cdot \frac{Q_A \cdot Q_B}{d^2} \cdot \hat{r}$$

de donde

$$\vec{F} = K \cdot \frac{Q_A \cdot Q_B}{d^2} \cdot \frac{\vec{r}}{|r|} = K \cdot \frac{Q_A \cdot Q_B}{d^3} \cdot \vec{r}$$

Y el resultado anterior ahora sería:

$$\vec{r} = \overrightarrow{r_{AB}} = (1 - 0) \cdot i + (0 - 0) \cdot j = i$$

$$\widehat{r_{AB}} = \frac{\overrightarrow{r_{AB}}}{|r_{AB}|} = i \text{ (igual a } \vec{r} \text{ porque la distancia es 1)}$$

$$\overrightarrow{F_{AB}} = -0,1088 \cdot (i) = -0,1088 \cdot i \text{ N}$$

La fuerza que A soporta ejercida por B es $\overrightarrow{F_{BA}}$ que es $\overrightarrow{F_{AB}}$ negada:

$$\overrightarrow{F_{BA}} = 0,1088 \cdot i \text{ N}$$

Un planteamiento similar es el de la Figura 1.11.

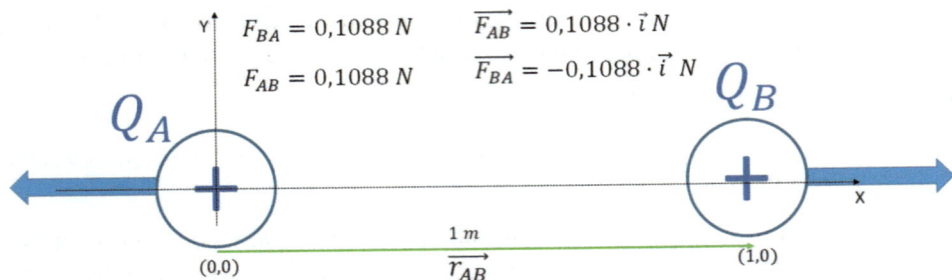

Figura 1.11. Ejemplo de fuerza electrostática

Resumiendo

- La fuerza $\vec{F}$ va dirigida en la dirección de la línea que une la carga que ejerce la fuerza con la carga que la soporta, de Q_A a Q_B, y su signo se obtiene de la multiplicación de $Q_A \cdot Q_B$. Si son del mismo sentido y signo contrario, entonces la fuerza tendrá el mismo sentido que el del vector que une Q_A a Q_B, y viceversa. Si son del mismo signo, entonces la fuerza tendrá el mismo signo. También se puede hacer por simple observación: fuerzas del mismo signo se rechazan y de signo contrario se atraen.

- Si la fuerza ejercida por Q_A sobre Q_B es $\vec{F}$, entonces la fuerza ejercida por Q_B sobre Q_A será $-\vec{F}$.

En la Figura 1.12 Q_A y Q_B están en cualquier punto del plano XY.

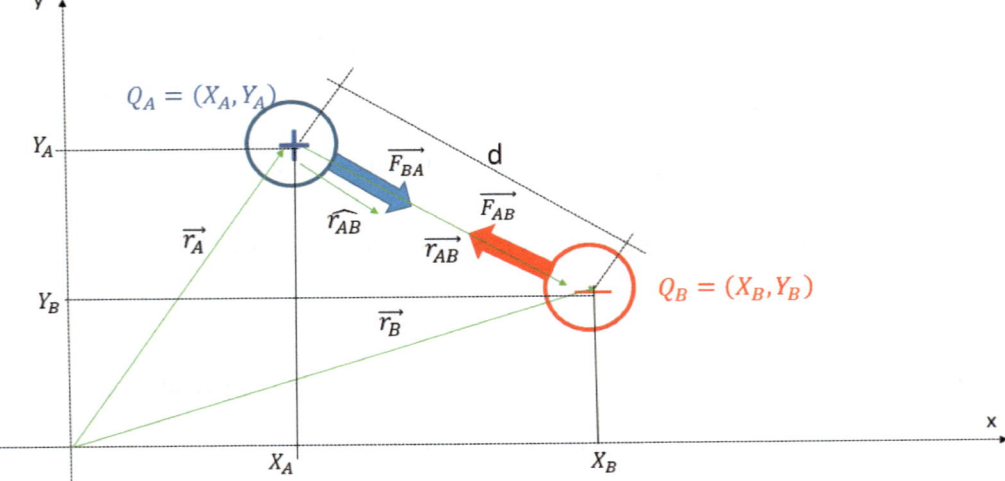

Figura 1.12. Ejemplo de fuerza electrostática

Antes de completar algún ejercicio es interesante resaltar que hay dos formas de resolverlos:

- *Gráfica.* Se calcula $\vec{F}$, donde $\hat{r}$ está dibujado en la gráfica del problema y va de Q_A a Q_B.

- *Analítica.* Se calcula $\vec{F}$, donde

$$\hat{r} = \frac{\overrightarrow{r_{AB}}}{|r_{AB}|}$$

y

$$\overrightarrow{r_{AB}} = \overrightarrow{r_B} - \overrightarrow{r_A}$$

o

$$\hat{r} = \frac{\overrightarrow{r_{BA}}}{|r_{BA}|}$$

y

$$\overrightarrow{r_{BA}} = \overrightarrow{r_A} - \overrightarrow{r_B}$$

donde $\overrightarrow{r_B}$ y $\overrightarrow{r_A}$ son los vectores posición de las cargas Q_B y Q_A, respectivamente, o lo que es lo mismo, $\overrightarrow{r_{AB}}$, es el vector que une los puntos A y B siendo A el origen del vector.

Esta última no es mejor solución que la otra, aunque la analítica puede prescindir del dibujo aclaratorio.

Ejemplo 1.1.

Las Figuras 1.13 a 1.15 muestran varios ejemplos donde $Q_A = 3$ µC y $Q_B = -4$ µC.

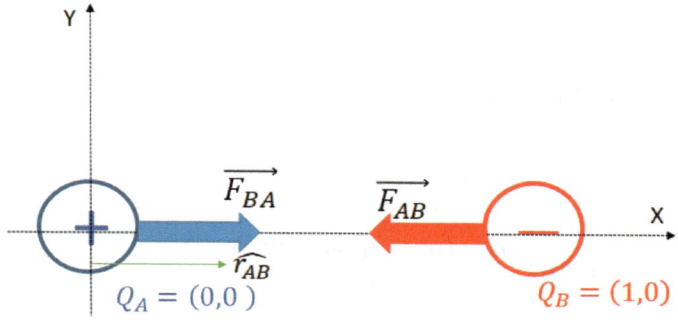

Figura 1.13. Ejemplo de fuerza electrostática

1. Q_A está en el punto (0,0) y Q_B en el punto (1,0) en metros.

   La fuerza que Q_A ejerce sobre Q_B es

   $$\overrightarrow{F_{AB}} = K \cdot \frac{Q_A \cdot Q_B}{d^3} \cdot \vec{r} = K \cdot \frac{(3 \cdot 10^{-6}) \cdot (-4 \cdot 10^{-6})}{d^3} \cdot \vec{r}$$

   Como

   $$\vec{r} = \overrightarrow{r_B} - \overrightarrow{r_A} = (1,0) - (0,0) = (1,0) = \vec{\imath}$$

   y

   $$|r| = 1$$

   entonces

   $$\overrightarrow{F_{AB}} = 9 \cdot 10^9 \cdot \frac{3 \cdot 10^{-6} \cdot -4 \cdot 10^{-6}}{1^3} \cdot \vec{r} = -0,1088 \cdot \vec{r} = -0,1088 \cdot \vec{\imath}\,\text{N}$$

   $$\overrightarrow{F_{AB}} = -0,1088 \cdot \vec{r} = -0,1088 \cdot \vec{\imath}\,\text{N}$$

   La fuerza que Q_B ejerce sobre Q_A es

   $$\overrightarrow{F_{BA}} = -\overrightarrow{F_{AB}} = 0,1088 \cdot \vec{\imath}\,\text{N}$$

2. Q_A está en el punto (−1,0) y Q_B está en (2,0)

   La fuerza que Q_A ejerce sobre Q_B es

   $$\overrightarrow{F_{AB}} = K \cdot \frac{Q_A \cdot Q_B}{d^3} \cdot \vec{r} = K \cdot \frac{(3 \cdot 10^{-6}) \cdot (-4 \cdot 10^{-6})}{d^3} \cdot \vec{r}$$

   como

   $$\vec{r} = \overrightarrow{r_B} - \overrightarrow{r_A} = (2,0) - (-1,0) = (3,0) = 3 \cdot \vec{\imath}$$

   y

   $$|r| = 3$$

   entonces

   $$\overrightarrow{F_{AB}} = 9 \cdot 10^9 \cdot \frac{(3 \cdot 10^{-6}) \cdot (-4 \cdot 10^{-6})}{3^3} \cdot \vec{r} = -0,004 \cdot \vec{r} =$$

   $$= -0,004 \cdot (3,0)\,N \quad o \quad -0,012 \cdot \vec{\imath}\,\text{N}$$

La fuerza que Q_B ejerce sobre Q_A es:

$$\overrightarrow{F_{BA}} = -\overrightarrow{F_{AB}} = 0{,}12 \cdot \vec{\imath}\, \text{N}$$

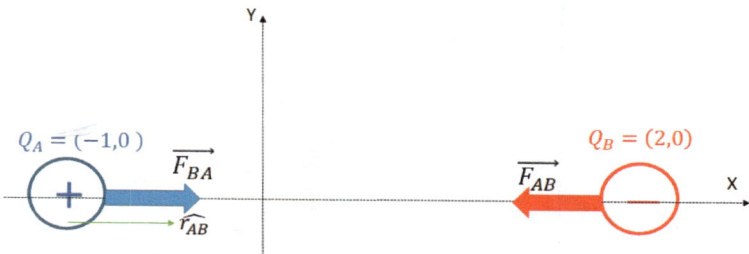

Figura 1.14. Ejemplo de fuerza electrostática

3. Q_A está en el punto $(1,5)$ y Q_B está en $(4,1)$

La fuerza que Q_A ejerce sobre Q_B es

$$\overrightarrow{F_{AB}} = K \cdot \frac{Q_A \cdot Q_B}{d^3} \cdot \vec{r} = K \cdot \frac{3 \cdot 10^{-6} \cdot -4 \cdot 10^{-6}}{d^3} \cdot \vec{r}$$

como

$$\vec{r} = \overrightarrow{r_{AB}} = \overrightarrow{r_B} - \overrightarrow{r_A} = \vec{r} = (4,1) - (1,5) = (3,-4) = 3\vec{\imath} - 4\vec{\jmath}$$

y

$$|r| = 5$$

entonces

$$\overrightarrow{F_{AB}} = 9 \cdot 10^9 \cdot \frac{3 \cdot 10^{-6} \cdot -4 \cdot 10^{-6}}{5^3} \cdot \vec{r} = -0{,}000864 \cdot \vec{r} = 0{,}000864 \cdot (-3,4)\ \text{N}$$

$$\overrightarrow{F_{AB}} = -0{,}002592 \cdot \vec{\imath} + 0{,}003456 \cdot \vec{\jmath}\ \text{N}$$

$$\overrightarrow{F_{BA}} = 0{,}002592 \cdot \vec{\imath} - 0{,}003456 \cdot \vec{\jmath}\ \text{N}$$

La expresión anterior puede ser leída como que la fuerza que soporta la carga de −4 μC en B es un vector que apoyado en el punto B (4, 1) se dirige un valor 0,002592 a la izquierda (eje X) y 0,003456 hacia arriba (eje Y). O también que la fuerza que soporta la carga en B es un vector que va 3 metros hacia la izquierda y cuatro hacia arriba, siendo su módulo de 0,000864.

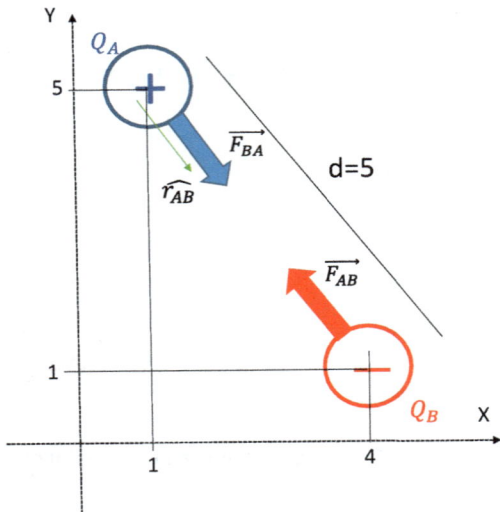

Figura 1.15. Ejemplo de fuerza electrostática

Ejemplo 1.2.

El ejemplo de la Figura 1.16 plantea ¿con qué fuerza electrostática se repelen dos electrones? ¿y con qué fuerza gravitatoria?

La carga de un electrón es de $-1,60218 \times 10^{-19}$ C ¿con qué fuerza electrostática se repelen dos electrones separados por 1 metro? Calcular solo el módulo.

Figura 1.16. Ejemplo de fuerza electrostática

$$F = K \cdot \frac{Q_A \cdot Q_B}{d^2} = \left| 9 \cdot 10^9 \frac{-1,60218 \cdot 10^{-19} \cdot -1,60218 \cdot 10^{-19}}{1^2} \right| = 2,3103 \cdot 10^{-28} \text{ N}$$

La masa de un electrón es de $9,109 \times 10^{-31}$ kg ¿con qué fuerza gravitatoria se atraen dos electrones separados por 1 metro?

$$F = G \cdot \frac{m_1 \cdot m_2}{d^2} = 6,674 \cdot 10^{-11} \frac{9,109 \cdot 10^{-31} \cdot 9,109 \cdot 10^{-31}}{1^2} = 5,5377 \cdot 10^{-71} \text{ N}$$

Como se puede ver la fuerza electrostática soportada por un electrón es mucho mayor que la gravitatoria.

Otra pregunta que nos podríamos hacer es ¿qué masa debería tener un electrón para que ambas fuerzas fueran equivalentes? El cálculo indica que la masa debería de ser del orden de nanogramos, 10^{-9}, y no de 10^{-31}. Es decir, la masa debería de ser varios billones de veces mayor que la real.

Esto puede llevar a decir que la fuerza electrostática soportada por cada uno de nosotros es mucho mayor que la gravitatoria, y eso no es verdad. La razón está en que las fuerzas se anulan entre sí. No olvidemos que las masas no tienen signo y la cargas sí.

No olvidemos tampoco que toda la fuerza que la Tierra ejerce sobre un vaso lleno de agua es contrarrestada por un simple gesto con nuestro brazo.

Principio de superposición

Cuando la carga *de prueba*, q está afectada por varias cargas Q_1, Q_2, etc., entonces la fuerza soportada por q se calcula utilizando el *principio de superposición*, que dice que *la fuerza total soportada será la suma de cada una de las fuerzas ejercidas por* Q_1, Q_2, etc.

$$\vec{F_q} = \vec{F_{Q1}} + \vec{F_{Q2}} + \vec{F_{Q3}}$$

$$\vec{F_q} = \sum_{i=1}^{n} \vec{F_{Qi}} = \sum_{i=1}^{n} K \cdot \frac{q \cdot Qi}{r_i^2} \cdot \hat{r}_i$$

Si en la Figura 1.17 el punto P está en $(0,1)$ y en él se situará una carga q de 1 C, entonces ¿qué fuerza soportaría q en P?

Si situamos el eje de coordenadas en la carga central, entonces hay una carga de 1 C en $(-1,0)$, otra en $(0,0)$ y una última en $(1,0)$, mientras que la carga de prueba, también es de 1 C y está en $(0,1)$.

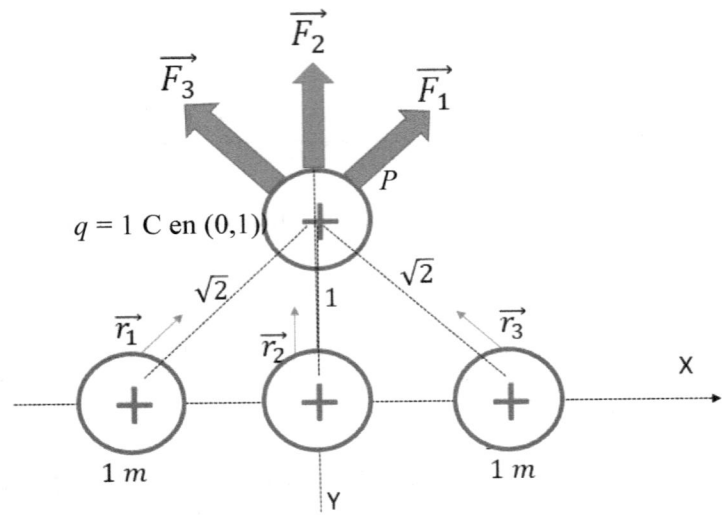

Figura 1.17. Fuerza soportada en punto debida a una barra cargada

Por tanto, los vectores directores son

$$\hat{r}_1 = \frac{\overrightarrow{r_{1P}}}{|r_{1P}|} = \frac{(0,1) - (-1,0)}{\sqrt{2}} = \frac{(1,1)}{\sqrt{2}} = \frac{(\vec{i}, \vec{j})}{\sqrt{2}}$$

$$\hat{r}_2 = \frac{\overrightarrow{r_{2P}}}{|r_{2P}|} = \frac{(0,1) - (0,0)}{1} = (0,1) = \vec{j}$$

$$\hat{r}_3 = \frac{\overrightarrow{r_{3P}}}{|r_{3P}|} = \frac{(0,1) - (1,0)}{\sqrt{2}} = \frac{(-1,1)}{\sqrt{2}} = \frac{(-\vec{i}, \vec{j})}{\sqrt{2}}$$

Utilizando la expresión anterior

$$\vec{F}_q = \vec{F}_1 + \vec{F}_2 + \vec{F}_3 = K \cdot \frac{Q \cdot q}{d^2} \cdot \hat{r}_1 + K \cdot \frac{Q \cdot q}{d^2} \cdot \hat{r}_2 + K \cdot \frac{Q \cdot q}{d^2} \cdot \hat{r}_3 =$$

$$= K \left(\frac{1}{2\sqrt{2}} \cdot (\vec{i}, \vec{j}) + 1 \cdot \vec{j} + \frac{1}{2\sqrt{2}} \cdot (-\vec{i} + \vec{j}) \right) = K \left(\frac{1}{\sqrt{2}} + 1 \right) \cdot \vec{j} \, \text{N}$$

O también

$$\vec{F}_q = \vec{F}_1 + \vec{F}_2 + \vec{F}_3 = K \cdot \frac{Q \cdot q}{d^2} \cdot \hat{r}_1 + K \cdot \frac{Q \cdot q}{d^2} \cdot \hat{r}_2 + K \cdot \frac{Q \cdot q}{d^2} \cdot \hat{r}_3 =$$

$$= K \cdot 1 \cdot 1 \cdot \left(\frac{1}{\sqrt{2}^2} \cdot \frac{(1,1)}{\sqrt{2}} + \frac{1}{1^2} \cdot (0,1) + \frac{1}{\sqrt{2}^2} \cdot \frac{(-1,1)}{\sqrt{2}} \right) = K \left(\frac{1}{\sqrt{2}} \cdot (0,1) + 1 \cdot (0,1) \right)$$

$$= \left(\frac{1}{\sqrt{2}} + 1 \right) \cdot K \cdot (0,1) \ \text{N} = \left(\frac{1}{\sqrt{2}} + 1 \right) \cdot K \cdot j \ \text{N}$$

La ley de Coulomb, por tanto, describe la fuerza que una carga ejerce sobre otra. Es una fuerza electrostática, es decir, las cargas están quietas, y esa fuerza expresa que ambas cargas se moverán con una aceleración según su masa. Las cargas acabarán moviéndose, pero la Ley de Coulomb las observa estando quietas, como en una foto.

Hay que remarcar que la fuerza en newtons no dice si esta es de origen gravitatorio o electrostático, simplemente es una fuerza ejercida y/o soportada.

1.4.2. Campo eléctrico

Utilizando la fuerza electrostática está claro que se puede decir que la carga Q muestra un influjo (un campo) eléctrico a su alrededor. Esto es, si apareciera una carga q, esta sufriría una fuerza ejercida por Q (y viceversa). A este influjo se le llama *campo eléctrico*, y así como la fuerza expresaba un futuro cambio de estado, el campo expresa una *futura* fuerza electrostática. El campo no depende de la carga de prueba, solo de la carga fuente.

Si una carga es soltada en un espacio y esta se mueve, esa situación se explica diciendo que hay un campo eléctrico. Si la carga no se mueve, entonces no lo hay. El campo se define por su efecto, es un concepto elaborado por los físicos para explicar mejor los fenómenos eléctricos.

Matemáticamente, por definición el campo eléctrico en un punto P se relaciona con la fuerza como muestra la Figura 1.18.

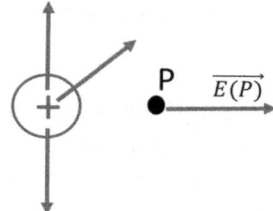

Figura 1.18. Campo creado por una carga

$$\vec{F} = q \cdot \vec{E}(P)$$

o

$$\vec{E}(P) = \frac{\vec{F}}{q} = K \cdot \frac{Q}{r^2} \cdot \hat{r} \quad \text{en N/C}$$

El campo eléctrico es un campo vectorial y sus unidades son newton por culombio [N/C], es decir, si el campo eléctrico en un punto determinado P es 1 N/C, quiere decir que por cada culombio de q (carga situada en P) la fuerza soportada se incrementará linealmente. O dicho de otra forma, el campo eléctrico $\vec{E}$ de 1 N/C en P es aquel que genera una fuerza de 1 N sobre la carga de 1 C.

Al módulo del campo eléctrico se le denomina *intensidad del campo eléctrico* al que muchas veces se le llama sin más *campo eléctrico*.

También es importante en este momento destacar que el campo eléctrico es *conservativo*, es decir, el trabajo hecho en un campo eléctrico para ir de un punto A a otro B no depende de la trayectoria, solo depende de los puntos inicial y final. Este principio es importante al utilizar el campo eléctrico más adelante y proviene del estudio de la Física.

Ejemplo 1.3.

¿Qué campo eléctrico está presente a 1 m de distancia de un electrón situado en el punto $(0,0)$?

$$\vec{E}(r) = K \cdot \frac{Q}{r^2} \cdot \hat{r} = 9 \cdot 10^9 \cdot \frac{-1,6 \cdot 10^{-19}}{1^2} \cdot \hat{r} = -1,44 \cdot 10^{-9} \cdot \hat{r}$$

$$= -1,44 \cdot 10^{-9} \cdot i \quad \text{N/C}$$

La expresión $-1,44 \cdot 10^{-9} \cdot \hat{r}$ N/C es válida para cualquier punto P, donde $\hat{r}$ es el vector unitario que une la posición de la carga que crea el campo con el punto P donde se quiere calcular el campo.

Una carga puntual Q en el espacio genera un campo eléctrico a su alrededor. Por definición el campo de una carga positiva es saliente y el de una carga negativa es entrante (ver Figura 1.19). De esta forma el campo y la fuerza tienen el mismo vector director, lo que facilita los cálculos y su uso.

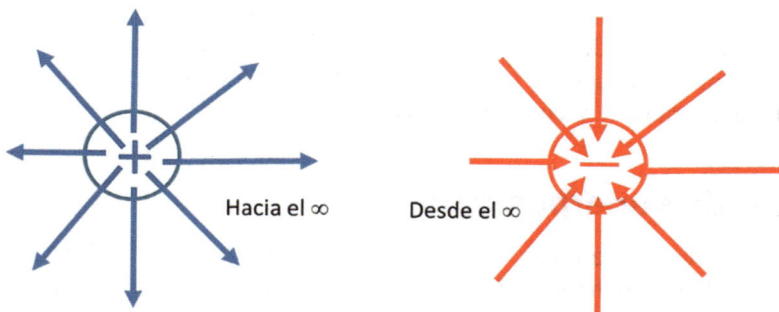

Figura 1.19. Campo de carga eléctrica positiva y negativa

En la Figura 1.19 las líneas no decrecen en intensidad, pero deberían hacerlo para mostrar que para $Q+$ según nos alejamos de esa carga el campo que esta ejerce va disminuyendo, es decir, el campo y su efecto (la fuerza) cada vez es menor. Aunque es más realista decir que lo que se reduce al alejarnos de $Q+$ es la densidad de las líneas de carga. Para $Q-$ se dice que el campo *viene* del infinito con un valor nulo, y que según este se va acercando a $Q-$ entonces su valor aumenta.

Líneas de campo eléctrico

Una carga aislada genera un campo como el anterior, pero si hubiera dos cargas entonces ambas cargas se aproximarían, ambos campos interactuarían y las líneas de campo se modificarían.

¿Qué pasa si se suelta una carga $q+$ entre ambas cargas (en el seno de un campo eléctrico)? En este caso $q+$ se alejaría de $Q+$ y se acercaría a $Q-$ movida por la fuerza electrostática ejercida por ambos campos, y se movería siguiendo una trayectoria que es la línea de campo. El vector campo eléctrico es tangente a la línea de campo en cada punto de esta (y no al revés: la carga no se mueve por la línea de campo), tal y como muestra la Figura 1.20.

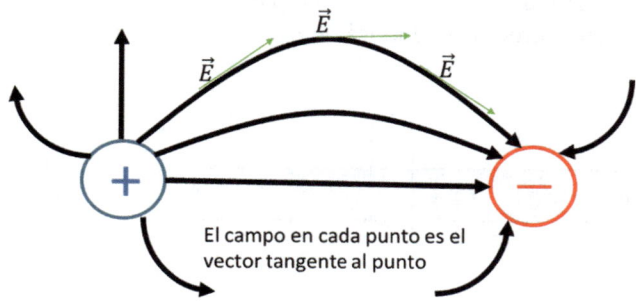

Figura 1.20. Líneas de campo eléctrico de una carga positiva y otra negativa

La Figura 1.20 muestra qué pasaría si soltáramos una carga: podemos llevarla de un sitio a otro. Cada punto de ese espacio es afectado por el campo y por tanto, tiene un *potencial* para mover cargas de un sitio a otro. Ese potencial se expresa en voltios (V). Hablaremos más adelante y con detenimiento del potencial.

Principio de superposición

Lo anterior es válido para una carga aislada y puntual, que es una situación ideal pero poco real. Para la fuerza hemos visto qué pasaba si había varias cargas puntuales (principio de superposición), y para el campo eléctrico es lo mismo.

$$\vec{E_q} = \vec{E_{Q1}} + \vec{E_{Q2}} + \vec{E_{Q3}}$$

Pero ¿qué pasa si la carga en vez de distribuirse de forma discreta se distribuye en una superficie o en un volumen de forma continua? Entonces el problema ya no es tan sencillo matemáticamente, aunque sí lo sea su planteamiento: ¿qué campo crea una barra cargada? ¿qué campo crea un hilo de cobre?

A continuación se abordan algunos ejemplos singulares para describir el problema, para luego abordar las situaciones más prácticas: campo creado por un hilo cargado e infinito, plano cargado e infinito y por una esfera cargada.

Campo eléctrico para distribuciones continuas de carga

En la Figura 1.21 muestra que tenemos una barra de metal de 3 m (*L*) cargada con 3 C (*Q*), es decir, densidad = 1 C/m. ¿Qué campo eléctrico hay a una distancia de 1 m del extremo derecho de la barra?

El planteamiento consiste en ir calculando y acumulando (integrar) el campo para cada diferencial de carga (*dQ*), y para obtener ese *dQ* simplemente hay que recorrer la barra en sentido horizontal de 1 a 4. Además, para calcular el campo eléctrico es necesario manejar el vector director $\hat{r}$, que irá de *dQ* a *P*, es decir, será siempre horizontal.

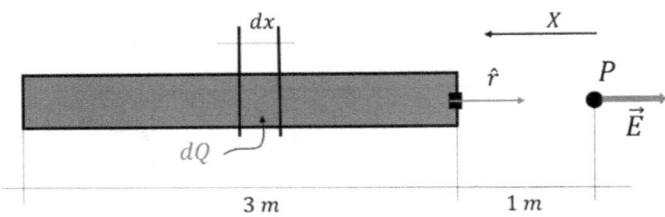

Figura 1.21. Campo eléctrico en un punto producido por una barra cargada

$$\vec{E} = \int_1^4 d\vec{E} = \int_1^4 K \cdot \frac{dQ}{x^2} \cdot \hat{r}$$

Ahora sustituimos dQ utilizando el dato de la densidad de la barra metálica

$$Densidad\ (\lambda) = \frac{Q}{L} = 1\frac{C}{m}$$

entonces para una longitud dx,

$$dQ = \frac{Q}{L} \cdot dx = 1 \cdot dx$$

En esta integral hay que tener en cuenta que K y $\hat{r}$ son constantes para todo $dx \cdot \hat{r}$, es siempre el mismo vector, cuyo origen está en dx. Estamos trabajando en una dimensión.

$$\vec{E} = \int_1^4 K \cdot \frac{dQ}{x^2} \cdot \hat{r} =$$

$$= \int_1^4 K \cdot \frac{1 \cdot dx}{x^2} \cdot \hat{r} = K \cdot \hat{r} \cdot \int_1^4 \frac{dx}{x^2} = K \cdot \left[-\frac{1}{x}\right]_1^4 \cdot \hat{r} = \frac{3}{4}K \cdot \hat{r} \quad N/C$$

De forma genérica, si la longitud de la barra es L y la carga total es Q, entonces la densidad es $\lambda = Q/L$, y la distancia desde la barra a P sería a y, por tanto, la integral anterior sería.

$$\vec{E} = \int_a^{a+L} d\vec{E} = K \cdot \hat{r} \int_a^{a+L} \frac{\lambda \cdot dx}{x^2} = K \cdot \lambda \left[-\frac{1}{x}\right]_a^{a+L} \hat{r} = \frac{L \cdot \lambda}{a \cdot (a+L)} K \cdot \hat{r}$$

Volviendo al ejemplo del cálculo de la fuerza soportada por una carga de 1 C en el punto $(0, 1)$ ejercida por tres cargas de 1 C cada una. En este caso el punto P no está a la derecha de la carga sino encima y centrado a una distancia de 1 m (ver Figura 1.22).

Además, la carga ya no estará concentrada en tres puntos, sino que los 3 C de las tres cargas se distribuirán a lo largo de los 3 metros.

En este caso vamos a dividir la barra de 3 m en tres bloques de 1 m, es decir, dx es 1 m (lo que es una aproximación muy grosera) y en cada dx hay 1 C (la densidad era de 1 C/m). Además, podemos situar toda la Q en el centro de cada tramo dx.

En este caso podemos plantear el principio de superposición:

$$\vec{E} = \vec{E_1} + \vec{E_2} + \vec{E_3} = K \cdot \frac{dQ}{r_1^2} \cdot \hat{r_1} + K \cdot \frac{dQ}{r_2^2} \cdot \hat{r_2} + K \cdot \frac{dQ}{r_3^2} \cdot \hat{r_3}$$

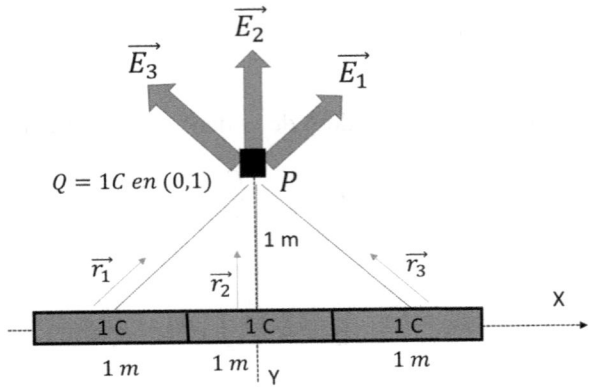

Figura 1.22. Campo eléctrico en un punto producido por una barra cargada

Sustituyendo dQ por 1 C y aplicando el Pitágoras conocemos las distancias r_1, r_2 y r_3.

$$\vec{E} = \vec{E_1} + \vec{E_2} + \vec{E_3} = K \cdot \frac{1}{\left(\sqrt{2}\right)^2} \cdot \hat{r_1} + K \cdot \frac{1}{(1)^2} \cdot \hat{r_2} + K \cdot \frac{1}{\left(\sqrt{2}\right)^2} \cdot \hat{r_3}$$

Falta obtener las expresiones de los vectores directores unitarios sabiendo que el centro de la barra es el punto $(0,0)$ y, por tanto, de izquierda a derecha los dQ están en $(-1,0)$ y $(1,0)$, estando P en $(0,1)$.

$$\hat{r_1} = \frac{(0-(-1),1-0)}{\sqrt{2}} = \frac{(1,1)}{\sqrt{2}},$$

$$\hat{r_2} = \frac{(0,1)}{1}$$

y

$$\hat{r_3} = \frac{(-1,1)}{\sqrt{2}}$$

Y así finalmente tenemos

$$\vec{E} = K \cdot \frac{1}{2 \cdot \sqrt{2}} \cdot (1,1) + K \cdot \frac{1}{1} \cdot (0,1) + K \cdot \frac{1}{2 \cdot \sqrt{2}} \cdot (-1,1)$$

O también

$$\vec{E} = K \cdot \frac{1}{2 \cdot \sqrt{2}} \cdot (\vec{i},\vec{j}) + K \cdot \frac{1}{1} \cdot \vec{j} + K \cdot \frac{1}{2 \cdot \sqrt{2}} \cdot (-\vec{i},\vec{j})$$

$$\vec{E} = K \cdot \left(\frac{1}{\sqrt{2}} + 1 \right) \cdot \vec{j} \quad \text{N/C}$$

O también, tal y como muestra la Figura 1.23, se puede resolver como un problema de cálculo vectorial donde el punto (x, y) es $(0, 2)$.

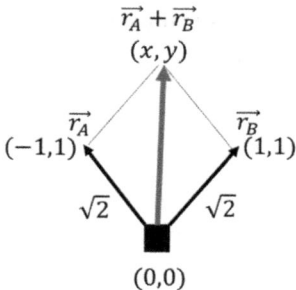

Figura 1.23. Planteamiento geométrico de campo eléctrico en un punto

Finalmente, y sumando los dos vectores queda

$$\vec{E} = K \cdot \left(\frac{1}{2 \cdot \sqrt{2}} \cdot (0,2) + (0,1) \right) = K \cdot \left(1 + \frac{1}{\sqrt{2}} \right) \cdot (0,1) \quad \text{N/C}$$

Si situamos una carga Q de 1 C en P, entonces la fuerza que soporta es la siguiente, que coincide con la expresión de la fuerza del campo obtenida anteriormente multiplicada por la carga que en este caso es 1C:

$$\vec{F} = \vec{E} \cdot q = K \cdot \left(1 + \frac{1}{\sqrt{2}} \right) \cdot (0,1) \frac{N}{C} \cdot 1\, C = K \cdot \left(1 + \frac{1}{\sqrt{2}} \right) \cdot (0,1) \text{ N}$$

$$\vec{F} = K \cdot \left(1 + \frac{1}{\sqrt{2}} \right) \cdot \vec{j} \quad \text{N}$$

El planteamiento anterior era muy grosero ya que dQ no era infinitesimal, pero puede expresarse de forma correcta como sigue (donde A y B coinciden con los extremos de la barra):

$$\vec{E} = \int_A^B d\vec{E} = \int_A^B K \cdot \frac{dQ}{x^2} \cdot \hat{r} = \int_A^B K \cdot \frac{\lambda \cdot dx}{x^2} \cdot \hat{r}$$

El problema es que ahora no trabajamos en una dimensión, sino en dos. Y por tanto, $\hat{r}$ no es constante para cada dx, ya que el ángulo va cambiando para cada dx, y por tanto, no se pude sacar como constante fuera de la integral. Para resolver esta integral sería necesario hacer algún cambio de variable, cosa que queda fuera del ámbito de este libro.

La situación anterior es todavía más clara si en la Figura 1.24 el punto P no está centrado sobre la barra metálica cargada.

Es decir, calcular el campo puede ser muy trivial en determinadas situaciones, pero puede llegar a ser algo muy complejo.

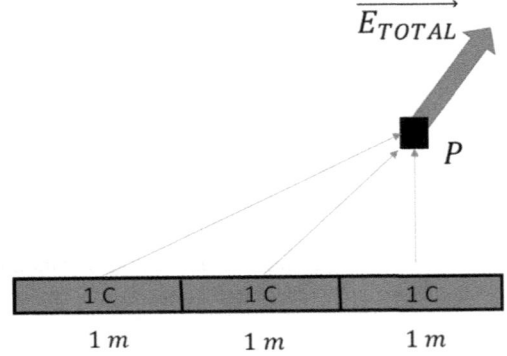

Figura 1.24. Campo eléctrico en un punto producido por una barra cargada

Frente a esa complejidad, al menos se pueden expresar matemáticamente los distintos campos. Para las distintas dimensiones:

- Campo eléctrico para una distribución lineal de carga: un hilo cargado, $dq = \lambda \cdot dl$

$$\vec{E}(P) = K \int \lambda \frac{\hat{r}}{r^2} \cdot dl$$

- Campo eléctrico para una distribución espacial de carga: un plano cargado $dq = \sigma \cdot dS$

$$\vec{E}(P) = K \iint \sigma \frac{\hat{r}}{r^2} \cdot dS$$

- Campo eléctrico para una distribución volumétrica de carga: un volumen cargado $dq = \rho \cdot dV$.

$$\vec{E}(P) = K \iiint \rho \frac{\hat{r}}{r^3} \cdot dV$$

En los tres casos la integral dependiente de dq ha pasado a depender de la geometría.

Se da la circunstancia de que, para calcular el campo eléctrico creado por ciertas superficies, volúmenes o distribuciones lineales simétricas y conocidas, es mejor utilizar el concepto de *flujo de campo eléctrico* y el *teorema de Gauss* para dicho flujo.

1.4.3. Flujo de campo y teorema de Gauss

El campo eléctrico es relevante para estudiar la electricidad, y es necesario cuantificarlo para poderlo controlar en circuitos eléctricos y electrónicos.

Para calcular el campo eléctrico de forma cómoda antes hay que aprender a calcular el *flujo de campo eléctrico* (ϕ). El flujo de campo es una magnitud escalar que *mide* el número de líneas de campo eléctrico que atraviesan una superficie determinada.

Las expresiones del Apartado 1.4.2 permiten el cálculo del campo eléctrico generado por una distribución de carga, pero ya se ha visto que no es trivial ya que implica cierta complejidad matemática en la resolución de las integrales. El flujo de campo eléctrico y el teorema de Gauss facilitan el cálculo del campo eléctrico, sobre todo en aquellos casos en los que exista simetría en las distribuciones de campo.

Como ya se ha dicho, el flujo del campo eléctrico siempre está condicionado por la superficie encargada de recoger ese flujo. Es similar a lo que ocurre al pescar en un banco de sardinas, para pescar la mayor cantidad de sardinas, la red debe estar perpendicular al banco, y lo contrario, si está paralela, entonces no pescará ninguna, por muchas que haya.

El flujo de campo eléctrico es definido por Gauss como un producto escalar de dos vectores: el de campo eléctrico $\vec{E}$ y el vector $\vec{S}$ perpendicular a la superficie A, y cuyo módulo es el área de la superficie. Así el flujo eléctrico sería

$$\phi = \vec{E} \cdot \vec{S} = |E| \cdot |S| \cdot \cos \alpha = E \cdot A \cdot \cos \alpha$$

siendo α es el ángulo formado entre $\vec{E}$ y $\vec{S}$.

En la Figura 1.25 se ve que el ángulo es fijo, 0° en el primer caso, y es α en el segundo.

$$\phi = \vec{E} \cdot \vec{S} = E \cdot A \cdot \cos 0 = E \cdot A$$

y

$$\phi = \vec{E} \cdot \vec{S} = E \cdot A \cdot \cos \alpha$$

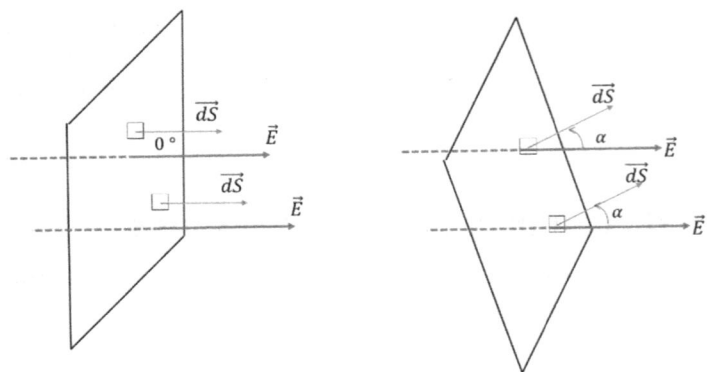

Figura 1.25. Flujo de campo eléctrico

Si la superficie no es plana y/o su ángulo no es constante con el campo, entonces el flujo se calcula diferencialmente y se expresa mediante la siguiente integral (los dos casos anteriores, son soluciones especiales a la integral).

$$d\phi = \vec{E} \cdot \overrightarrow{dS}$$

y por tanto

$$\phi = \int_S \vec{E} \cdot \overrightarrow{dS}$$

En la Figura 1.26 se ve que α va cambiando para cada punto y por tanto, la integral se complica mucho.

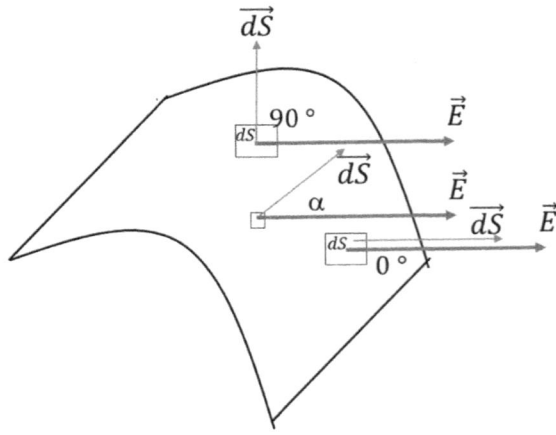

Figura 1.26. Flujo de campo eléctrico

El teorema del insigne matemático Gauss dice que *el flujo de campo eléctrico que atraviesa una superficie cerrada es igual a la carga distribuida en el interior de la superficie dividida por* ε_0. Y esto es cierto para cualquier superficie cerrada (la superficie de Gauss es imaginaria) y cualquier distribución de carga. El flujo se mide en N m^2/C.

$$\phi = \oint_S \vec{E} \cdot \overrightarrow{dS} = \frac{Q_{int}}{\varepsilon_0}$$

donde la integral es de trayectoria cerrada y recorre toda la superficie.

La expresión anterior relaciona el flujo con el módulo del campo y, como veremos más adelante, esta expresión ayuda a calcular el campo en determinadas situaciones.

La integral anterior indica que para cada $\overrightarrow{dS}$ se ha de calcular el producto escalar de $\vec{E}$ por $\overrightarrow{dS}$, donde $\vec{E}$ es el campo y $\overrightarrow{dS}$ es un vector perpendicular a la superficie y hacia afuera. Dicho producto escalar es un número de valor $|\vec{E}| \cdot dS \cdot cos\theta$, donde θ es el ángulo que forman el vector $\vec{E}$ y el vector $\overrightarrow{dS}$. Pero si ambos vectores son paralelos (ambos vectores son perpendiculares a la superficie), entonces su ángulo θ es 0° (son paralelas) y por tanto, el producto escalar es máximo. Mientras que, si son perpendiculares entre sí, entonces θ es 90° y el producto escalar será 0.

Para el cálculo del flujo, ϕ, no es importante el valor de θ sino que este sea conocido o constante (ver Figura 1.27) para poder hacer el cálculo.

$$\phi = \oint_S \vec{E} \cdot \overrightarrow{dS} = \oint_S |\vec{E}| \cdot dS \cdot cos\theta$$

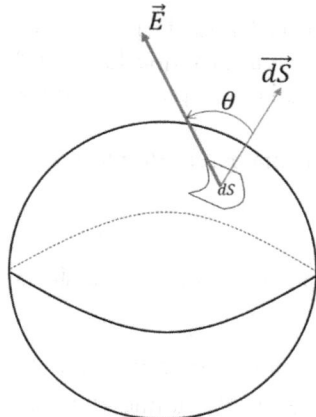

Figura 1.27. Flujo de campo eléctrico

Si nos aseguramos de que $\vec{E}$ y $d\vec{S}$ son paralelos entre sí y si el módulo del campo es constante, entonces la expresión anterior se reduce a

$$\phi = \oint_S \vec{E} \cdot \overrightarrow{dS} = \oint_S |\vec{E}| \cdot dS \cdot cos\theta = |\vec{E}| \cdot \oint_S dS \cdot 1 = E \cdot A, \phi = E \cdot A$$

donde A es el área de la superficie y E es el campo.

La Figura 1.28 supone que queremos calcular el campo generado por una carga puntual q en un punto P a una distancia r de la carga. Podemos utilizar la fórmula del campo eléctrico, o aplicar el teorema de Gauss.

$$\vec{E}(P) = K \cdot \frac{q}{r^2} \cdot \hat{r}$$

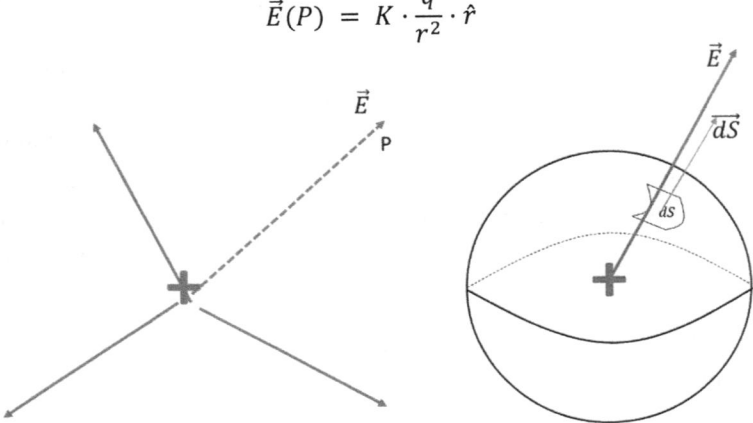

Figura 1.28. Campo eléctrico de una carga

Utilizando el planteamiento de Gauss lo primero que hay que hacer es elegir una superficie cerrada que rodee a la carga y que lo haga de forma que facilite el cálculo posterior: una esfera hueca centrada en el punto P, donde está la carga y cualquier radio.

Si esta carga es rodeada por una esfera de radio r centrada en q entonces podemos calcular su flujo.

$$\phi = \oint_S \vec{E} \cdot \overrightarrow{dS} = \oint_S K \cdot \frac{q}{r^2} \cdot \hat{r} \cdot \overrightarrow{dS} = \oint_S K \cdot \frac{q}{r^2} \cdot |\hat{r}| \cdot dS \cdot cos\theta$$

El vector $\hat{r}$ es unitario y por tanto, su módulo $|r|$ es 1. Del mismo modo el ángulo que forman $\hat{r}$ y $\overrightarrow{dS}$ en cualquier punto es $0°$, ya que el campo es radial. Además, al situar la superficie esférica de Gauss centrada en q, entonces r es constante en toda la integral, y por tanto, y sabiendo que la integral de superficie de una esfera es su área $(4 \cdot \pi \cdot r^2)$

$$\phi = \oint_S \vec{E} \cdot \vec{dS} = \frac{1}{4 \cdot \pi \cdot \varepsilon_0} \cdot \frac{q}{r^2} \oint_S 1 \cdot dS \cdot 1 = \frac{1}{4 \cdot \pi \cdot \varepsilon_0} \cdot \frac{q}{r^2} \cdot 4 \cdot \pi \cdot r^2 = \frac{q}{\varepsilon_0}$$

El resultado obtenido para una carga puntual es el teorema de Gauss

$$\phi = \frac{Q_{int}}{\varepsilon_0}$$

Esto no demuestra el teorema de Gauss, simplemente lo comprueba para un caso particular (una carga puntual). Gauss lo extiende para cualquier distribución de carga dentro de la superficie cerrada, que puede ser una esfera o cualquier otra.

Antes de utilizar el concepto de flujo de campo eléctrico para calcular el campo eléctrico es necesario aclarar que el flujo y el campo eléctricos en una superficie puede ser creado solo por la carga interior, pero también puede haber cargas exteriores que crean campo y flujos eléctricos.

Por convenio se dice que un campo o flujo saliente es *positivo* y uno entrante es *negativo*. En cualquier caso, el flujo de campo eléctrico dentro de una superficie cerrada creado por una carga externa siempre será 0, ya que el mismo campo que entra, sale, tal y como muestra la Figura 1.29.

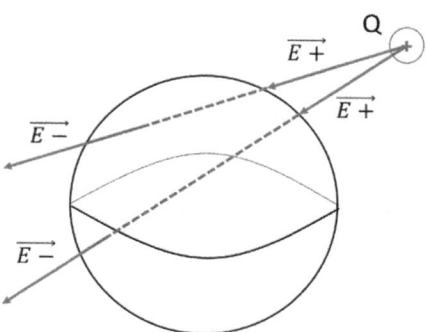

Figura 1.29. Campo eléctrico de una carga externa

Campo eléctrico de una esfera uniformemente cargada

La Figura 1.30 muestra una esfera de radio R uniformemente cargada según una densidad $\rho = Q/V$, donde V es el volumen de la esfera. ¿Cuál es el campo eléctrico en un punto externo a la esfera a una distancia r, es decir, $r > R$?

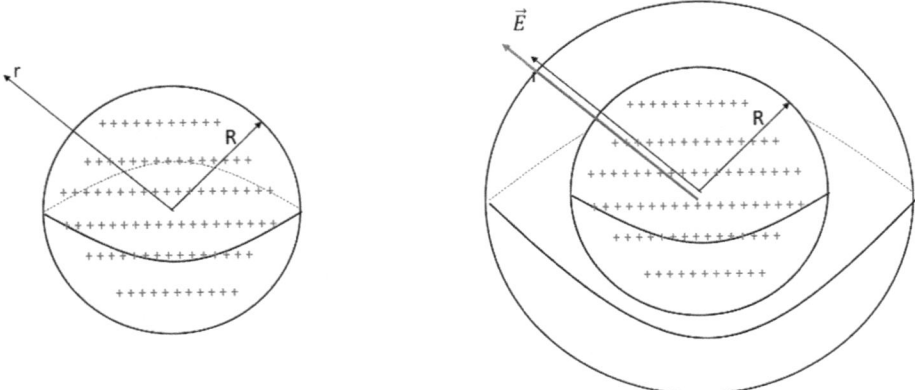

Figura 1.30. Campo eléctrico de una esfera uniformemente cargada

Si consideramos que la superficie de Gauss que rodea a la esfera es otra esfera concéntrica de radio superior a la esfera cargada y con el mismo centro que esta, entonces $\vec{E}$ y $\vec{dS}$ son paralelos en todos los puntos de la superficie de Gauss y así $\phi = E \cdot A$ y según el teorema de Gauss

$$\phi = \frac{Q_{int}}{\varepsilon_0}$$

así pues

$$E \cdot A = \frac{Q_{int}}{\varepsilon_0}$$

Para una esfera la superficie es $4 \cdot \pi \cdot r^2$ y por tanto, el campo eléctrico a una distancia r es.

$$E(r) = \frac{1}{4 \cdot \pi \cdot r^2} \cdot \frac{Q}{\varepsilon_0} = K \cdot \frac{Q}{r^2}$$

Lo anterior quiere decir que, para puntos externos a la esfera, una esfera cargada con una carga Q se comporta como una carga puntual de valor Q situada en el centro de la esfera.

Tiene sentido pensar qué hubiera pasado si la superficie de Gauss elegida hubiera sido un cubo de lado L y a una distancia r ¿sería el ángulo siempre 0°? El cálculo sería muy complejo ya que los ángulos van cambiando de valor y con ellos su coseno, tal y como se muestra en la Figura 1.31.

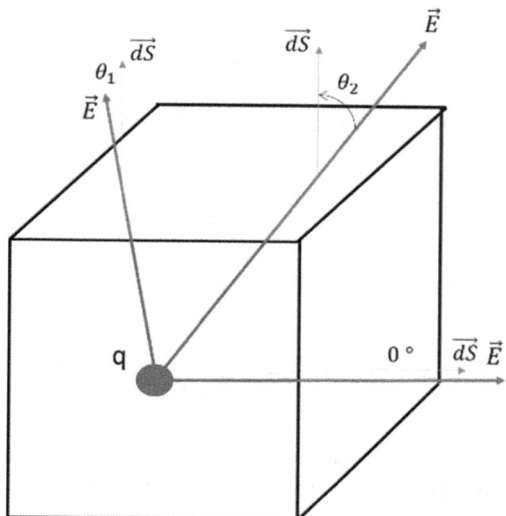

Figura 1.31. Campo eléctrico de una carga siendo un cubo la superficie de Gauss

También cabe pensar cuál es el campo en un punto dentro de la esfera, es decir, y según la Figura 1.32, cuando $r < R$.

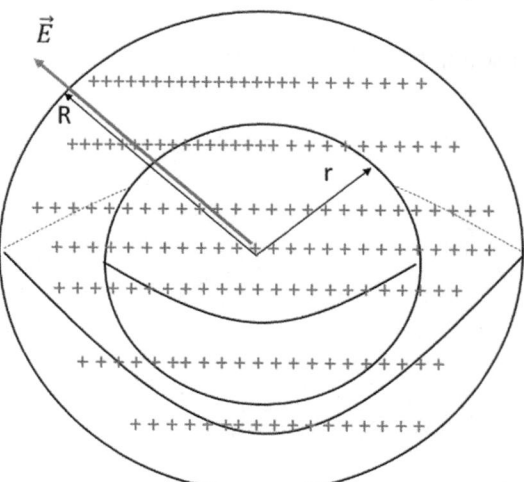

Figura 1.32. Campo eléctrico dentro de una esfera uniformemente cargada

En este caso, se elige de nuevo de forma arbitraria a una esfera como superficie de Gauss y hay que tener en cuenta que la carga a considerar no es *toda* la Q, sino solo la parte proporcional. Para r la carga Q_{int} es

$$Q \cdot \frac{r^3}{R^3}$$

El planteamiento es idéntico al anterior, solo que la carga es menor

$$E \cdot A = \frac{Q_{int}}{\varepsilon_0} = \frac{1}{\varepsilon_0} \cdot Q \cdot \frac{r^3}{R^3}$$

Para una esfera la superficie es $4 \cdot \pi \cdot r^2$ y por tanto,

$$E(r) = \frac{1}{4 \cdot \pi \cdot r^2} \cdot \frac{1}{\varepsilon_0} \cdot Q \cdot \frac{r^3}{R^3} = K \cdot Q \frac{r}{R^3}$$

Un caso especial es considerar que la carga no se encuentra repartida por toda la esfera sino solo por su superficie (o es una esfera hueca cargada).

En este caso para $r > R$ el campo no cambia,

$$E = \frac{1}{4 \cdot \pi \cdot r^2} \cdot \frac{Q}{\varepsilon_0} = K \cdot \frac{Q}{r^2}$$

pero para $r < R$ el campo será nulo.

La Figura 1.33 muestra la situación anterior.

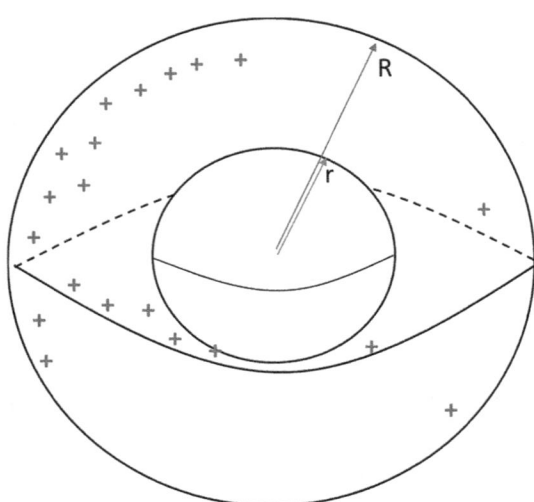

Figura 1.33. Campo eléctrico dentro de una esfera uniformemente cargada en la superficie

La superficie de Gauss es de nuevo una esfera centrada en el origen de la esfera cargada y de menor radio y por tanto, matemáticamente

$$\phi = \oint_S \vec{E} \cdot \overrightarrow{dS} = \frac{Q_{int}}{\varepsilon_0}$$

pero como $Q_{int} = 0$, entonces

$$\oint_S \vec{E} \cdot d\vec{S} = 0$$

La expresión anterior solo puede ser 0 si el campo es nulo o si los vectores de campo y superficie son perpendiculares entre sí (cos 90° = 0), pero ambos vectores son paralelos ya que la superficie de Gauss tiene simetría radial. En conclusión, el campo en el interior de una esfera hueca o compacta cargada en su superficie es nulo.

Campo eléctrico en un hilo infinito uniformemente cargado

Si un hilo de longitud infinita está cargado uniformemente según una densidad $\lambda = Q/L$, donde L es la longitud que contiene Q, entonces se puede calcular el campo en un punto exterior a una distancia r. En este caso la experiencia indica que la superficie gaussiana puede ser un cilindro ya que el campo $\vec{E}$ es radial por simetría (ver Figura 1.34).

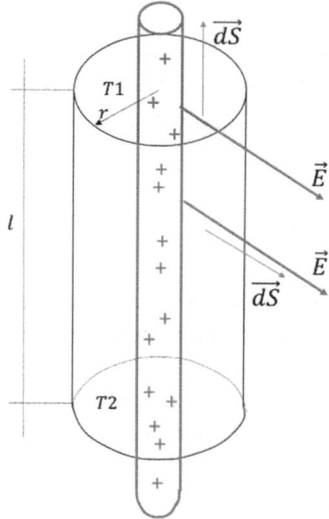

Figura 1.34. Campo eléctrico de un hilo infinito uniformemente cargado

Un cilindro es distinto a una esfera, ya que tiene dos partes bien diferenciadas: el lateral (L) y las tapas ($T1$ y $T2$). En cada caso el ángulo es distinto (90° en las tapas y 0° en el lateral) y en todos los casos el campo es constante.

$$\phi = \oint_S \vec{E} \cdot \vec{dS} = \oint_{ST1} \vec{E} \cdot \vec{dS} + \oint_{SL} \vec{E} \cdot \vec{dS} + \oint_{ST2} \vec{E} \cdot \vec{dS} =$$

$$= \oint_{ST1} |\vec{E}| \cdot dS \cdot \cos\theta_{T1} + \oint_{SL} |\vec{E}| \cdot dS \cdot \cos\theta_L + \oint_{ST2} |\vec{E}| \cdot dS \cdot \cos\theta_{T2} =$$

$$= |\vec{E}| \oint_{ST1} dS \cdot 0 + |\vec{E}| \oint_{SL} dS \cdot 1 + |\vec{E}| \oint_{ST2} dS \cdot 0$$

$$\phi = E \oint_{SL} dS = E \cdot 2 \cdot \pi \cdot r \cdot l \text{ (área del lateral de un cilindro)}$$

Igualando con el teorema de Gauss

$$\phi = E \oint_{SL} dS = E \cdot 2 \cdot \pi \cdot r \cdot l = \frac{Qint}{\varepsilon_0}$$

y por tanto,

$$E = \frac{1}{2 \cdot \pi \cdot \varepsilon_0} \cdot \frac{Q_{int}}{r \cdot l}$$

$$E(r) = 2 \cdot K \cdot \frac{\lambda}{r}$$

En este momento es interesante volver al ejemplo anteriormente resuelto de una barra de 3 metros cargada con 3 C. Mediante un cálculo grosero y asimilando la barra cargada a tres cargas puntuales se ha obtenido que el campo era de $K \cdot \left(\frac{1}{\sqrt{2}} + 1\right)$ N/C, si ahora usamos la expresión anterior, entonces el campo presente a 1 metro del hilo es

$$2 \cdot K \cdot \frac{\lambda}{r} = 2 \cdot K \cdot \frac{1}{1} = 2K \ N/C$$

Los valores no coinciden, pero se aproximan por dos razones: la barra era de 3 metros y el hilo de Gauss es infinito y además el cálculo del campo de la barra fue grosero.

La cuestión es ¿se puede usar la expresión para un hilo infinito si en la situación real el hilo no lo es? La respuesta es "depende" ya que el infinito también puede ser visto como algo que depende la perspectiva: si pegamos la nariz a una puerta ¿podemos decir que la puerta parece infinita a nuestros ojos? Seguramente es muy sensato utilizar lo calculado por Gauss en vez de plantear cálculos difícilmente resolubles con nuestro conocimiento de cálculo.

Además, tiene sentido recordar que el campo es un vector, pero las expresiones de Gauss se refieren al módulo ¿es posible vectorizar el campo calculado? Si se piensa en un hilo apoyado en el eje X y en un punto P vertical sobre el hilo, entonces $\hat{r}$ es j y el campo será $2 \cdot K \cdot \frac{\lambda}{r} \cdot j$.

Campo eléctrico de un plano infinito uniformemente cargado

Si un plano infinito está cargado uniformemente según una densidad $\sigma = Q/S$, donde S es el área de superficie que contiene Q, entonces se puede calcular el campo en un punto exterior a una distancia d. En este caso la experiencia indica que la superficie gaussiana puede ser un cilindro (ver Figura 1.35).

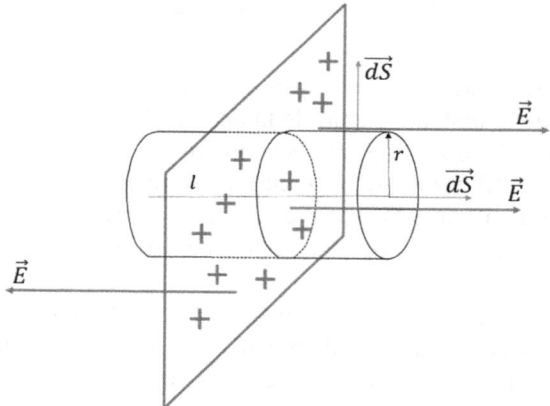

Figura 1.35. Campo eléctrico de un plano infinito uniformemente cargado

Al igual que antes el cálculo del flujo se puede dividir en tres partes, pero en este caso el ángulo θ es 0° en las tapas y 90° en el lateral del cilindro.

$$\phi = \oint_S \vec{E} \cdot \overrightarrow{dS} = \oint_{ST1} \vec{E} \cdot \overrightarrow{dS} + \oint_{SL} \vec{E} \cdot \overrightarrow{dS} + \oint_{ST2} \vec{E} \cdot \overrightarrow{dS} =$$

$$= \oint_{ST1} |\vec{E}| \cdot dS \cdot \cos\theta_{T1} + \oint_{SL} |\vec{E}| \cdot dS \cdot \cos\theta_L + \oint_{ST2} |\vec{E}| \cdot dS \cdot \cos\theta_{T2} =$$

$$= |\vec{E}| \oint_{ST1} dS \cdot 1 + |\vec{E}| \oint_{SL} dS \cdot 0 + |\vec{E}| \oint_{ST1} dS \cdot 1$$

$$\phi = 2 \cdot E \oint_{ST} dS = 2 \cdot E \cdot \pi \cdot r^2 \quad \text{(área del extremos de un cilindro)}$$

Combinando el resultado anterior con el teorema de Gauss, resulta

$$\phi = E \cdot 2 \cdot \pi \cdot r^2 = \frac{Q_{int}}{\varepsilon_0}$$

y por tanto

$$E = \frac{1}{2 \cdot \varepsilon_0} \cdot \frac{Q_{int}}{\pi \cdot r^2} = \frac{1}{2 \cdot \varepsilon_0} \cdot \frac{Q_{int}}{S}$$

Y finalmente y utilizando σ, la densidad superficial del plano cargado, el campo eléctrico en r es

$$E(r) = \frac{1}{2 \cdot \varepsilon_0} \cdot \sigma = \frac{\sigma}{2 \cdot \varepsilon_0}$$

La expresión anterior indica que el campo eléctrico en un punto externo a un plano cargado no depende de la distancia, solo de la densidad de carga. En este caso, como el plano es infinito da igual a qué distancia nos situemos de él, ya que seguiremos viendo que el plano es infinito. El razonamiento anterior se puede estirar un poco: ¿a qué distancia de un plano de 1 m^2 cargado se ve este como infinito? Por ejemplo, la Tierra es redonda, pero de cerca parece plana, incluso parece infinita.

Todos los cálculos anteriores se refieren solo al módulo del campo eléctrico, que es lo más relevante, pero si se quisiera disponer de la expresión vectorial simplemente habría que multiplicar dicho módulo por el correspondiente vector unitario

$$\vec{E}(r) = 2 \cdot K \cdot \frac{\lambda}{r} \cdot \hat{r}, \qquad \text{para un hilo cargado}$$

$$\vec{E}(r) = \frac{\sigma}{2 \cdot \varepsilon_0} \cdot \hat{r}, \qquad \text{para un plano cargado}$$

$$\vec{E}(r) = K \cdot \frac{Q}{r^2} \cdot \hat{r}, \qquad \text{para una esfera cargada}$$

En el primer y segundo caso $\hat{r}$ es siempre es perpendicular al plano o al hilo desde el punto P, mientras que para la esfera $\hat{r}$ es el vector resultante de unir el punto P con el centro de la esfera.

Para el plano infinito la Figura 1.36 muestra que toda vez que el plano es infinito todos los vectores campo al ser sumados son perpendiculares al plano. Es decir, el campo resultante es perpendicular al plano.

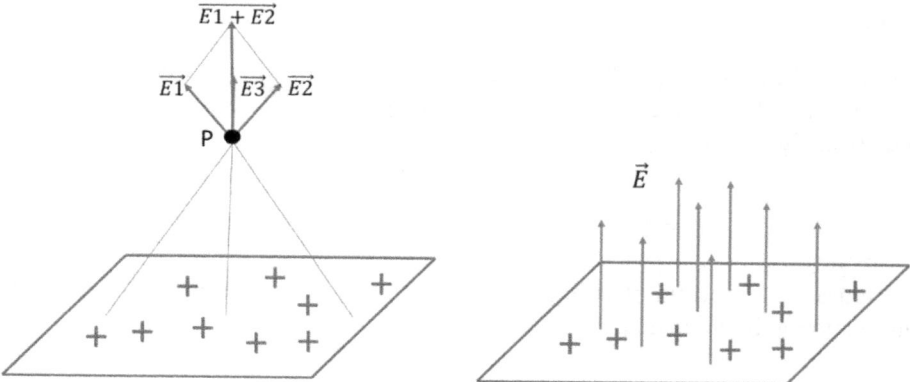

Figura 1.36. Campo eléctrico en un punto creado por un plano infinito uniformemente cargado

1.5. TRABAJO, ENERGÍA POTENCIAL ELECTROSTÁTICA, VOLTAJE Y POTENCIAL ELÉCTRICO

Hasta ahora hemos visto que existen la fuerza y el campo eléctricos y hemos aprendido a calcularlos. Cuando se aplica una fuerza sobre una carga, entonces esa carga hace un trabajo. Si controlamos la fuerza, podemos hacer que la carga haga un trabajo para nosotros.

En este libro el trabajo puede ser de dos tipos: *trabajo clásico* y *trabajo aritmético-lógico*. En el segundo caso, le pedimos a esa carga que haga cálculos lógicos: nosotros le diremos cuáles y ella los hará. Pero ese trabajo es parte del último tema del libro, ahora toca hablar del trabajo clásico.

Para poder controlar ese trabajo es necesario poder describirlo y calcularlo. Esta tarea conlleva esfuerzo matemático y conceptual. El campo y la fuerza son vectores, mientras que el trabajo es un escalar, para llegar de las primeras a la segunda nos vamos a apoyar en el potencial eléctrico o voltaje o tensión, que también es un escalar.

En este apartado hay que ser cuidadoso con las dimensiones, los vectores y las integrales.

1.5.1. Potencial, voltaje o tensión eléctricas

Antes de describir matemáticamente el potencial eléctrico o voltaje y relacionarlo con el campo eléctrico, es oportuno empezar con un ejemplo.

Ejemplo 1.5.

La Figura 1.37 muestra el voltaje asignado a cada punto de una línea para una carga puntual de 1 nC. La expresión del potencial eléctrico o voltaje para una carga puntual de 1 nC es la siguiente (luego se explicará).

$$V = |E| \cdot d = K \cdot \frac{Q}{d} = 9 \cdot 10^9 \cdot \frac{10^{-9}}{1} = 9 \text{ V}$$

La Figura 1.37 muestra el voltaje creado por una simple carga eléctrica de 1 nC en una dimensión a distintas distancias.

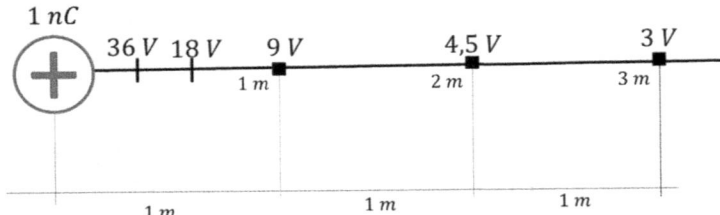

Figura 1.37. Distribución del potencial de una carga en una línea

Se puede ver que el voltaje es un escalar y decrece según el punto se aleja de la carga, y también se puede ver que la relación es lineal con la distancia (al menos en este caso), siempre y cuando la carga sea positiva.

Concepto y ejemplo del voltaje

El ejemplo anterior mostraba que el voltaje es útil y puede ser sencillo de calcular, pero ¿cómo se relacionan el campo eléctrico y el potencial eléctrico? Lo hacen con el siguiente planteamiento para el caso particular anterior: el campo se obtiene si se unen los voltajes de manera que se vaya del punto P a la carga con el crecimiento de voltaje más rápido, de la forma "más rápida posible". Este concepto de *más rápido posible* es el *gradiente*, ∇ o $\vec{\nabla}$, y así el campo eléctrico es el gradiente negado (es negado porque el campo es saliente de la carga y el voltaje crece hacia la carga positiva). Es decir, la definición es,

$$\vec{E} = -\vec{\nabla} V$$

En la Figura 1.38 para dos dimensiones se ve que la línea naranja horizontal es el gradiente, mientras que la trayectoria negra superior no lo es.

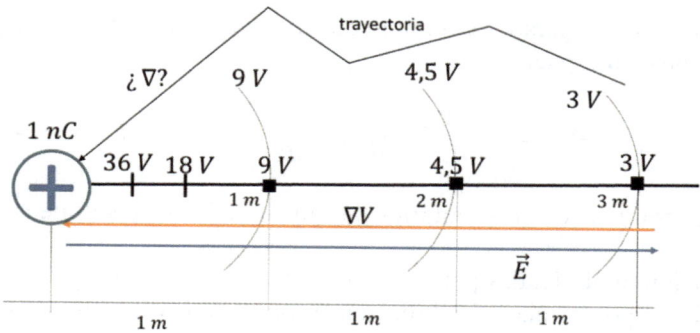

Figura 1.38. Potencial y campo de una carga

¿Qué ocurre si la carga es negativa (Figura 1.39)? En este caso el gradiente va de izquierda a derecha, ya que el voltaje aumenta (es menos negativo) según se aleja de la carga. Y por tanto, el campo será entrante, toda vez que el gradiente es saliente.

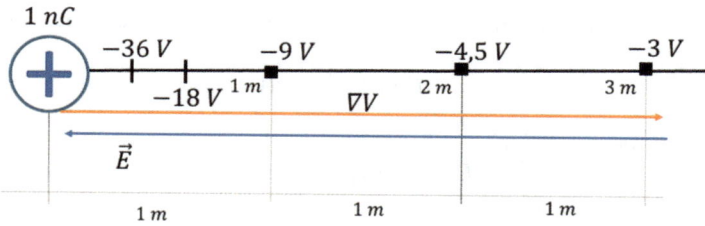

Figura 1.39. Ejemplo de potencial y campo

Formulación matemática del voltaje

Para cualquier campo eléctrico en tres dimensiones, este se puede expresar como el gradiente del voltaje de cada punto del campo, cambiado de signo (el campo es creciente en sentido contrario al gradiente). El gradiente ∇ es un vector cuya dirección es aquella que asegura el crecimiento más rápido del campo y cuyo módulo expresa el ritmo de crecimiento. El concepto de gradiente se comprende bien en las curvas de nivel de una montaña o las curvas de presión de una borrasca.

El voltaje asignado a un punto dentro de un campo eléctrico positivo es menor cuanto más lejos está este del origen del campo. El voltaje asignado a un punto dentro de un campo eléctrico negativo es mayor (porque es menos negativo) cuanto más lejos está este del origen del campo.

El gradiente es un operador complejo que exige el uso de derivadas parciales en las tres dimensiones del espacio.

$$\vec{E} = -\vec{\nabla} V = -\frac{dV}{dx}\hat{\imath} - \frac{dV}{dy}\hat{\jmath} - \frac{dV}{dz}\hat{k} = E_x\hat{\imath} + E_y\hat{\jmath} + E_z\hat{k}$$

donde $\hat{\imath}, \hat{\jmath}$ y $\hat{k}$, son los vectores unitarios de cada una de las tres dimensiones.

Esta ecuación en derivadas parciales no es en absoluto sencilla. Ahora bien, si consideramos el campo en una sola dirección, y recordamos que el potencial eléctrico o voltaje es un escalar, entonces podemos tomar dos caminos para llegar a una expresión más sencilla.

Por un lado, si la dimensión es única, el campo solo puede seguir esa dirección, quedando el sentido del campo en nuestras manos (positivo-saliente, negativo-entrante). En este caso no tiene sentido trabajar con vectores, bastará con calcular el módulo siendo obvio el signo. Así

$$\vec{E} = -\frac{dV}{dx}\hat{\imath}, \qquad |\vec{E}| = -\frac{dV}{dx}, \qquad E = -\frac{dV}{dx}$$

Y por tanto, entre dos puntos A y B, situados sobre una recta, hay una diferencia de potencial

$$E \cdot dx = -dV$$

luego

$$\int_A^B dV = \int_A^B -E \cdot dx \ y \ V_B - V_A = \Delta V = \int_A^B -E \cdot dx$$

$$V_B - V_A = \Delta V = -\int_A^B E \cdot dx$$

Es decir, para una dimensión la diferencia de potencial entre dos puntos A y B es la integral de E desde A a B. El signo final depende de si el campo es paralelo o antiparalelo al recorrido de A a B.

Por otro lado, de forma analítica y sin prescindir de los vectores se puede operar:

$$\vec{E} = -\frac{dV}{dx}\hat{\imath}, \qquad \vec{E} \cdot \hat{\imath} = -\frac{dV}{dx}\hat{\imath} \cdot \hat{\imath}$$

luego

$$\vec{E} \cdot \hat{\imath} = -\frac{dV}{dx} 1 \cdot \cos 0$$

y por tanto

$$-dV = \vec{E} \cdot \hat{\imath} \cdot dx$$

Integrando y considerando que el campo eléctrico sigue la dirección de A a B,

$$\Delta V = -\int_A^B \vec{E} \cdot \hat{\imath} \cdot dx = -\int_A^B E \cdot |i| \cdot \cos 0 \cdot dx = -\int_A^B E \cdot 1 \cdot 1 \cdot dx = -\int_A^B E \cdot dx$$

$$V_B - V_A = \Delta V = -\int_A^B E \cdot dx$$

Si el campo eléctrico hubiera tenido un sentido contrario al de A a B, entonces

$$\Delta V = -\int_A^B E \cdot |i| \cdot \cos 180 \cdot dx = -\int_A^B E \cdot 1 \cdot (-1) \cdot dx = \int_A^B E \cdot dx$$

La expresión anterior extendida a tres dimensiones es la siguiente, donde $\overrightarrow{dl}$ describe el camino para ir de A a B en tres dimensiones.

$$dV = -\vec{E} \cdot \overrightarrow{dl}\,, \Delta V = -\int_A^B \vec{E} \cdot \overrightarrow{dl}$$

La expresión anterior se lee: *un desplazamiento infinitesimal dentro de un campo supondrá una pérdida infinitesimal de voltaje* (o incremento según sea el campo eléctrico o el movimiento de A a B).

La unidad del potencial eléctrico es el voltio (V) y sus unidades son newton por culombio (N·C) y por tanto, el campo eléctrico se puede expresar también como V/m.

Hemos visto que si bien la definición puede ser algo compleja (gradiente) su expresión matemática es bien sencilla ($\Delta V = -\int_A^B \vec{E} \cdot \overrightarrow{dl}$), lo que no quiere decir que sea fácil de calcular. El principal problema surge del campo a integrar y su expresión. De nuevo en algunos casos esto es muy sencillo, $V = E \cdot d$, pero en otros no lo es ni mucho menos. Por tanto, hay que abordar cada caso por separado, manteniendo claro el concepto.

Aplicación, cálculo y ejemplos particulares del potencial electrostático

Volviendo a la integral anterior, si el punto B se sitúa en el infinito entonces el valor que se obtiene es V_A. En el infinito el potencial y la energía potencial se suponen nulas, siempre que no haya cargas en el infinito. La expresión siguiente muestra el potencial, la tensión o voltaje en un punto A arbitrario.

$$V_\infty - V_A = -\int_A^\infty \vec{E} \cdot \overrightarrow{dl}$$

y por tanto

$$V_A = \int_A^\infty \vec{E} \cdot \vec{dl}$$

Para una sola dimensión y una carga puntual resulta que $\vec{dl}$ se convierte en $\vec{dx}$ y $\vec{E}$ está orientado mediante $\hat{\imath}$, y por tanto, simplemente hay que observar que $\vec{dx}$ e $\hat{\imath}$ son paralelos.

$$V_A = \int_A^\infty \vec{E} \cdot \vec{dl} = \int_A^\infty K \cdot \frac{Q}{x^2} \hat{\imath} \cdot \vec{dx} = \int_A^\infty K \cdot \frac{Q}{x^2} \cdot 1 \cdot dx \cdot \cos 0$$

$$= K \cdot Q \int_A^\infty \frac{1}{x^2} \cdot dx = K \cdot Q \cdot \left[-\frac{1}{x} \right]_A^\infty$$

$$V_A = \frac{K \cdot Q}{r}$$

donde r es la distancia de la carga a A. Si Q es positiva, entonces el voltaje también lo será, y si Q es negativa, el voltaje será negativo. Esta expresión ha sido utilizada al principio de esta sección en el ejemplo inicial.

Ejemplo 1.6.

Obtener el potencial si se va del infinito (V_B) al punto en cuestión (V_A).

¿A qué distancia de un electrón hay -1 V?

$$-1V = \frac{9 \cdot 10^9 \cdot (-1{,}6 \cdot 10^{-19})}{d}$$

y así

$$d = 1{,}44 \cdot 10^{-9} \text{m} = 1{,}44 \text{ nm}$$

¿Qué voltaje hay a 1 metro de un electrón?

$$V = \frac{9 \cdot 10^9 \cdot (-1{,}6 \cdot 10^{-19})}{1} = -1{,}44 \text{ nV}$$

Tras este ejemplo que utiliza la expresión de $V = E \cdot l$, que es mucho más útil y sencilla que la original, cabe preguntarse ¿qué debe de darse para que esta expresión sea aplicable? Simplemente debe darse que el vector campo eléctrico $\vec{E}$ sea uniforme de A a B y que además $\vec{E}$ y $\vec{dl}$ sean paralelos de A a B, entonces el producto escalar $\vec{E} \cdot \vec{dl}$

será $E \cdot l$. Es decir, el planteamiento siguiente supone que la carga es positiva, y que A está más cerca de la carga que B. Si B estuviera más cerca que A, entonces los vectores serían antiparalelos, ya que *cos* 180° = −1 y tendríamos un signo negativo adicional. Todo lo siguiente solo es válido para una sola dimensión.

$$\Delta V_{AB} = V_B - V_A = -\int_A^B \vec{E} \cdot \overrightarrow{dl} = -E \int_A^B dl \cdot cos0 = -E \cdot l,$$

y si V_B está en el infinito y su valor es 0 V, entonces $V_A = E \cdot l$.

Vayamos a un plano uniformemente cargado. La Figura 1.40 muestra las tres posibles situaciones que se pueden dar al ir de A a B. Dos de ellas coinciden con lo visto anteriormente: el campo eléctrico es paralelo o antiparalelo a la trayectoria de A a B o bien, es perpendicular.

El tercer caso se da cuando el ángulo no es ni 0° ni 180°, sino que es θ. Esta situación no es en absoluto problemática ya que este ángulo θ es constante en toda la trayectoria de A a B. Así la expresión queda

$$V_B - V_A = -E \cdot l \cdot \cos \theta = -E \cdot l \cdot 1 \, o - E \cdot l \cdot 0 \, o - E \cdot l \cdot \cos \theta$$

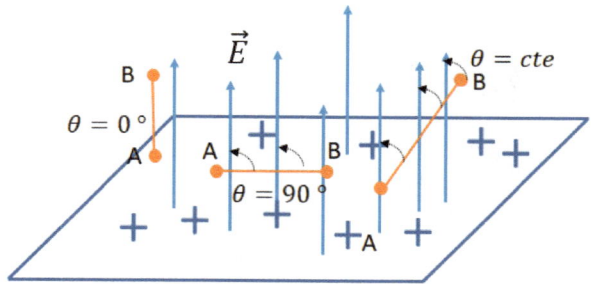

Figura 1.40. Potencial de un plano infinito uniformemente cargado

¿Por qué es tan importante esta simplificación del cálculo de V para un plano? Pues porque si podemos argumentar que el plano es infinito entonces conocemos su campo eléctrico y al ser este uniforme se puede calcular con facilidad el potencial de un punto:

$$E = \frac{\sigma}{2 \cdot \varepsilon_0}$$

y

$$V_B - V_A = -\frac{\sigma}{2 \cdot \varepsilon_0} \cdot l$$

Lo mismo se puede decir de un hilo infinito o de una esfera. Y esto es muy importante a la hora de dimensionar los condensadores que veremos luego, ya que en ellos se combinan dos planos cargados, o dos cilindros cargados o dos esferas cargadas, y como anteriormente se han calculado los campos de un plano, un hilo y una esfera, entonces quizá se pueda aplicar la expresión reducida del potencial eléctrico. Para verlo hay que esperar hasta el apartado de diseño de condensadores. Ya se ha explicado antes el hecho de que un plano o un hilo sean infinitos es quizá cuestión de perspectiva y de asumir un cierto error.

Volviendo al potencial eléctrico, y alejándonos del sencillo caso anterior de desplazamiento rectilíneo de A a B, si para una carga puntual el desplazamiento de A a B es en dos dimensiones, entonces ya no se habla de $\vec{dx}$ y $\hat{\imath}$, sino de $\vec{dl}$ y $\hat{r}$ y es muy probable que ambos vectores no sean paralelos o no formen un ángulo constante.

La Figura 1.41, en la parte izquierda, muestra que el ángulo va cambiando según el vector $\vec{dl}$ va yendo de A a B. La parte derecha muestra los mismos puntos A a B y un recorrido distinto. En este primer caso no hay pérdida de potencial (se *baja* por la curva equipotencial, o lo que es lo mismo, el ángulo es 90°) y luego se llega a B con un ángulo constante, de manera que la pérdida (o ganancia) de potencial es $V_B - V_A$. Pero esta nueva trayectoria no es la original.

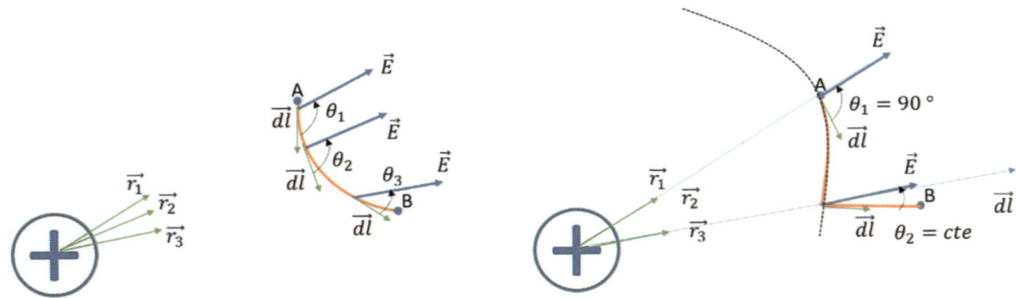

Figura 1.41. Potencial de una trayectoria no trivial

Lo importante de este apartado ha sido presentar el voltaje o tensión y relacionar este con el campo y la fuerza, admitiendo que el cálculo de la tensión en un punto o la variación de potencial puede ser muy fácil de calcular en algunos casos, no siendo tan fácil en otros.

Queda ahora relacionar el potencial o voltaje con el trabajo y la energía potencial.

1.5.2. Trabajo

Si se sitúa una carga q dentro de un campo eléctrico, entonces q se moverá afectada por la fuerza electrostática ejercida sobre ella. Así el campo eléctrico realiza un trabajo para trasladar q desde A a B, donde A y B son cualquier punto en el espacio de tres dimensiones. El trabajo se mide en julios (J), es escalar por definición y se expresa:

$$W_{AB} = \int_A^B \vec{F} \cdot \vec{dl} = \int_A^B q \cdot \vec{E} \cdot \vec{dl}$$

El cálculo anterior no es sencillo en tres dimensiones ya que incluye al producto escalar de dos vectores, $\vec{E} \cdot \vec{dl}$, sin embargo, y de nuevo, esta situación se puede aliviar trabajando en una sola dimensión.

El trabajo en una dimensión se puede calcular utilizando el voltaje asociado a cada punto.

$$W_{AB} = \int_A^B \vec{F} \cdot \vec{dx} = q \cdot \int_A^B \vec{E} \cdot \vec{dx} = q \cdot \int_A^B E \cdot dx \cdot \cos 0 = -q \cdot \int_A^B dV = -q \cdot (V_B - V_A)$$

Si recordamos que el trabajo en el campo eléctrico es conservativo, entonces podemos extender la expresión anterior a las tres dimensiones.

$$W_{AB} = \int_A^B \vec{F} \cdot \vec{dl} = q \cdot \int_A^B \vec{E} \cdot \vec{dl} = -q \cdot \int_A^B dV = -q \cdot (V_B - V_A)$$

En la expresión anterior (en una dimensión) podría aparecer trabajo negativo, es decir, contra el campo, si V_B es mayor que V_A. Para que el cálculo del trabajo sea sencillo es necesario que el cálculo de V_B y V_A debe ser también sencillo, tal y como se ha visto en el apartado anterior.

La expresión de W_{AB} nos indica que las unidades del voltio también son julio por culombio (J/C). Así si entre dos puntos A y B hay una diferencia de potencial de 1 V significa que para llevar una carga de 1 C desde A a B se ha de hacer un trabajo de 1 J.

La expresión de W_{AB} indica que el trabajo hecho para llevar la carga q desde A a B se puede calcular en función del voltaje o potencial eléctrico de A y B. La expresión anterior tiene signo y también depende de la diferencia de potencial entre A y B ($V_B - V_A$):

- Si $V_A > V_B$ entonces el trabajo es positivo y, por tanto, el trabajo lo ha hecho el campo. La carga q se ha movido libremente (ver Figura 1.42) por efecto del campo.

- Si $V_A < V_B$ entonces el trabajo es negativo y, por tanto, el trabajo lo ha hecho un agente externo al campo. *Alguien* ha empujado a la carga q en contra del campo.

- Si $V_A = V_B$ entonces no hay trabajo, aunque haya desplazamiento. El desplazamiento dentro de una superficie equipotencial no supone trabajo.

El trabajo realizado por un campo para llevar una carga q de un punto a otro depende de la diferencia de potencial entre ambos puntos, y no de su potencial absoluto. Por ejemplo, el trabajo para subir 5 metros en una escalera no depende de si la escalera está en Bilbao o en Madrid, depende de la altura de la escalera.

El trabajo no solo se relaciona con el potencial eléctrico o voltaje, también lo hace con la energía potencial electrostática.

1.5.3. Energía potencial electrostática

El trabajo anterior positivo supone que la carga q se mueve de forma acelerada y por tanto, incrementa su energía cinética, lo que impone, en aras del balance energético, que este aumento debe compensarse mediante la disminución de *otra* energía, esta es la *energía potencial electrostática*.

Al igual que en el campo gravitatorio un objeto con un peso tiene asociada una energía potencial por estar a una altura, una carga tiene asociada una energía potencial electrostática por estar en un campo en un punto A, que se representa por $Ep(A)$.

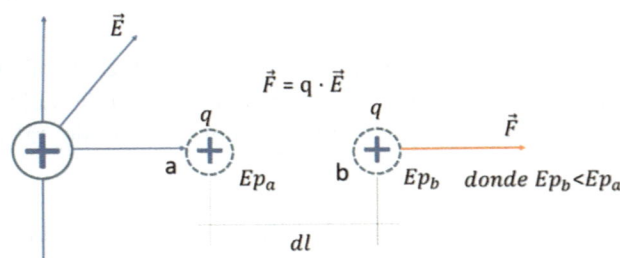

Figura 1.42. Representación de la energía potencial electrostática

La energía potencial electrostática de una carga q en un punto A se define como

$$Ep(A) = q \cdot V_A$$

Y también se puede decir que

$$\Delta V \cdot q = (V_B - V_A) \cdot q = \Delta Ep$$

Siguiendo el siguiente razonamiento se ve que un desplazamiento infinitesimal de la carga por efecto de la fuerza supondrá una pérdida o ganancia infinitesimal de la energía potencial electrostática de la carga. Empecemos recordando la relación entre voltaje y campo y sigamos

$$\vec{\nabla} V = -\vec{E}$$

Multiplicando por q en ambos lados, resulta

$$q \cdot \vec{\nabla} V = -\vec{E} \cdot q$$

$$q \cdot \vec{\nabla} V = -\vec{F}$$

y para una dimensión

$$q \cdot \frac{dV}{dx} \hat{\imath} = -\vec{F}$$

Integrando

$$\int q \cdot dV \cdot \hat{\imath} = \int -\vec{F} \cdot dx$$

que entre A y B

$$\int_A^B q \cdot dV \cdot \hat{\imath} \cdot \hat{\imath} = \int_A^B -\vec{F} \cdot dx \cdot \hat{\imath}$$

$$\int_A^B q \cdot dV \cdot 1 \cdot 1 \cdot \cos 0 = \int_A^B -\vec{F} \cdot \overrightarrow{dx}$$

volviendo a la definición

$$\Delta Ep = \int_A^B -\vec{F} \cdot \overrightarrow{dx}$$

Pero si A y B están muy próximos, o sea para dx,

$$dEp = -\vec{F} \cdot \overrightarrow{dx},$$

y como es el producto escalar en una dimensión,

$$dEp = -F \cdot dx$$

El signo de la expresión anterior puede cambiar en función de la trayectoria y el campo.

Lo anterior es válido para una dimensión, pero de forma general, para tres dimensiones sería:

$$dEp = -\vec{F} \cdot \vec{dl}$$

Y si recordamos la definición de trabajo entonces resulta que el trabajo hecho por una carga supone una pérdida de energía potencial, o que si una carga ha perdido energía potencial es porque ha hecho un trabajo. Lo anterior es válido si el campo es quien hace el trabajo, si es contra del campo, entonces se gana energía potencial.

$$\Delta Ep = W$$

No olvidemos que un punto tiene un potencial y que una carga en ese punto tiene una energía potencial, pero ese punto *no tiene* un trabajo, el trabajo se da al desplazarse.

Resumen

La carga, la fuerza, el campo, el voltaje y la energía son elementos que describen el trabajo del que nos queremos beneficiar. Todos estos conceptos pertenecen a la electrostática, y sin embargo el objetivo final de este libro, diseñar dispositivos lógicos electrónicos, pasa porque los electrones (las cargas) se muevan y hagan un trabajo para nosotros.

De todas las señales anteriores solo el voltaje se utiliza directamente en el diseño de circuitos eléctricos y electrónicos.

1.5.4. Conductor en equilibrio electrostático

En un material conductor hay electrones libres capaces de moverse libremente (en un aislante es al revés), sin embargo, si estos no se mueven, entonces se dice que el conductor está en equilibrio electrostático.

Un conductor en equilibrio electrostático presenta varias propiedades importantes:

1. El campo eléctrico en cualquier punto del interior del conductor es nulo.

2. Todo exceso de carga se encuentra en la superficie del conductor, no en su interior.

3. El campo eléctrico en un punto exterior a la superficie del conductor pero próximo a ella es perpendicular a dicha superficie y tiene un valor σ/ε_0, donde σ es la distribución de carga en la superficie.

4. La carga se sitúa en las puntas del conductor, si es que las tiene.

Para la primera propiedad, si hubiera campo este daría lugar a movimiento de cargas, pero esto estaría en contradicción con la condición de equilibrio electrostático. El hecho de que el campo sea nulo exige que el conductor sea equipotencial (no que su potencial sea 0).

Para la segunda propiedad pensemos en una superficie de Gauss situada en el interior del conductor, el campo en cualquier punto de la superficie gaussiana es cero, ya que el campo en el interior es 0. Por tanto, el flujo eléctrico es 0; lo que visto desde la ley de Gauss exige que no haya carga en su interior. Esta segunda propiedad en realidad se justifica por la primera: si hubiera carga en el interior habría campo, pero eso contradice la primera propiedad.

Para la tercera propiedad imaginemos una esfera cargada en equilibrio electrostático y un punto exterior muy cercano a la superficie de la esfera. E imaginemos una superficie de Gauss de forma cilíndrica que atrape a ese punto y a la superficie de la esfera que está justo debajo (ver Figura 1.43). En este caso el flujo de campo eléctrico es

$$\phi = \oint_S \vec{E} \cdot \overrightarrow{dS} = \oint_{ST1} \vec{E} \cdot \overrightarrow{dS} + \oint_{SL} \vec{E} \cdot \overrightarrow{dS} + \oint_{ST2} \vec{E} \cdot \overrightarrow{dS}$$

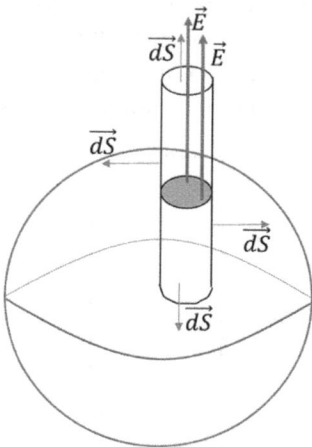

Figura 1.43. Campo eléctrico en un punto exterior a la superficie del conductor en equilibrio

En el lateral del cilindro el campo y el vector superficie son perpendiculares, mientras que en las tapas son paralelos. Sin embargo, la integral de $T2$ (la tapa dentro de la esfera) es cero ya que el campo es nulo en el interior de un conductor en equilibrio electrostático (propiedad 1) y, por tanto, y como el campo es constante en todo $T1$ resulta

$$\phi = \oint_{ST1} \vec{E} \cdot \overrightarrow{dS} + 0 + 0 = E \oint_{ST1} dS$$

$$E \oint_{ST1} dS = E \cdot \pi \cdot r^2 = \frac{Qint}{\varepsilon_0}$$

y por tanto

$$E = \frac{Qint}{\pi \cdot r^2 \cdot \varepsilon_0} = \frac{\sigma}{\varepsilon_0}$$

No olvidemos que hay que usar σ ya que la carga se distribuye en la superficie (propiedad 2), y no en el volumen del conductor, y que la zona de corte entre el cilindro y la superficie es circular, así

$$\sigma = \frac{Q}{S} = \frac{Q}{\pi \cdot r^2}$$

Por otra parte, un conductor eléctricamente neutro afectado por un campo eléctrico constante presenta un campo nulo en su interior. Por reducción al absurdo: si hubiera campo, las cargas estarían en movimiento, pero el conductor está en equilibrio electrostático.

Una forma de explicar lo anterior es viendo que en la Figura 1.44, el conductor *alargado* al soportar el campo $\vec{E}$ exterior permite que los electrones se muevan hacia la izquierda. Lo que conlleva que la parte derecha quede cargada positivamente. Esta acumulación de cargas negativas conlleva la aparición de un campo interno de valor $-\vec{E}$. Y por tanto, en el interior de este conductor no hay campo.

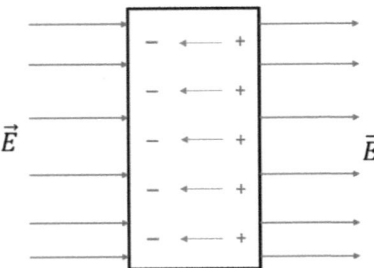

Figura 1.44. Campo eléctrico nulo en el interior del conductor en equilibrio

1.6. CORRIENTE Y POTENCIA ELÉCTRICAS

Cuando un conductor está en equilibrio electrostático las cargas no se mueven ya que su campo eléctrico interior es nulo. Sin embargo, si un conductor no está en equilibrio electrostático, entonces las cargas se mueven dando lugar a una corriente.

A este fenómeno se le denomina *corriente eléctrica*, entendida como el movimiento de cargas positivas en el sentido del campo eléctrico, de mayor a menor potencial. En este momento ya no estamos en electrostática, ya que las cargas se mueven y su efecto depende de ese movimiento.

La corriente se mide con el flujo de cargas eléctricas que atraviesa la sección trasversal de un conductor, tal y como muestra la Figura 1.45. Si pensamos en agua y en una manguera, la corriente es el flujo de gotas que atraviesa la sección de la manguera.

Para determinar la corriente también se utiliza el tiempo, así la *intensidad de corriente eléctrica* (muchas veces llamada solo *intensidad* o *corriente*) se define como el flujo de cargas que atraviesa el área A en un tiempo t. La expresión de la corriente depende de si el flujo de carga varía o no en el tiempo. En el primer caso la intensidad es constante y se escribe en mayúsculas, mientras que en el segundo caso es variable (o instantánea en un instante) y se escribe con minúsculas.

$$I = \frac{\Delta Q}{\Delta t} \quad \text{(flujo constante)}$$

$$i(t) = \frac{dq}{dt} \quad \text{(flujo variable)}$$

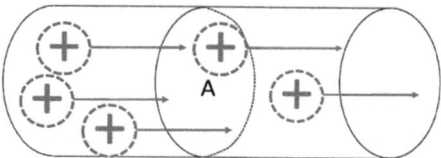

Figura 1.45. Corriente eléctrica en un conductor

La unidad de intensidad de corriente eléctrica es el amperio (A), en homenaje a André-Marie Ampere. Un amperio expresa que la corriente que atraviesa el conductor es de 1 culombio por segundo.

$$1\,A = \frac{1\,C}{1\,s}$$

Un amperio es una cantidad enorme porque un culombio también lo es. Si una corriente de unas decenas de miliamperios atraviesa el corazón de una persona, esta puede morir.

Recordemos que 1 electrón es $-1{,}6 \cdot 10^{-19}\,C$, entonces 1 A significa que $6{,}25 \cdot 10^{18}$ electrones circulan por segundo en el conductor. Que la intensidad de corriente sea alta depende que bien haya muchos electrones libres o de que estos se muevan muy rápido, o de ambas, claro.

Un apunte final para recordar que el sentido de la corriente es el de las cargas posi-tivas (Figura 1.46), que van de "+" a "–" en el campo eléctrico o que van del punto con mayor voltaje al punto con menor voltaje. En este punto es cuando se empieza a hablar más de voltaje que de campo eléctrico.

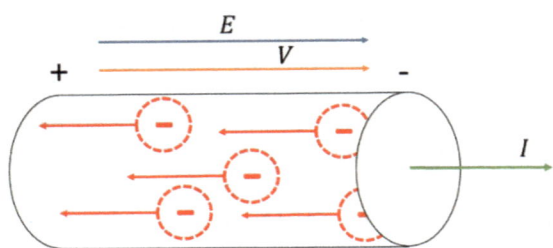

Figura 1.46. Corriente eléctrica, voltaje y campo en un conductor

La situación es un poco fastidiosa ya que son los electrones, cargas negativas, y no las cargas positivas las que se mueven. Históricamente Franklin intuyó que las cargas, positivas y negativas, se movían. Acertó en que había dos tipos de cargas, pero falló en su movimiento ya que solo las negativas, los electrones, se mueven. Cuando se dieron cuenta de la situación ya era demasiado tarde para cambiar la dirección de la corriente fijada arbitrariamente.

Actualmente se habla de portadores de carga en movimiento, máxime si se recuerda que el movimiento de electrones conlleva en parte el movimiento de huecos (se verá más adelante).

1.6.1. Cómo se mueven los electrones

En un conductor hay electrones libres (mayoritariamente los de la órbita de valencia) y aunque no haya campo eléctrico estos electrones se mueven al azar porque la agitación térmica, lumínica, etc., rompe sus enlaces (tanto más fácil de romper para conductores que para aislantes). Este movimiento se denomina *browniano*, y aunque la velocidad que alcanza cada electrón es muy alta, su velocidad media es nula, ya que a veces se mueve a derecha, y a veces, a izquierda, sin un sentido claro.

La situación es bien distinta cuando aparece un campo eléctrico: el electrón soporta una fuerza de módulo $-q_e \cdot E$ que lo acelera y lo hace ir rápidamente hasta chocar con otro átomo o electrón, momento en el que se para, quedando su velocidad a 0. Pero este movimiento aparentemente inútil se produce en todos los electrones libres con un sen-tido claro, marcado y contrario al del campo eléctrico. Esta velocidad de desplazamiento es v_d (velocidad de deriva). Este movimiento debido al campo eléctrico es el que hace real a la corriente eléctrica. Vamos a desarrollar este concepto.

Si el electrón se acelera y luego se para al chocar, su velocidad será la aceleración alcanzada multiplicada por el tiempo que dure la aceleración, es decir:

$$v_d = a \cdot \tau$$

donde τ es el tiempo medio entre choques.

Como la aceleración es soportada por la masa del electrón debida a la fuerza ejercida por el campo eléctrico entonces

$$F = m \cdot a$$

y

$$F = q_e \cdot E$$

por tanto

$$a = \frac{q_e \cdot E}{m}$$

como

$$v_d = a \cdot \tau$$

entonces

$$v_d = \frac{q_e \cdot E}{m} \cdot \tau$$

Por otra parte, es pertinente expresar cuánta carga circula por una superficie determinada en el tiempo. Si el flujo de carga es constante en el tiempo la siguiente expresión es asumible

$$\Delta Q = n \cdot q_e \cdot A \cdot v_d \cdot \Delta t$$

donde n es el número de electrones libres por m³ y A es la sección del cable

$$I = \frac{\Delta Q}{\Delta t} = n \cdot q_e \cdot A \cdot v_d \qquad \text{o} \qquad \vec{I} = n \cdot q_e \cdot A \cdot \vec{v_d}$$

Del mismo modo también se habla de J, que es la densidad de corriente eléctrica, que mide la intensidad por unidad de superficie.

$$J = \frac{I}{A} = n \cdot q_e \cdot v_d \qquad \text{o} \qquad \vec{J} = n \cdot q_e \cdot \vec{v_d}$$

Ejemplo 1.7.

Si en un cable de cobre de 1 mm^2 de sección circula 1 amperio de corriente ¿cuál es la velocidad promedio de los electrones en el cable?

En el cobre hay $8,48 \cdot 10^{28}$ átomos/m^3, como el átomo de cobre tiene un electrón de valencia, entonces tiene ese mismo número de cargas de electrón disponibles. El resultado es

$$v_d = \frac{I}{n \cdot q_e \cdot A} = \frac{1}{8,48 \cdot 10^{28} \cdot 1,6 \cdot 10^{-19} \cdot 10^{-6}} = 7,37 \cdot 10^{-5} \text{ m/s}$$

Este ejemplo muestra que más allá de valores exactos el orden de magnitud de v_d es mucho menor del esperado, que bien podría ser el de la luz, $3 \cdot 10^8$ m/s. O sea, el electrón se mueve millones de veces más lento que la luz, entonces ¿cómo se produce la corriente?

Pensemos que, si apretamos el interruptor de la luz en casa y si el cable tiene 4 m para llegar del interruptor a la bombilla, entonces la luz tardaría en aparecer varios miles de segundos, ¿ocurre eso? La respuesta es no. Pensemos en una manguera en un jardín, el fenómeno es que las gotas se mueven lentas, pero unas se empujan a otras, y así el electrón más cercano a la bombilla (son millones) llegará a ella casi instantáneamente, y luego el siguiente electrón y así sucesivamente.

Acabamos de ver que la intensidad de corriente y la densidad de corriente estaban relacionadas

$$I = n \cdot q_e \cdot A \cdot v_d$$

y

$$J = n \cdot q_e \cdot v_d$$

por lo que

$$J = \frac{I}{A}$$

Además, y toda vez que circulan portadores de carga, en el interior del cable hay un campo eléctrico. Si el material es óhmico, el comportamiento es lineal y así la densidad de corriente es proporcional al campo eléctrico y a la conductividad (σ) del material donde se manifiesta dicho campo

$$J = \sigma \cdot E = \frac{E}{\rho}$$

Vectorialmente

$$\vec{J} = \sigma \cdot \vec{E} = \frac{\vec{E}}{\rho}$$

La expresión anterior recuerda a la Ley de Ohm, donde la I de la ley de Ohm es ahora la densidad de corriente J, la tensión V es ahora el campo eléctrico E y la resistencia R es la resistividad ρ.

$$V = I \cdot R$$

y

$$E = J \cdot \rho$$

Por otro lado, el campo eléctrico se manifiesta en cada punto mediante su potencial eléctrico, y como es comprensible dicho potencial eléctrico es proporcional a la distancia respecto del campo, siempre y cuando el campo sea constante y uniforme:

$$V = E \cdot l$$

Sustituyendo se obtiene

$$V = \frac{J}{\sigma} \cdot l = \frac{I}{A} \cdot l \cdot \frac{1}{\sigma}$$

En esta expresión se aprecia que la caída de tensión es proporcional a la intensidad de corriente y a la distancia recorrida por la carga, y es inversamente proporcional al área y a la propia conductividad σ del material conductor.

Toda vez que R se define como V/I entonces

$$R = \frac{V}{I} = \frac{l}{A} \cdot \frac{1}{\sigma} = \rho \cdot \frac{l}{A}$$

Esta expresión de R se obtiene más adelante en el Apartado 1.7.2.

En este momento hemos definido dos de los tres conceptos fundamentales de los circuitos eléctricos: voltaje y corriente eléctrica, falta la potencia eléctrica.

1.6.2. Potencia y energía eléctricas

Ya se ha visto que por un circuito circulan portadores de carga (corriente eléctrica), y que en ese recorrido van perdiendo potencial. Así pues, la energía eléctrica se convierte en cinética (los portadores se mueven) y esta a su vez se convierte en térmica debido a los choques entre portadores. Este proceso es continuo: se genera y se consume energía (se otorga energía potencial y se pierde).

La Figura 1.47 muestra una corriente de portadores/cargas que circulando por un conductor van perdiendo energía potencial.

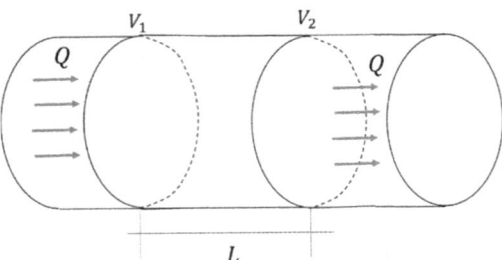

Figura 1.47. Pérdida de potencial dentro de un conductor

El potencial eléctrico en V_2 es menor que en V_1. La pérdida de energía potencial de la carga es el trabajo hecho por la misma.

$$\Delta W = Q \cdot (V_2 - V_1) = Q \cdot \Delta V$$

esto es válido si la corriente y la carga son constantes.

La *potencia eléctrica* es la energía potencial consumida o el trabajo hecho por unidad de tiempo y se mide en vatios (W) en homenaje a James Watt. 1 vatio expresa que el circuito (o una parte de él) consume 1 julio por segundo, $1W = 1 \text{ J}/1 \text{ s}$

$$P = \frac{\Delta W}{\Delta t} = \frac{Q}{\Delta t} \cdot \Delta V = V \cdot I$$

De la expresión anterior se deduce

$$P = V \cdot I$$

La potencia siempre es asociada a una resistencia de un elemento de un circuito o al circuito al completo. Si se habla de la potencia en una resistencia entonces se calcula como el producto entre la intensidad que atraviesa esa resistencia por la caída de tensión que se ha producido en dicha resistencia.

$$P_R = V_R \cdot I_R$$

En general, en la electrónica de consumo no se indica la resistencia de un equipo, sino su potencia (que da idea de su consumo). Por ejemplo, si una bombilla es de 100 W y está alimentada por 220 V, entonces su resistencia es equivalente a

$$R = \frac{V^2}{P} = \frac{220^2}{100} = 484 \, \Omega$$

Lo anterior puede ser más o menos verdad para una bombilla, pero si un ordenador tiene un consumo de entre 50 W y 100 W y su fuente de alimentación de corriente continua suele ser de 20 V entonces el ordenador tiene asociada una resistencia de, más o menos, 8 Ω ($R = 20^2/50 = 8$). Pero claro, una resistencia de 8 Ω no vale cientos de euros, pero es que un ordenador hace cálculos, no se dedica a consumir energía. Sin embargo, desde el punto de vista del consumo el ordenador se comporta como una resistencia de 8 Ω.

1.7. DISPOSITIVOS Y CIRCUITOS ELÉCTRICOS

En un circuito básico se combinan una pila o batería (una fuente de tensión continua) y uno o varios dispositivos eléctricos unidos entre sí y a la pila mediante cables. A continuación vamos a caracterizar los cuatro principales dispositivos eléctricos: pila, resistencia, condensador y bobina, pero antes es necesario introducir las Leyes de Ohm y Kirchhoff, ambas aportadas en el siglo XIX por estos dos físicos alemanes. Estas leyes son básicamente experimentales y serán tratadas en detalle más adelante.

Georg Ohm observó y modelizó que el potencial en un cable disminuía según este aumentaba de longitud y planteo la siguiente relación que se conoce como ley de Ohm:

$$I = \frac{V}{R}$$

donde R es la resistencia que presenta el cable.

Gustav Kirchhoff estableció la Ley de Corrientes de Kirchhoff también llamada *Primera Ley de Kirchhoff*. Según esta ley si en un punto la corriente se separa en n ramas:

$$\text{Primera Ley de Kirchhoff: } I_{total} = I_1 + I_2 + \cdots + I_n = \sum_{i=1}^{n} I_i$$

La Segunda Ley de Kirchhoff expresa que la caída de tensión total entre dos puntos es igual a la suma de las caídas parciales de tensión entre ambos puntos

$$\text{Segunda Ley de Kirchhoff: } V_{total} = V_1 + V_2 + \cdots + V_n$$

Esta ley expresa algo muy importante: todo el potencial electrostático otorgado a un electrón (o a una corriente de ellos) va disminuyendo según avanza en el circuito hasta llegar a 0, mejor dicho, al potencial de referencia de la pila.

Las leyes anteriores fueron expresadas para tensiones y corrientes continuas o constantes. Más adelante se comprobó que también eran válidas para corrientes y tensiones alternas y variables en el tiempo.

Estas leyes se incluyen aquí porque son necesarias para comprender los siguientes puntos de este tema y serán utilizadas más adelante para resolver circuitos eléctricos en los siguientes capítulos.

1.7.1. Fuentes de campo eléctrico constante: pilas y baterías

Una pila genera un campo eléctrico constante hasta que se agota o una fuente de continua genera un campo eléctrico (potencial) constante mientras está conectado a la red eléctrica mediante un enchufe. Ese campo eléctrico se expresa mediante su voltaje en el terminal positivo respecto del terminal negativo o referencia. Una pila de 1,5 V presenta una diferencia de potencial de 1,5 V entre sus terminales positivo y negativo, si a este último se le asigna un valor de 0 V como referencia, entonces hay 1,5 V en el positivo.

Además de lo anterior, una pila gracias al proceso redox que contiene (un proceso químico y por tanto, fuera de este libro) es capaz de energizar los electrones que llegan al terminal negativo con el objeto de *llevarlos* hasta el terminal positivo. Obviamente este trabajo acaba por agotar la pila ya que este proceso redox no es infinito. Es bien sabido que Alessandro Volta fue el inventor de la pila y en homenaje a él el potencial eléctrico se mide en voltios (V).

La pila (o batería) no es la única forma de crear un campo eléctrico, pero en este momento nos basta con ella.

La duración se expresa en amperios · hora, Ah (o en mAh), así 1 Ah significa que esa pila aportará 1 A durante 1 hora, es decir, 3600 C. El amperio se presentará más adelante.

$$1 \text{ Ah} = \frac{1 \text{ C}}{1 \text{ s}} \cdot 3600 \text{ s} = 3600 \text{ C}$$

¿Cuántos electrones es capaz de mover esta pila en 1 hora?

Si compramos una pila de petaca de 9 V y ponemos cerca una bombilla de linterna ¿se enciende? Pues no. ¿Hay campo cerca de la pila? Sí y los electrones libres cercanos se mueven, pero son tan pocos porque el aire no es buen conductor que no muestran efecto. ¿Llega el campo y su potencial a la bombilla? Sí pero muy debilitado y no hay efecto apreciable en la bombilla ya que el potencial se pierde en el aire. Quizá si la pila fuera de miles de voltios… No olvidemos lo que conseguía Nikola Tesla con sus generadores.

Ahora bien, si ponemos un cable desde el terminal positivo a uno de los extremos de la bombilla ¿se enciende la bombilla? Sí pero solo durante un instante, ya que los electrones no pueden seguir su camino, y deben hacerlo para que el filamento se caliente, se ponga incandescente e ilumine a su alrededor.

Si además de lo anterior unimos el otro terminal de la bombilla con el terminal negativo de la pila, lo que ocurre es que los electrones circulan y gracias al descubrimiento de Volta resulta que son energizados de nuevo, y pueden volver a salir. La bombilla se enciende, y sigue así hasta que el potencial de la pila ha bajado tanto que el movimiento de los electrones no es suficiente para encender la bombilla.

1.7.2. Resistencias

Cada material tiene un comportamiento distinto frente a un campo eléctrico, es decir, presenta una resistencia distinta al paso de corriente. Así el cobre presenta una resistencia, la madera otra, el aire otra, etc. Otro asunto es cómo se puede utilizar esa resistencia para obtener un fin.

La resistencia de un material puede ser *lineal* o *no lineal*, al primero se le denomina *material óhmico*, y al segundo, *no óhmico*. Los materiales que nos interesan son aquellos que presentan un comportamiento lineal y constante. Esto es un comportamiento ideal, ya que, por ejemplo, la temperatura afecta a la resisencia, como se verá luego.

La resistencia se expresa como la relación existente entre la intensidad que circulaba por ella y la tensión en sus extremos. Para los materiales óhmicos, como el metal, esta relación es constante.

$$R = \frac{V}{I} \quad 1\,\Omega = \frac{1\,\mathrm{V}}{1\,\mathrm{A}}$$

La unidad de medida es el ohmio, en homenaje al físico alemán Georg Simon Ohm. Una resistencia de 1 Ω produce una caída de tensión de 1 V si la corriente es de 1 A.

Como la intensidad y la tensión utilizadas son continuas o constantes, la resistencia solo tiene parte real. Cuando se trabaje con señales sinusoidales o variables en el tiempo, entonces la resistencia o impedancia tendrá parte real, llamada *resistencia*, y parte compleja, llamada *reactancia*.

La Figura 1.48 muestra la relación entre ohmio, voltios y amperios para un material óhmico y para uno no óhmico.

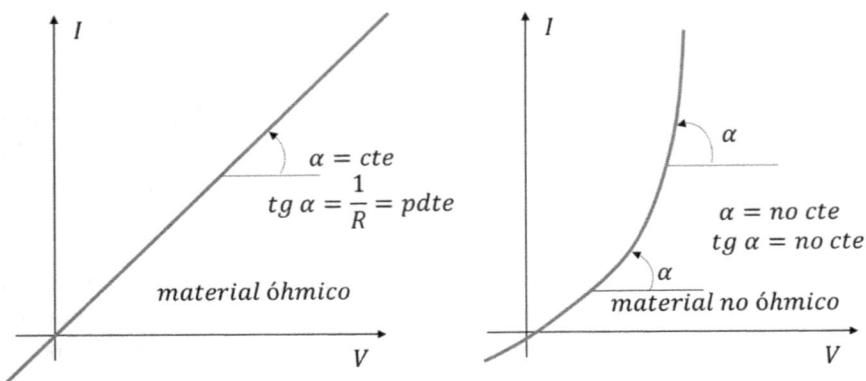

Figura 1.48. Materiales óhmico y no óhmico

El valor de una resistencia queda caracterizado por su longitud l, su sección A y un coeficiente llamado *resistividad* que depende de cada material.

$$R = \rho \cdot \frac{l}{A}$$

o

$$R = \frac{1}{\sigma} \cdot \frac{l}{A}$$

donde ρ es la resistividad en $\Omega \cdot m$ y σ es la conductividad en $1/\Omega \cdot m$.

El valor de ρ se obtiene experimentalmente para cada material. El rango de valores es muy amplio y va de 10^{-8} para el cobre a 10^{14} para el vidrio. La resistencia es una de las magnitudes con mayor variación en la naturaleza. La tabla siguiente muestra un conjunto de valores.

Material	Resistividad 23 °C (en $\Omega \cdot m$)	Material	Resistividad 23 °C (en $\Omega \cdot m$)
Cobre	$1,59 \times 10^{-8}$	Nicromio	$1,5 \times 10^{-6}$
Oro	$1,68 \times 10^{-8}$	Germanio	$4,6 \times 10^{-1}$
Wolframio	$5,6 \times 10^{-8}$	Silicio	$6,40 \times 10^{2}$
Hierro	$9,71 \times 10^{-8}$	Piel humana	5×10^{5}, depende
Platino	$1,1 \times 10^{-7}$	Vidrio	10^{12}, depende

En la tabla se suele indicar el valor de temperatura de medición de la resistividad, que suele estar entre 20 °C y 25 °C (23 °C en el caso anterior). Esto es así porque la temperatura afecta a la resistividad del material, cuanto mayor es la temperatura mayor es la resistencia, lo que generalmente no tiene importancia, pero es crítico cuando se trabaja en ambientes industriales con alta temperatura. La expresión experimental que introduce el coeficiente de temperatura α es la siguiente.

$$R = R_0 \cdot \left(1 + \alpha \cdot (t - t_0)\right) = R_0 \cdot (1 + \alpha \cdot \Delta t)$$

donde t_0 es 20 °C y t es la temperatura real.

Para los metales el coeficiente α es del orden de $4 \cdot 10^{-3}$, aunque para otros materiales varía.

Ejemplo 1.8.

¿Qué resistencia presenta 1 m de cable de cobre con un diámetro de 1 mm?

$$R = \rho \cdot \frac{l}{A} = 1,7 \cdot 10^{-8} \cdot \frac{1}{\pi \cdot 0,0005^2} = 0,021 \ \Omega$$

En los circuitos las resistencias son del orden de centenares o miles de ohmios y por tanto, la resistencia introducida por 1 m de cobre no es muy alta, y por tanto, despreciable.

Ejemplo 1.9.

¿A qué temperatura se pone una bombilla de 100 W con el filamento de wolframio?

Una bombilla de 100 W a 220 V presenta una resistencia de

$$P = \frac{V^2}{R}$$

y por tanto, $R \cong 500 \ \Omega$.

Pero en realidad si medimos con un tester, polímetro o multímetro la bombilla desconectada, entonces su valor en frío (20°C) es de unos 50 Ω. El paso de 50 Ω a 500 Ω es debido al aumento de temperatura.

$$R = R_0 \cdot (1 + \alpha \cdot \Delta t)$$

donde para el wolframio $\alpha = 0,0045$.

$$500 = 50 \cdot (1 + 0{,}0045 \cdot \Delta t)$$

$$\Delta t = 2000 \ ^{\circ}C$$

El filamento está a 2020 °C y aunque esté protegido por el cristal, no debes tocarlo.

Por último, cabe indicar que el término *resistencia* vale para la propiedad y para el dispositivo. Todos los dispositivos tienen una resistencia, y el único dispositivo que toma ese nombre es aquel cuya resistencia es constante. En inglés se usa *resistance* para la propiedad y *resistor* para el dispositivo. En español existen *resistividad* y *resistor*, pero son poco usados, aunque esto a veces lleve a confusión.

La resistencia es el dispositivo más sencillo y más usado en los circuitos eléctricos y electrónicos ya que permite controlar la tensión y la intensidad.

Asociación de resistencias

Las resistencias se pueden conectar entre sí, y así entre dos puntos A y B habrá varias resistencias. La cuestión es ¿puede ese conjunto de resistencias ser visto como una sola? ¿existe un valor que represente al conjunto? La respuesta es sí.

Básicamente las resistencias se pueden conectar en serie o en paralelo:

- **Conexión en serie**

  La Figura 1.49 muestra la conexión en serie de cuatro resistencias. Aplicando Kirchhoff y Ohm sabemos que la intensidad es única en todas las resistencias y que el potencial entre A y B es la suma de las caídas de tensión en las resistencias.

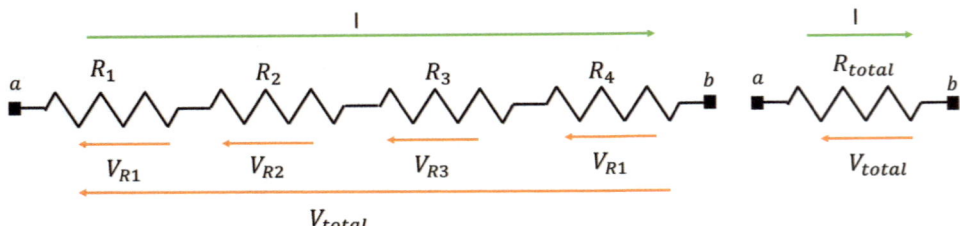

Figura 1.49. Conexión de resistencias en serie

$$V_{AB} = I \cdot R_1 + I \cdot R_2 + I \cdot R_3 + I \cdot R_4 = I \cdot (R_1 + R_2 + R_3 + R_4)$$

$$V_{AB} = I \cdot R_{TOTAL}$$

Igualando ambas expresiones

Generalizando
$$R_{TOTAL} = R_1 + R_2 + R_3 + R_4$$

$$R_{TOTAL} = R_1 + R_2 + R_3 + \cdots + R_n = \sum_{1}^{n} R_i$$

Es decir, la conexión de varias resistencias en serie se comporta como una sola resistencia cuyo valor es la suma de cada una de las resistencias individuales.

- **Conexión en paralelo**

La Figura 1.50 muestra la conexión en paralelo de cuatro resistencias.

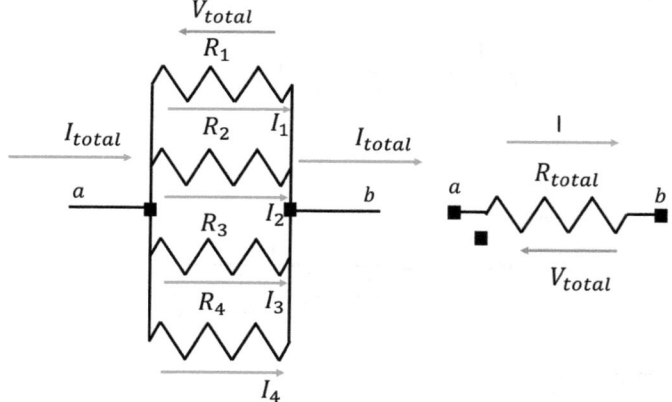

Figura 1.50. Conexión de resistencias en paralelo

De nuevo aplicando Kirchhoff y Ohm podemos plantear

$$V_{AB} = I_{TOTAL} \cdot R_{TOTAL}$$

$$I_{TOTAL} = \frac{V_{AB}}{R_{TOTAL}}$$

$$I_{TOTAL} = I_1 + I_2 + I_3 + I_4$$

$$V_{AB} = V_{R1} = I_1 \cdot R_1$$

$$I_1 = \frac{V_{AB}}{R_1}$$

y también

$$I_2 = \frac{V_{AB}}{R_2}, \qquad I_3 = \frac{V_{AB}}{R_3} \qquad e \qquad I_4 = \frac{V_{AB}}{R_4}$$

Entonces, como

$$I_{TOTAL} = I_1 + I_2 + I_3 + I_4,$$

$$\frac{V_{AB}}{R_{TOTAL}} = \frac{V_{AB}}{R_1} + \frac{V_{AB}}{R_2} + \frac{V_{AB}}{R_3} + \frac{V_{AB}}{R_4}$$

$$V_{AB} \cdot \frac{1}{R_{TOTAL}} = V_{AB} \cdot \left(\frac{1}{R_1} + \frac{1}{R_2} + \frac{1}{R_3} + \frac{1}{R_4} \right)$$

Por tanto

$$\frac{1}{R_{TOTAL}} = \frac{1}{R_1} + \frac{1}{R_2} + \frac{1}{R_3} + \frac{1}{R_4}$$

o

$$R_{TOTAL} = \frac{1}{\dfrac{1}{R_1} + \dfrac{1}{R_2} + \dfrac{1}{R_3} + \dfrac{1}{R_4}}$$

Generalizando

$$\frac{1}{R_{TOTAL}} = \frac{1}{R_1} + \frac{1}{R_2} + \frac{1}{R_3} + \cdots + \frac{1}{R_n},$$

$$\frac{1}{R_{TOTAL}} = \frac{1}{\sum_1^n R_i}$$

1.7.3. Condensadores

Un condensador es un dispositivo eléctrico pasivo, como lo es la resistencia. Si se toman dos placas conductoras, se separan entre sí una distancia y se conectan a los terminales de una batería o potencial, entonces una placa se cargará con $Q+$ y otra con $Q-$, ambas cargas del mismo valor y de signo contrario, siendo nula la variación de carga en total. La función principal de un condensador es almacenar energía eléctrica.

Un condensador una vez cargado está en equilibrio electrostático. Esta acumulación de cargas se presenta como un potencial o diferencia de voltaje o tensión entre ambas láminas.

Un condensador queda caracterizado por su *capacidad* que se define como la relación que hay entre la carga acumulada y la tensión entre ambas placas conductoras (separadas entre sí por un aislante para que la carga no pase con facilidad de un terminal a otro). La unidad que describe al condensador es el faradio y su símbolo es F, en honor de Michael Faraday.

$$C = \frac{Q}{V},$$

es decir,

$$1\ F = \frac{1\ C}{1\ V}, \quad \text{faradio}$$

El valor de C depende de varios parámetros, solo geométricos.

Creando la analogía de la Figura 1.51 (siempre peligrosas) se puede ver un condensador como un depósito que almacena agua (carga) hasta que alcanza un nivel (tensión). El tiempo que se tarda en cargar y la energía total almacenada dependen de su base, de su anchura.

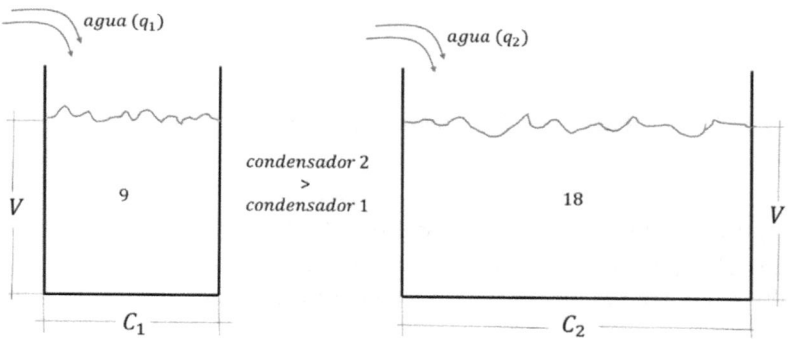

Figura 1.51. Condensador como depósito de agua

Un condensador tarda un tiempo en cargarse con un potencial y eso lo consigue demandando una corriente eléctrica durante un tiempo determinado. Este aspecto se discutirá más adelante.

Condensador de láminas paralelas

En el exterior del condensador, suficientemente lejos, no hay campo eléctrico ya que los dos campos de $Q+$ y $Q-$ se anulan. Solo hay campo eléctrico en el interior del condensador, tal y como se muestra en la Figura 1.52.

Además, sabemos que ambas láminas están cargadas y por tanto, conocemos el valor de $\sigma = Q/S$

Por otra parte, previamente hemos calculado el campo eléctrico de un plano infinito cargado uniformemente como $E = \sigma/2 \cdot \varepsilon_0$. En conjunto

$$\overrightarrow{|E_{total}|} = |\vec{E} + \vec{E}| = \frac{\sigma}{2 \cdot \varepsilon_0} + \frac{\sigma}{2 \cdot \varepsilon_0} = \frac{\sigma}{\varepsilon_0}$$

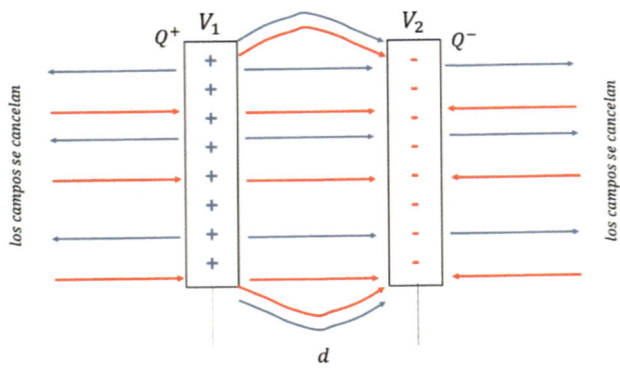

Figura 1.52. Condensador de láminas o planar

Si el campo es uniforme y paralelo a la trayectoria escogida para ir de una placa a la otra, entonces el producto escalar $\vec{E} \cdot \overrightarrow{dl}$ es constante y por tanto, y como se ha visto antes, el voltaje o potencial eléctrico se puede expresar como: $V = -E \cdot l$, así pues,

$$V = -E \cdot l = \frac{\sigma}{\varepsilon_0} \cdot d$$

De una forma más elegante

$$V_A - V_B = -\Delta V = -(V_B - V_A) = -\left(-\int_A^B \vec{E} \cdot \overrightarrow{dl}\right)$$

$$= \int_A^B E \cdot dl \cdot \cos 0 = \frac{\sigma}{\varepsilon_0} \cdot \int_A^B dl = \frac{\sigma}{\varepsilon_0} \cdot d$$

Si a una de las placas o láminas del condensador, por ejemplo, a V_B, le asignamos el valor de referencia de tierra o 0 V, entonces

$$V_A - V_B = V_A = \frac{\sigma}{\varepsilon_0} \cdot d$$

Utilizando la definición de capacidad

$$C = \frac{Q}{V} = \frac{\sigma \cdot S}{\frac{\sigma}{\varepsilon_0} \cdot d} = \varepsilon_0 \cdot \frac{S}{d}$$

Sin embargo, para que todo el desarrollo anterior sea correcto es necesario que las placas cargadas sean infinitas ya que hemos usado la expresión de *superficie infinita cargada uniformemente*

$$E = \frac{\sigma}{2 \cdot \varepsilon_0}$$

Está claro que las dos placas no son infinitas, son finitas ¿es entonces válido todo el desarrollo anterior? La respuesta es sí ya que el *infinito* es cuestión de punto de vista en este caso ¿acaso no parece infinito el plano anterior visto de cerca, a 0,1 mm, por ejemplo?, el error cometido con esta suposición es asumible.

Ejemplo 1.10.

Calcular la capacidad C de dos láminas de 1 cm de lado separadas por 1 mm.

$$C = 8{,}85 \cdot 10^{-12} \cdot \frac{0{,}01^2}{0{,}001} = 0{,}885 \text{ pF}$$

Si se conecta a una pila de 9 V ¿cuánta carga hay?

$$Q = C \cdot V = 8{,}85 \cdot 10^{-12} \cdot 9 = 7{,}965 \cdot 10^{-12} \text{C por placa}$$

es decir,

$$49\,781\,250 \ e^- / \text{lámina}$$

Condensador cilíndrico

En el caso de la Figura 1.53 —dos cilindros cargados uno dentro de otro— es interesante recordar que en equilibrio electrostático en el interior de un conductor no hay campo, así que entre a y b solo hay que considerar el campo creado por $Q+$. Además, sabemos la carga de dicho conductor, $\lambda = Q/L$, suponiendo que el cilindro interno es similar a un hilo.

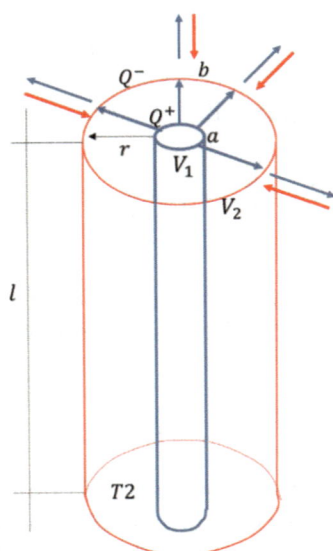

Figura 1.53. Condensador cilíndrico

El campo creado por $Q+$ es

$$E = 2 \cdot K \cdot \frac{\lambda}{r} = \frac{2 \cdot q}{4 \cdot \pi \cdot \varepsilon_o \cdot r \cdot L}$$

Por tanto, si queremos obtener $V_1 - V_2$ e integrando en dirección radial resulta que el vector $\vec{E}$ no es uniforme y no se puede decir que $V = -E \cdot l$, sin embargo, sí que el producto escalar $\vec{E} \cdot \overrightarrow{dl}$ es $E \cdot dr$ (donde dl es ahora dr por ser radial), y por tanto,

$$V_1 - V_2 = -\Delta V = \int_a^b \vec{E} \cdot \overrightarrow{dl} = \int_a^b E \cdot dr \cdot \cos 0 =$$

$$= \frac{q}{2 \cdot \pi \cdot \varepsilon_o \cdot L} \int_a^b \frac{dr}{r} = \frac{q}{2 \cdot \pi \cdot \varepsilon_o \cdot L} \cdot [\ln r]_a^b$$

$$V_1 - V_2 = \frac{q}{2 \cdot \pi \cdot \varepsilon_o \cdot L} \cdot (\ln b - \ln a) = \frac{q}{2 \cdot \pi \cdot \varepsilon_o \cdot L} \cdot \ln \left(\frac{b}{a}\right)$$

Por tanto

$$C = \frac{Q}{V} = \frac{2 \cdot \pi \cdot \varepsilon_o \cdot L}{\ln \left(\frac{b}{a}\right)}$$

Condensador esférico

Al igual que antes con dos cilindros y ahora con dos esferas, y viendo la Figura 1.54, el campo solo se observa en el interior del condensador debido a la esfera más interna cargada con $Q+$.

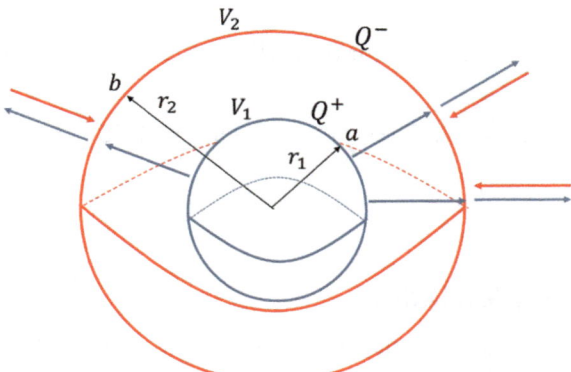

Figura 1.54. Condensador esférico

El campo eléctrico de una esfera es:

$$E = K \cdot \frac{q}{r^2}$$

Planteando de nuevo $V_1 - V_2$ e integrando en dirección radial resulta que el producto escalar $\vec{E} \cdot \vec{dl}$ es $E \cdot dr$ (donde dl es ahora dr por ser radial) y por tanto,

$$V_1 - V_2 = -\Delta V = \int_a^b \vec{E} \cdot \vec{dl} = \int_a^b E \cdot dr \cdot \cos 0 = K \cdot q \int_a^b \frac{dr}{r^2} = K \cdot q \cdot \left[-\frac{1}{r} \right]_a^b$$

$$V_1 - V_2 = K \cdot q \cdot \left(-\left(\frac{1}{r_2} - \frac{1}{r_1} \right) \right) = K \cdot q \cdot \left(\frac{1}{r_1} - \frac{1}{r_2} \right)$$

Por tanto

$$C = \frac{Q}{V} = \frac{4 \cdot \pi \cdot \varepsilon_o}{\dfrac{1}{r_1} - \dfrac{1}{r_2}}$$

Energía de un condensador

Toda vez que un condensador se carga, a este le corresponde un voltaje y por tanto, una energía. Del total de esa energía la mitad queda disponible para el circuito mientras el resto se pierde. La energía almacenada por un condensador, en julios, es

$$U = \frac{1}{2}Q \cdot V = \frac{1}{2}C \cdot V \cdot V = \frac{1}{2}C \cdot V^2$$

Ejemplo 1.11.

¿Qué energía almacena 1 condensador de 1 μF conectado a una pila de 5 V?

$$U = \frac{1}{2}C \cdot V^2 = \frac{1}{2}1 \cdot 10^{-6} \cdot 5^2 = 1{,}25 \cdot 10^{-5}J$$

que no es mucho.

Dieléctrico del condensador

En los cálculos anteriores se ha supuesto el vacío en el interior de los condensadores, lo que no es cierto en general. Podría ser aire, cuya constante dieléctrica o permitividad es similar a la del vacío.

En realidad, los fabricantes suelen usar otros materiales como papel, parafina, etc. para aumentar el valor de C no modificando su geometría. Para estos materiales existe una constante relativa siempre mayor que 1.

$$\varepsilon_r = k \cdot \varepsilon_0,$$

El valor de k para el papel está entre 4 y 6, para la parafina es de alrededor de 2,3, para la mica es de 5,4 y para el aire es de 1,0005.

Asociación de condensadores

Los condensadores forman parte de los circuitos como las resistencias, y al igual que estas se pueden conectar en serie (Figura 1.55) o en paralelo (Figura 1.56):

- **Conexión en serie**

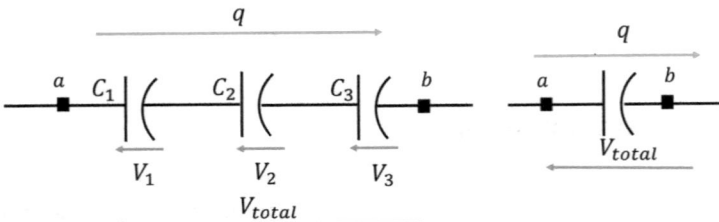

Figura 1.55. Conexión de condensadores en serie

Según Kirchhoff

$$V_{total} = V_1 + V_2 + V_3$$

y la q es igual

$$q = q_1 = q_2 = q_3$$

Según la definición de condensador

$$V = \frac{q}{C}$$

y utilizando la expresión anterior,

$$V_{total} = \frac{q}{C_1} + \frac{q}{C_2} + \frac{q}{C_3} = \frac{q}{C_{total}}$$

$$q \cdot \left(\frac{1}{C_1} + \frac{1}{C_2} + \frac{1}{C_3}\right) = \frac{q}{C_{total}}$$

$$\frac{1}{C_{total}} = \frac{1}{C_1} + \frac{1}{C_2} + \frac{1}{C_3}$$

- **Conexión en paralelo**

Al igual que antes y utilizando Kirchhoff y la definición de capacidad.

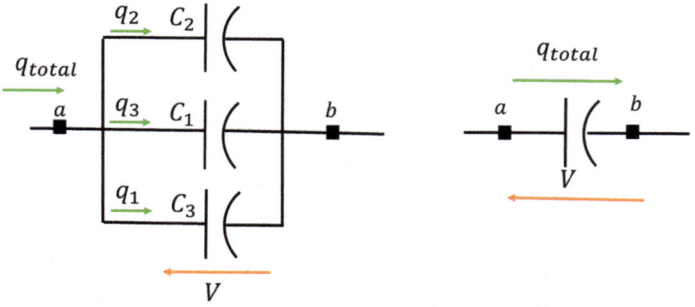

Figura 1.56. Conexión de condensadores en paralelo

$$q_{total} = q_1 + q_2 + q_3$$

y

$$C_{total} \cdot V = C_1 \cdot V + C_2 \cdot V + C_3 \cdot V = V \cdot (C_1 + C_2 + C_3)$$

$$C_{total} = C_1 + C_2 + C_3$$

Como se puede ver la asociación de condensadores se comporta de forma opuesta a la de las resistencias.

1.7.4. Inductores o bobinas

La *bobina* o *inductor* (Figura 1.57) es el otro dispositivo típico en circuitos eléctricos. Físicamente una bobina es un hilo arrollado alrededor de un material magnético y por eso su símbolo nos recuerda esto. Este bobinado fija su comportamiento electromagnético.

Figura 1.57. Símbolo de la bobina

La bobina se caracteriza o parametriza mediante el valor L de su inductancia (como la capacitancia C lo era para el condensador). La inductancia se mide en henrios en honor a Joseph Henry (H) y su comportamiento es el siguiente.

$$v(t) = L \cdot \frac{di}{dt}$$

de donde

$$i(t) = \frac{1}{L} \cdot \int v(t) \cdot dt$$

En cuanto a la asociación de bobinas y siguiendo un planteamiento similar al de los condensadores, las expresiones que se obtienen son las siguientes.

- En serie:

$$L_{total} = L_1 + L_2 + L_3 + \cdots + L_n$$

- En paralelo:

$$\frac{1}{L_{total}} = \frac{1}{L_1} + \frac{1}{L_2} + \frac{1}{L_3} + \cdots + \frac{1}{L_n}$$

Las bobinas no son explicadas con detalle en el libro porque para ello se necesita pasar de la electrostática al electromagnetismo. Además, las bobinas no son unos dispositivos populares en las aplicaciones informáticas (sí son muy importantes en otros campos), es más dan muchos problemas como se verá en el Capítulo 3.

1.8. CIRCUITOS BÁSICOS CON RESISTENCIAS, CONDENSADORES Y BOBINAS

La pregunta es ¿qué ocurre en un circuito con una pila y una resistencia? ¿y si en vez de una resistencia hay un condensador o una bobina?

La Figura 1.58 muestra los dos primeros circuitos a analizar.

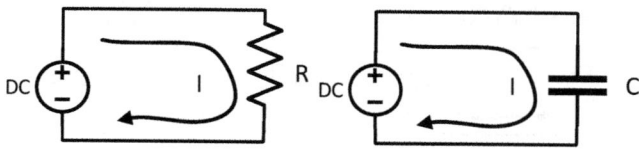

Figura 1.58. Circuitos R y C

El primer análisis es casi inexistente ya que es la propia Ley de Ohm: la resistencia (*R*) se obtiene como el cociente entre el potencial (*V*) y la intensidad (*I*). Además, *R* se puede medir experimentalmente, claro.

No tiene sentido dibujar una gráfica ya que es determinar un simple punto para cada valor de *V*.

$$R = \frac{V}{I}, \quad \text{si } V \text{ es una tensión de corriente continua}$$

El caso del condensador es más complejo de entender y de analizar. Para empezar un condensador se carga y al cabo de un tiempo su potencial alcanza el mismo valor que *V*. Más detalladamente, los electrones del terminal negativo de la pila son atraídos por el positivo de la pila a través del circuito (no en el interior de la pila), al llegar al terminal negativo del condensador (o terminal próximo a la pila) estos no pueden seguir su camino ya que en el condensador hay un dieléctrico que lo impide, y por tanto, los electrones se acumulan en el condensador. Este proceso se da hasta que no hay más electrones que quieran ir al condensador, ya que el potencial del terminal no los atrae lo suficiente. Esto se produce cuando el condensador tiene una tensión *V* entre sus terminales.

En este momento la corriente se detiene, ya que el potencial en el circuito es:

$$V_{pila} - V_{cond} = V - V = 0 \text{ V}$$

y por tanto, *I* es 0 A.

El resultado es que no aparecen condensadores en los circuitos de corriente continua ya que su efecto es anular la corriente que circula por los mismos.

El análisis anterior es más rico si el circuito es RC, es decir, si añadimos una resistencia en serie al circuito C como muestra la Figura 1.59. Antes de empezar el análisis matemático hay que resaltar que la tensión es continua en régimen permanente pero toda vez que esta arranca de 0, antes de llegar a *V* hay un comportamiento transitorio. A este salto se le llama *escalón* y en el circuito aparece como un interruptor: si está abierto *V* es 0 V, pero si se cierra pasa a *V* en un tiempo determinado. La figura de la derecha incluye un interruptor para destacar este cambio de 0 a *V*.

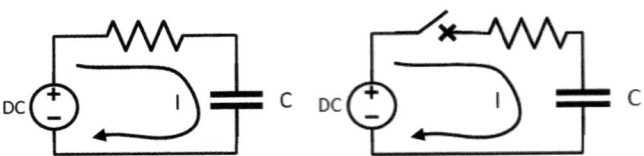

Figura 1.59. Circuito RC

Aplicando Kirchhoff

$$-V + V_R + V_C = 0$$

y como por definición

$$C = \frac{q}{V} \quad \text{e} \quad i(t) = \frac{dq(t)}{dt}$$

Entonces

$$-V + \frac{dq(t)}{dt} \cdot R + \frac{q(t)}{C} = 0$$

y también

$$\frac{dq(t)}{dt} + \frac{q(t)}{R \cdot C} = \frac{V}{R}$$

$$dq(t) = \left(\frac{V}{R} - \frac{q(t)}{R \cdot C} \right) \cdot dt$$

que integrando

$$\int_0^{q(t)} \frac{dq(t)}{\dfrac{V}{R} - \dfrac{q(t)}{R \cdot C}} = \int_0^t dt$$

es una ecuación diferencial de primer grado cuya solución es:

$$t = \left. \frac{ln\left(\dfrac{V}{R} - \dfrac{q(t)}{R \cdot C} \right)}{-\dfrac{1}{RC}} \right|_0^{q(t)}$$

Operando

$$-\frac{t}{RC} = ln\left(\frac{V}{R} - \frac{q(t)}{R \cdot C} \right) - ln\left(\frac{V}{R} - 0 \right) = ln\left(\frac{\dfrac{V}{R} - \dfrac{q(t)}{R \cdot C}}{\dfrac{V}{R}} \right)$$

$$-\frac{t}{RC} = \ln\left(1 - \frac{q(t)}{C \cdot V}\right)$$

y por tanto

$$1 - \frac{q(t)}{C \cdot V} = e^{-\frac{t}{R \cdot C}}$$

de donde

$$q(t) = C \cdot V\left(1 - e^{-\frac{t}{R \cdot C}}\right)$$

o

$$V_c(t) = V\left(1 - e^{-\frac{t}{R \cdot C}}\right)$$

Es decir, en un circuito RC si la alimentación pasa de 0 voltios a V voltios (5 V, 12 V, etc.), entonces la carga en el condensador, $q(t)$, crece según una exponencial saturada hasta alcanzar un valor límite. Es decir, circula una corriente determinada durante un tiempo porque V_c, la tensión en el condensador, también tiene un comportamiento similar hasta alcanzar el valor V de la pila, y en ese momento la corriente desaparece.

Un valor interesante, que aparecerá más adelante en el libro, es la constante de tiempo $\tau = R \cdot C$. A los τ segundos la carga (o la tensión) en el condensador alcanza el 63 % de su valor final, y a los $5 \cdot \tau$ segundos se alcanza el 95 %.

La Figura 1.60 muestra la evolución de la salida si la entrada cambia de 0 V a 5 V en el milisegundo 1.

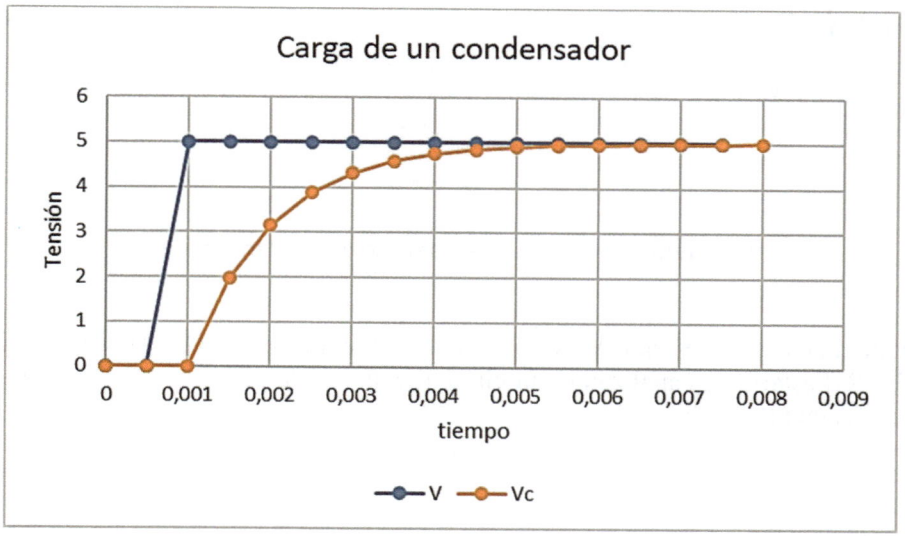

Figura 1.60. Evolución temporal de un circuito RC ante un cambio brusco en la entrada

Se puede observar que transcurrido un tiempo τ del cambio en la entrada, al de 1 ms tras el cambio (en 2 ms), la salida toma el valor de algo más de 3 V, es decir, más o menos, el 63 % del valor final.

Si una vez cargado el condensador, lo descargamos, entonces la expresión es la siguiente y su evolución temporal se puede ver en la Figura 1.61.

$$V_c(t) = V \cdot e^{-\frac{t}{R \cdot C}}$$

donde V es la tensión en el momento de la descarga.

De nuevo se ve que transcurrido un tiempo de 1 ms del cambio (en 9 ms), la salida es algo menor de 2 V, es decir, su voltaje ha disminuido en un 63 %. Por tanto, la constante de tiempo τ sirve para estimar el tiempo de carga y descarga de un condensador.

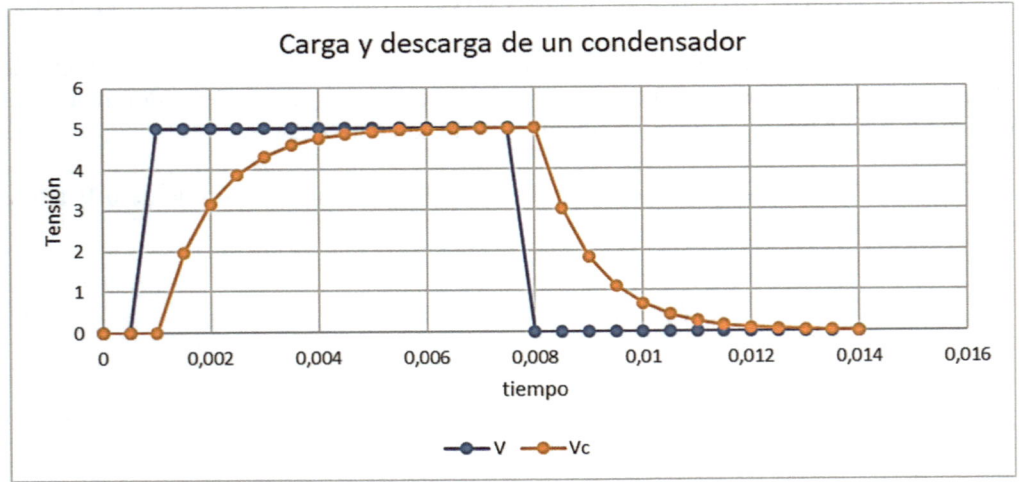

Figura 1.61. Carga y descarga de un condensador

Si en la ecuación anterior damos a R el valor 0 entonces en vez de trabajar con un circuito RC estaríamos analizando un circuito con solo la pila y el condensador. Pero matemáticamente resulta

$$q(t) = C \cdot V \left(1 - e^{-\frac{t}{0 \cdot C}}\right)$$

o

$$V_c(t) = V \left(1 - e^{-\frac{t}{0 \cdot C}}\right)$$

Y por tanto, el exponente es $-\infty$ y la carga es instantánea y el análisis de esta situación exigiría un cálculo cuántico.

Seguidamente vamos a estudiar el comportamiento del circuito resistencia y bobina (RL), con una resistencia R en serie y una bobina L, (Figura 1.62) ante un cambio brusco en la entrada.

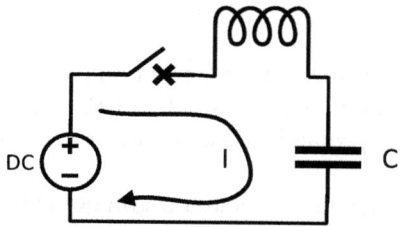

Figura 1.62. Circuito RL

$$-V + V_R + V_L = 0$$

y como por definición

$$C = \frac{q}{V} \; e \; V_L = L \cdot \frac{di(t)}{dt}$$

Entonces

$$-V + i \cdot R + L \cdot \frac{di(t)}{dt} = 0$$

$$dt = L \cdot \frac{di(t)}{V - i(t) \cdot R}$$

$$\int_0^t dt = \int_0^{i(t)} L \cdot \frac{di(t)}{V - i(t) \cdot R}$$

$$t = -\frac{L}{R} \int_0^{i(t)} \frac{(-R) \cdot di(t)}{V - i(t) \cdot R}$$

$$t = -\frac{L}{R} \cdot \ln[V - i(t) \cdot R]_0^{i(t)}$$

$$-\frac{R}{L} \cdot t = \ln(V - i(t) \cdot R) - \ln(V) = \ln\frac{V - i(t) \cdot R}{V}$$

$$e^{-\frac{R}{L} \cdot t} = \frac{V - i(t) \cdot R}{V}$$

y por tanto

$$i(t) = \frac{V}{R} \cdot \left(1 - e^{-\frac{R}{L} \cdot t}\right)$$

La corriente crece hasta alcanzar un valor máximo de V/R, en ese momento la bobina deja pasar la corriente máxima. Si no hubiera R, este valor final o estacionario se alcanzaría instantáneamente, produciéndose un pico de corriente.

Si un condensador almacena un potencial o voltaje, la bobina hace lo propio con la corriente. Puede parecer que ambos son igualmente útiles, sin embargo, es el condensador el dispositivo más útil y popular en los circuitos electrónicos.

Analíticamente también tiene interés ver que si hay una bobina en un circuito y se produce un cambio brusco de corriente (un pico), entonces se produce un pico de tensión, lo que puede ser muy peligroso para el circuito en sí. La situación anterior se puede dar fácilmente en un circuito digital donde las señales oscilan entre 0 V y 5 V (0 y 1 digitales).

$$V_L = L \cdot \frac{di(t)}{dt}$$

1.9. RESUMEN

En este primer capítulo se han establecido los fundamentos que explican las tres variables principales que existen en un circuito eléctrico:

- la *corriente*,
- la *tensión* y
- la *resistencia* o *impedancia*.

Esta explicación ha partido de la observación y de la modelización de la fuerza electrostática, y a partir de ella y de los métodos analíticos se han ido presentando y modelizando todos los elementos y conceptos que será utilizados de forma práctica en los siguientes capítulos.

EJERCICIOS RESUELTOS

1.1. Calcular el campo eléctrico presente en el centro de una circunferencia cargada. Es decir, un hilo cargado con 1 C/1 m de forma circular ¿qué campo eléctrico presenta en el centro?

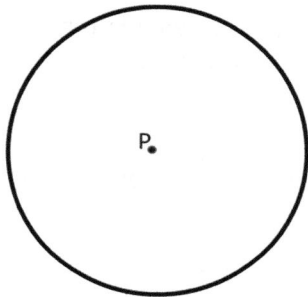

Este ejercicio y el siguiente no podrían haber sido resueltos sin la colaboración de mi compañero y matemático D. Damián Knopoff. Le agradezco su ayuda y paciencia. Pasamos un buen rato.

Intuitivamente el campo eléctrico en el centro de la circunferencia es 0 N/C, ya que si pensamos en diferenciales de carga, a cada uno de ellos le corresponde otro simétrico, de manera que los campos eléctricos correspondientes se anulan. La figura lo muestra con más claridad.

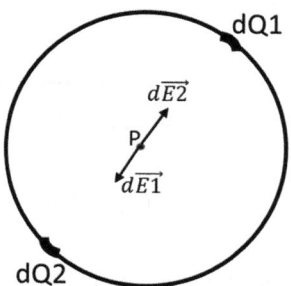

Analíticamente el campo eléctrico no es tan fácil de calcular. El procedimiento consiste en recorrer la circunferencia de modo diferencial. Este recorrido será angular de 0 a $2 \cdot \pi$ radianes, cada incremento angular ($d\alpha$) le corresponde un incremento lineal (dx) y a este uno de carga (dQ). Como la densidad de carga es 1 C/m, entonces dQ es dx, y a su vez dx es igual a $d\alpha \cdot r$, donde r es el radio (haciendo una regla de tres, si a $2 \cdot \pi$ radianes le corresponden $2 \cdot \pi \cdot r$ metros, a $d\alpha$ radianes le corresponden $d\alpha \cdot r$ metros). Así la integral se expresa de la siguiente manera:

$$dQ = r \cdot d\alpha$$

y

$$\vec{E} = \int d\vec{E} = \int K \cdot \frac{dQ}{d^2} \hat{r} = \int_0^{2\pi} K \cdot \frac{r \cdot d\alpha}{r^2} \hat{r}$$

donde r es el radio y $\hat{r}$ el vector unitario.

El vector unitario no es constante en toda la trayectoria de 0 a 2π, sino que va variando. En el plano de dos dimensiones el vector unitario director $\hat{r}$ es $(\cos\alpha, \sin\alpha)$. Por tanto

$$\vec{E} = \int_0^{2\pi} K \cdot \frac{r \cdot d\alpha}{r^2} (\cos\alpha, \sin\alpha) = \frac{K}{r} \int_0^{2\pi} (\cos\alpha, \sin\alpha) \cdot d\alpha = \frac{K}{r} |(\sin\alpha, -\cos\alpha)|_0^{2\pi}$$

$$= \frac{K}{r} \big((0-0), -(1-1)\big) = (0,0) \text{ N/C}$$

Es decir, el resultado analítico coincide con el intuitivo.

Por ejemplo, si el campo estuviera creado por una semicircunferencia como en la figura, entonces el campo intuitivamente sería un vector vertical que partiendo de P iría hacia abajo.

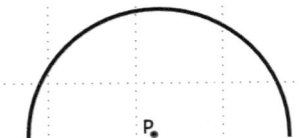

Analíticamente, en la expresión anterior solo cambiaría que la integral no sería de 0 a 2π, sino de 0 a π. El cálculo sería el siguiente y su resultado coincide de nuevo con lo intuido.

$$\frac{K}{r} |(\sin\alpha, -\cos\alpha)|_0^{\pi} = \frac{K}{r} \big((0-0), -(1-(-1))\big) = (0, -2) \text{ N/C}$$

Tampoco parece difícil obtener el campo eléctrico creado por una circunferencia no completa, siempre y cuando el punto P esté en el centro de la misma. Ahora bien, parece bien difícil calcular el campo eléctrico de la circunferencia cargada si el punto P no está en el centro.

1.2. Dada una barra de n metros de longitud (ver figura) cargada con n C, calcular el campo eléctrico presente en un punto P situado a 1 m de altura y centrado respecto de la barra. La figura muestra cómo será el campo eléctrico, que intuitivamente será un vector vertical por composición de vectores.

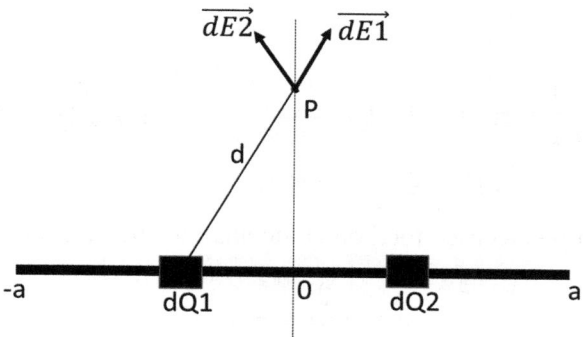

Analíticamente la solución parte del concepto de campo eléctrico. En este caso como la densidad de carga es de nuevo de 1 C/m, entonces dQ es igual a dx y por tanto,

$$\vec{E} = \int d\vec{E} = \int K \cdot \frac{dQ}{d^2}\hat{r} = \int_{-a}^{a} K \cdot \frac{dx}{d^2}\hat{r}$$

El vector unitario director es de nuevo no constante para cada dx y por tanto es necesario calcularlo teniendo en cuenta que para cualquier diferencial su posición es $(x, 0)$, estando P en $(0, 1)$, así

$$\hat{r} = \frac{(0,1) - (x,0)}{d} = \frac{(-x,1)}{\sqrt{x^2 + 1}} =$$

Por tanto, tenemos

$$\vec{E} = \int d\vec{E} = \int_{-a}^{a} K \cdot \frac{dx}{d^2}\hat{r} = \int_{-a}^{a} K \cdot \frac{dx}{\sqrt{x^2 + 1}^2}\frac{(-x,1)}{\sqrt{x^2 + 1}} = \int_{-a}^{a} K \cdot \frac{(-x,1)}{\sqrt{x^2 + 1}^{3/2}}dx$$

Resolviendo la anterior integral en dos partes: eje x y eje y, tenemos

$$\int_{-a}^{a} K \cdot \frac{(-x,1)}{\sqrt{x^2 + 1}^{3/2}}dx = \int_{-a}^{a} K \cdot \frac{-x}{\sqrt{x^2 + 1}^{3/2}}dx + \int_{-a}^{a} K \cdot \frac{1}{\sqrt{x^2 + 1}^{3/2}}dx$$

Por una parte

$$\int_{-a}^{a} K \cdot \frac{-x}{\sqrt{x^2 + 1}^{3/2}}dx = K \cdot \left|\frac{1}{2} \cdot \frac{1}{\sqrt{x^2 + 1}}\right|_{-a}^{a} = 0 \cdot i \text{ N/C}$$

Por otra parte

$$\int_{-a}^{a} K \cdot \frac{1}{\sqrt{x^2 + 1}^{3/2}} \, dx = K \cdot \left.\frac{x}{\sqrt{x^2 + 1}}\right|_{-a}^{a} = K \cdot \left(\frac{a}{\sqrt{a^2 + 1}} - \frac{-a}{\sqrt{a^2 + 1}}\right)$$

$$= K \cdot \frac{2 \cdot a}{\sqrt{a^2 + 1}} \cdot \text{j N/C}$$

Por tanto, el campo eléctrico total obtenido analíticamente coincide con lo intuido

$$\vec{E} = \frac{2 \cdot a}{\sqrt{a^2 + 1}} \text{ j N/C}$$

Tiene sentido recordar aquí el ejercicio de la Figura 1.17. En él se partía de una barra de 3 metros cargada con tres culombios y se calculaba el campo (en realidad la fuerza) en punto centrado a la barra cargada y a 1 metro de distancia. Para resolverlo se agrupó la carga en tres puntos y se obtuvo el resultado aplicando el principio de superposición. Ese planteamiento una integral grosera, en vez de integrar diferencialmente se hizo un sumatorio de tres puntos.

Aplicando el resultado anterior a una barra de tres metros, entonces la integral es de −1,5 a 1,5 y el resultado es el siguiente. Este resultado se acerca al obtenido entonces de 1,707 N/C.

$$\vec{E} = \frac{2 \cdot a}{\sqrt{a^2 + 1}} \text{ j} \frac{N}{C}$$

para $a = 1,5$, entonces

$$\vec{E} = 1,664 \text{ j} \frac{N}{C}$$

1.3. Dada una carga Q_A de 1 C situada en el punto (1,1) y otra Q_B de −1 C situada en el punto (4,3), calcular las fuerzas resultantes de $q+$ sobre $q-$, y viceversa.

Solución

$$\vec{F} = K \cdot \frac{Q_A \cdot Q_B}{d^2} \cdot \hat{r}$$

donde $\hat{r}$ es el vector unitario que va desde A a B

$$\widehat{r_{AB}} = \frac{\overrightarrow{r_{AB}}}{d}, \overrightarrow{r_{AB}} = (X_B, Y_B) - (X_A, Y_A) = (4 - 1, 3 - 1) = (3,2) \quad \text{o} \quad 3 \cdot i + 2 \cdot j$$

$$\overrightarrow{F_{AB}} = 9 \cdot 10^{-9} \cdot \frac{1 \cdot (-1)}{3,61^2} \cdot \frac{3 \cdot i + 2 \cdot j}{3,61} = -1,91 \cdot 10^{-10}(3 \cdot i + 2 \cdot j) \text{ N}$$

$$\overrightarrow{F_{BA}} = -\overrightarrow{F_{AB}} = 1{,}91 \cdot 10^{-10}(3 \cdot i + 2 \cdot j) \ \text{N}$$

En la solución anterior los signos y el vector director se dan por buenos. Pero en realidad el desarrollo debería ser un poco más elaborado y sistemático. Primero hay que decir qué se entiende por $\overrightarrow{F_{AB}}$, si es la fuerza que ejerce Q_A sobre Q_B, o viceversa. En el primer caso el resultado anterior es correcto, ya que el vector director es de A a B, es decir, $3 \cdot i + 2 \cdot j$, el signo menos de la fuerza, indica que la fuerza soportada por B va de B a A, lo que es lógico ya que ambas cargas se atraen por ser de distinto signo.

Pero si $\overrightarrow{F_{AB}}$ es la fuerza que soporta Q_A ejercida por Q_B, entonces simplemente el signo cambia en ambas fuerzas siendo el vector director el anterior. Pero con más elegancia, deberíamos haber calculado el nuevo vector director de B a A $(-3 \cdot i - 2 \cdot j)$ y al usar los signos en las cargas, la fuerza volvería a resultar negativa, lo que es lógico ya que la fuerza soportada por A va de A a B.

1.4. En los puntos A $(1,1)$ y B $(3,3)$ se sitúan dos cargas de $+1$ C. Expresar vectorialmente las fuerzas $\overrightarrow{F_{AB}}$ y $\overrightarrow{F_{BA}}$.

Solución

$$\vec{F} = K \cdot \frac{Q_A \cdot Q_B}{d^2} \cdot \hat{r}$$

donde $\hat{r}$ es el vector unitario que va de A a B.

$$\widehat{r_{AB}} = \frac{\overrightarrow{r_{AB}}}{d}, \overrightarrow{r_{AB}} = (X_B, Y_B) - (X_A, Y_A) = (2,2) \qquad \text{o} \qquad 2 \cdot i + 2 \cdot j$$

y

$$d = 2{,}83$$

$$\overrightarrow{F_{AB}} = 9 \cdot 10^{-9} \cdot \frac{1 \cdot 1}{2{,}83^2} \cdot \frac{3 \cdot i + 2 \cdot j}{2{,}83} = 3{,}97 \cdot 10^{-10}(2 \cdot i + 2 \cdot j) \quad \text{N}$$

$$\overrightarrow{F_{BA}} = -\overrightarrow{F_{AB}} = -3{,}97 \cdot 10^{-10}(2 \cdot i + 2 \cdot j) \quad \text{N}$$

donde $\overrightarrow{F_{AB}}$ es la fuerza soportada por Q_B y ejercida por Q_A.

1.5. Observar el esquema de la figura y completar la tabla siguiente poniendo V (verdadero) o F (falso) al lado de cada expresión, donde $\overrightarrow{F_{AB}}$ es la fuerza soportada por Q_B y ejercida por Q_A.

Expresión	V o F
$\overrightarrow{F_{AB}} = K \cdot \hat{r}_A$	
$\overrightarrow{F_{AB}} = -K \cdot \hat{r}_A$	
$\overrightarrow{F_{AB}} = -K \cdot \hat{r}_B$	
$\overrightarrow{F_{AB}} = K \cdot \hat{r}_B$	
$\overrightarrow{F_{AB}} = -K \cdot \overrightarrow{r_A}$	
$\overrightarrow{F_{AB}} = -0,5 \cdot K \cdot \overrightarrow{r_A}$	
$\overrightarrow{F_{AB}} = -0,5 \cdot K \cdot \hat{r}_A$	
$\overrightarrow{F_{AB}} = -\overrightarrow{F_{BA}}$	
$\overrightarrow{F_{AB}} = \overrightarrow{F_{BA}},$ si $\overrightarrow{F_{BA}}$ está calculada con $\hat{r}_B$	
$F_{BA} = F_{AB} = K$	

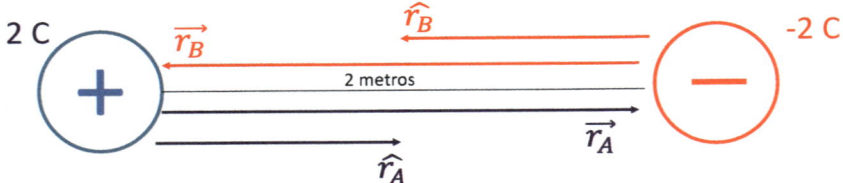

Solución

Expresión	V o F
$\overrightarrow{F_{AB}} = K \cdot \hat{r}_A$	F
$\overrightarrow{F_{AB}} = -K \cdot \hat{r}_A$	V
$\overrightarrow{F_{AB}} = -K \cdot \hat{r}_B$	F
$\overrightarrow{F_{AB}} = K \cdot \hat{r}_B$	V
$\overrightarrow{F_{AB}} = -K \cdot \overrightarrow{r_A}$	F
$\overrightarrow{F_{AB}} = -0,5 \cdot K \cdot \overrightarrow{r_A}$	V
$\overrightarrow{F_{AB}} = -0,5 \cdot K \cdot \hat{r}_A$	F
$\overrightarrow{F_{AB}} = -\overrightarrow{F_{BA}}$	V
$F_{BA} = F_{AB} = K$	V

1.6. A continuación se muestran dos distribuciones de carga (izquierda y derecha). Dibujar los campos correspondientes e indicar en cuál de las dos distribuciones el campo es nulo en el punto P.

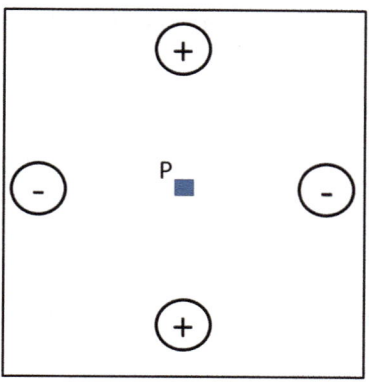 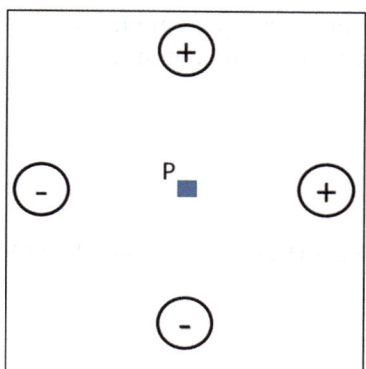

Solución

La solución se obtiene dibujando los campos correspondientes a cada carga, no al punto P. Las cargas positivas generan campos salientes y las negativas, entrantes. Al dibujar los campos, se ve que los de la izquierda se anulan entre sí, mientras que los de la derecha, no se anulan.

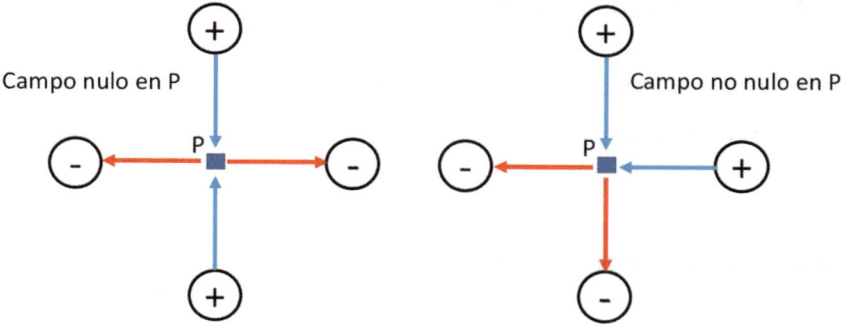

1.7. Dimensionar un condensador planar de 1 nF siendo papel lo que hay entre las láminas y sabiendo que $E_r = 5$ y $\varepsilon_0 = 8{,}85 \cdot 10^{-12}$ F/m.

Solución

En un condensador planar

$$\frac{S}{d} = \frac{C}{\varepsilon_T}$$

por tanto

$$\frac{S}{d} = \frac{1 \cdot 10^{-9}}{5 \cdot 8,85 \cdot 10^{-12}} = 22,6$$

Por ello, hay que determinar la distancia (d) para obtener la superficie (S), o viceversa. Si $d = 1$ mm, entonces

$$\frac{S}{0,001} = 22,6$$

y así

$$S = 0,0226 \text{ m}^2$$

y si la superficie es un cuadrado, entonces

$$lado = 15 \text{ cm}$$

Si la distancia fuera de 0,1 mm, entonces, $lado = 4,75$ cm

1.8. Se quiere obtener una resistencia de 1 ohmio usando cable de plata de 1 mm de grosor, ¿cuál debe ser la longitud? $\rho_{Ag} = 1,55 \times 10^{-8}$ $\Omega \cdot$m.

Solución

Partimos de la expresión de la resistencia

$$R = \rho \cdot \frac{l}{A}$$

si el diámetro es de 1 mm, entonces

$$A = \pi \cdot 0,0005^2 = 7,854 \cdot 10^{-7} \text{ m}^2$$

Simplemente despejamos y sustituimos

$$l = \frac{R \cdot A}{\rho} = \frac{1 \cdot 7,854 \cdot 10^{-7}}{1,55 \cdot 10^{-8}} \cong 50 \text{ m}$$

Es decir, 50 metros de este cable de plata presentan una resistencia de 1 Ω al paso de corriente eléctrica.

1.9. Si por el cable de un circuito circula 1 A, ¿cuántos electrones por segundo pasan?

Solución

La carga de 1 electrón es $-1,6 \cdot 10^{-19}$ C y, por tanto

$$1A = \frac{n \cdot \text{carga electrón}}{1 \text{ segundo}}$$

$$n = \frac{1}{-1,6 \cdot 10^{-19}} = 6,25 \cdot 10^{18}$$

Por tanto, en 1 amperio hay 6,25 trillones de electrones.

1.10. Una bombilla con filamento de wolframio sin conectar tiene una resistencia de unos 45 Ω, pero al conectarse a la red eléctrica, dicha resistencia es de unos 450 Ω. El valor de 45 Ω se obtiene a 20° C y el aumento de su valor hasta los 450 Ω se produce por el aumento de calor. Existe una expresión que relaciona ese aumento $R_{nueva} = R_{20\,°C}$ $(1 + \alpha\,\Delta t)$, donde R_{nueva} y $R_{20\,°C}$ son datos dados, $\alpha_{\text{wolframio}} = 0,0045$, $\Delta t = (t_{nueva} - 20\,°C)$. La cuestión es ¿qué temperatura alcanza el filamento de wolframio de la bombilla?

Solución

Partiendo de la expresión de la variación de la resistencia en función de la temperatura resulta

$$R_{nueva} = R_{20\,°C} \cdot (1 + \alpha \cdot \Delta t)$$

$$450 = 45 \cdot (1 + 0,0045 \cdot \Delta t)$$

$$\Delta t = 2000\,°C$$

La temperatura es tan alta, cerca de 2000 °C, que el filamento emite luz.

1.11. Resulta que el filamento de la bombilla tiene un grosor de 0,1 mm ¿qué longitud tiene si $\rho_{\text{wolframio}} = 5,65 \cdot 10^{-8}$? Utilizar los datos necesarios del Ejercicio 1.8.

Solución

El filamento de bombilla mide

$$l = \frac{R \cdot A}{\rho} = \frac{45 \cdot 7,854 \cdot 10^{-9}}{5,65 \cdot 10^{-8}} \cong 6,25 \text{ m}$$

1.12. Hay una carga de -1 μC en el punto $(0, -1)$ ¿qué campo hay en el punto $(-3, -5)$. Escribe la expresión vectorial y dibuja el campo en la gráfica adjunta.

Si se sitúa una carga de $+1$ μC en $(-3, -5)$, ¿qué fuerza soporta esta carga debida a la carga situada en el punto $(0, -1)$? ¿y viceversa? ¿Qué fuerza soporta la carga situada en el punto $(0, -1)$ ejercida por la carga situada en $(-3, -5)$?

Solución

$$\vec{E} = K \cdot \frac{Q}{d^2} \cdot \hat{r},$$

donde

$$\hat{r} = \frac{\vec{r}}{d} \quad \text{y} \quad \vec{r} = (-3, -5) - (0, -1) = -3 \cdot i - 4 \cdot j \quad \text{y} \quad d = 5$$

Así,

$$\vec{E} = 9 \cdot 10^9 \cdot \frac{-1 \cdot 10^{-6}}{5^2} \cdot \frac{-3 \cdot i - 4 \cdot j}{5} = 216 \cdot i + 288 \cdot j \text{ N/C}$$

y

$$\vec{F} = \vec{E} \cdot Q = (216 \cdot i + 288 \cdot j) \cdot 1 \cdot 10^{-6} = 0{,}00216 \cdot i + 0{,}00288 \cdot j \text{ N}$$

$$\overrightarrow{F_{viceversa}} = -\vec{F} = -0{,}00216 \cdot i - 0{,}00288 \cdot j \text{ N}$$

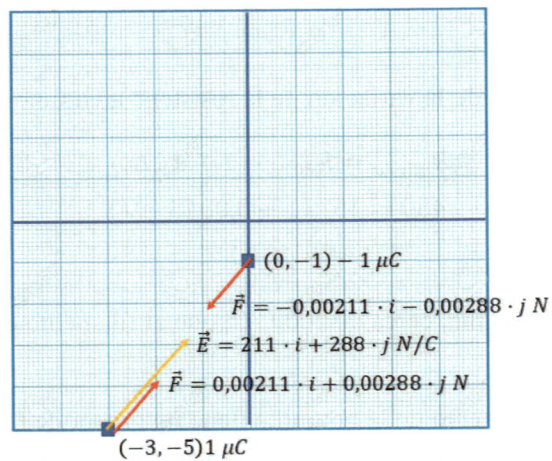

1.13. Dada la expresión del módulo del campo eléctrico para un hilo infinito cargado con una densidad $\lambda = 1$ nC/m. Si el hilo está en el eje vertical $\vec{j}$ y el punto es el $(0, 3)$ ¿cuál es la expresión vectorial del campo en el punto citado? ¿y en el punto $(3, 0)$?

Solución

$$E = 2 \cdot K \frac{\lambda}{d} = 2 \cdot 9 \cdot 10^9 \cdot \frac{1 \cdot 10^{-9}}{d} = \frac{18}{d} \text{ N/C}$$

— para el punto $(0,3)$, el campo es

$$\vec{E} = 2 \cdot K \cdot \frac{\lambda}{d} \cdot \hat{r} = \frac{18}{0} \cdot j = \infty \cdot j \text{ N/C}$$

— para el punto (3,0) el campo es

$$\vec{E} = 2 \cdot K \cdot \frac{\lambda}{3} \cdot i = \frac{18}{3} \cdot i = 6 \cdot i \, \text{N/C}$$

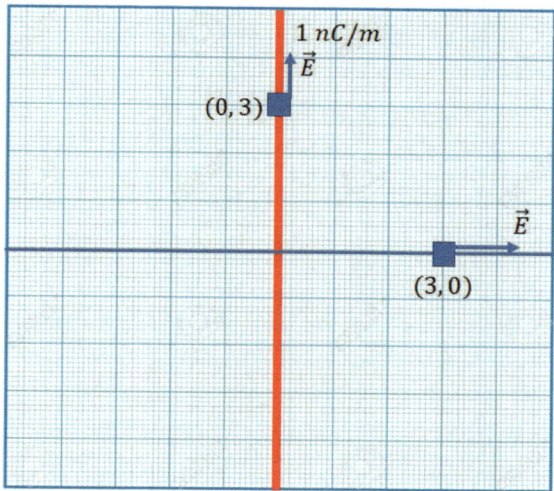

PROBLEMAS PROPUESTOS

1.1. Dada una carga Q_1 de 0,1 C situada en el punto (0,0) y otra Q_2 de –0,1 C situada en el punto (1,1) calcular y dibujar las fuerzas resultántes de Q_1 sobre Q_2, y viceversa.

1.2. Dada una carga Q_1 de 0,1 C situada en el punto (0,0) y otra Q_2 de 0,1 C situada en el punto (1,1) calcular y dibujar las fuerzas resultántes de Q_1 sobre Q_2, y viceversa.

1.3. Dada una carga Q_1 de 0,1 C situada en el punto (0,0) y otra Q_2 de –0,1 C situada en el punto (0,2):

    a)   calcular y dibujar las fuerzas resultantes de $q+$ sobre $q-$, y viceversa.

    b)   calcular y dibujar el campo eléctrico en un punto situado en (1,1).

1.4. Hay una carga de −1 µC en el punto (−1, −1) ¿qué campo hay en el punto (3, −3). Escribe la expresión vectorial y dibuja el campo en la gráfica adjunta.

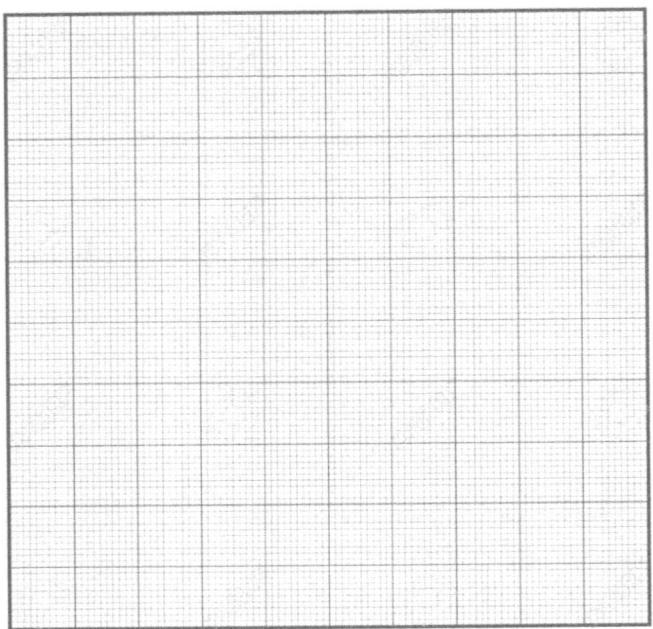

Suponer que se intercambian los puntos, de manera que ahora la carga está en (3, −3) y el punto donde se mide el campo es el (−1, −1). Marca en la tabla adjunta la respuesta correcta y explica tu elección.

$\vec{E}$ es el mismo	
$\vec{E}$ es el mismo cambiado de signo	
$\vec{E}$ es el mismo, pero en el vector director, x es y, y viceversa	
Es obligatorio recalcular $\vec{E}$ desde el principio	

1.5. Obtener la expresión del módulo del campo eléctrico para un plano infinito cargado con una densidad $\sigma = 1 \text{ nC/m}^2$.

Si el plano infinito es horizontal, es decir, el plano X-Z ¿cuál es la expresión vectorial del campo? ¿cuál es la expresión vectorial del campo en el punto (1, 1, 1)? ¿y en el (50, 50, 50) ¿y en el (0, 0, 0)?

1.6. Tenemos dos cargas $Q_A = 5$ µC y $Q_B = -1$ µC situadas en los puntos $A(1,1)$ cm y $B(4,5)$ cm. Sabiendo que $\overrightarrow{F_{AB}}$ es la fuerza en Q_B debida a A y que $\overrightarrow{F_{BA}}$ es la fuerza en Q_A debida a B, se pide obtener las expresiones de las fuerzas.

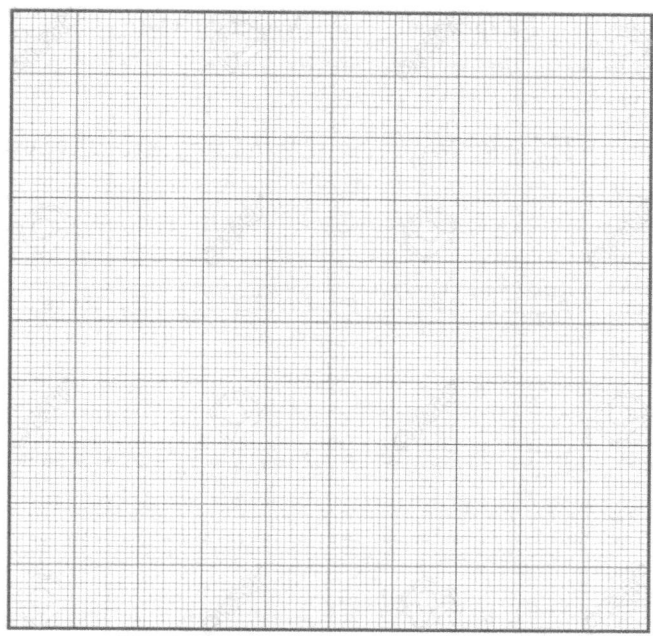

1.7. Dibujar sobre la gráfica adjunta el valor del campo en cada punto: 1 metro, 2 metros, etc. En la segunda gráfica dibujar en qué puntos el potencial asociado es de 1 V, 2 V, 3 V, etc.

El campo está generado por una carga $q = 4,4444 \cdot 10^{-10}$ C, es decir, $K \cdot q = 4$

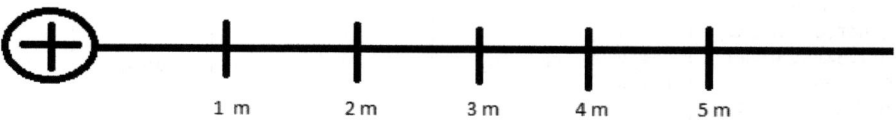

1.8. Indicar a la derecha de cada fila si el método planteado es *"correcto"* o *"incorrecto"* para calcular la fuerza que dos cargas Q_A y Q_B ejercen entre sí.

Método	Expresión	Vector director	Signo de las Q	Correcto/ Incorrecto
F_{AB} es la fuerza que Q_B ejerce sobre Q_A. Las Q se usan con signo y el vector director va de A a B.	$\overrightarrow{F_{AB}} = K \cdot \dfrac{Q_A \cdot Q_B}{d^2} \cdot \hat{r}$	$\hat{r} = \overrightarrow{r_{AB}} = r_B - r_A$	Sí se usan	
F_{AB} es la fuerza que Q_B ejerce sobre Q_A. Las Q se usan con signo y el vector director va de B a A.	$\overrightarrow{F_{AB}} = K \cdot \dfrac{Q_A \cdot Q_B}{d^2} \cdot \hat{r}$	$\hat{r} = \overrightarrow{r_{BA}} = r_A - r_B$	Sí se usan	
F_{AB} es la fuerza que Q_A ejerce sobre Q_B. Las Q se usan con signo y el vector director va de A a B.	$\overrightarrow{F_{AB}} = K \cdot \dfrac{Q_A \cdot Q_B}{d^2} \cdot \hat{r}$	$\hat{r} = \overrightarrow{r_{AB}} = r_B - r_A$	Sí se usan	
F_{AB} es la fuerza que Q_A ejerce sobre Q_B. Las Q se usan con signo y el vector director va de B a A.	$\overrightarrow{F_{AB}} = K \cdot \dfrac{Q_A \cdot Q_B}{d^2} \cdot \hat{r}$	$\hat{r} = \overrightarrow{r_{BA}} = r_A - r_B$	Sí se usan	
F_{AB} es la fuerza que Q_A ejerce sobre Q_B. Las Q se usan con signo y el vector director se dibuja desde la experiencia.	$\overrightarrow{F_{AB}} = K \cdot \dfrac{Q_A \cdot Q_B}{d^2} \cdot \hat{r}$	$\hat{r}$ lo dibuja el lector	Sí se usan	
F_{AB} es la fuerza que Q_A ejerce sobre Q_B. Las Q se usan sin signo y el vector director se dibuja desde la experiencia.	$\overrightarrow{F_{AB}} = K \cdot \dfrac{Q_A \cdot Q_B}{d^2} \cdot \hat{r}$	$\hat{r}$ lo dibuja el lector	No se usan	

1.9. Para construir nuestro propio vapeador hemos comprado un rollo de Kanthal de 0,65 mm de diámetro, ¿qué longitud debe tener el cable si $\rho_{kanthal} = 1,5 \cdot 10^{-6}$ $\Omega \cdot$ml?

1.10. Se dispone de 2 bombillas de 40 W y 100 W ¿cuál de ellas tiene una mayor resistencia? ¿por qué? ¿en cuál de ellas la longitud del filamento es mayor? ¿por qué?

1.11. Tenemos un cable de plata de 2 metros de largo y 0,5 mm de radio conectado a una pila de 4,5 V, ¿cuánta intensidad de corriente presenta? $\rho_{Ag} = 1,55 \cdot 10^{-8}$ $\Omega \cdot$m.

Capítulo **2**

CIRCUITOS DE
CORRIENTE CONTINUA

2.1. INTRODUCCIÓN

Este capítulo se centra en circuitos eléctricos básicos de corriente continua, esto es, circuitos alimentados por una fuente de tensión continua: fuente de alimentación continua (DC, *power source*), batería, pila, etc. Estas son idénticas en cuanto al voltaje, simplemente cambia su fabricación y modo de uso.

Una señal de corriente continua se describe simplemente por su valor, que es constante. Así, ese valor para un voltaje puede ser de 5 V, 9 V o 1000 V, pero no hace falta decir nada más, e incluso su representación temporal gráfica no aporta mucho, es una simple línea recta constante. Si acaso hay que recordar que si ese valor de tensión de corriente continua sale de una pila (mando de la televisión) o de una batería (teléfono móvil), dicho valor va cayendo suavemente, hasta el punto de que hay que cargar la batería o comprar pilas nuevas. En otros casos esa señal de corriente continua sale de un convertidor AC/DC (CA/CC), que enchufado a la red eléctrica entrega una señal continua tras su transformación y rectificado (Capítulo 3). Cabe remarcar que a estos circuitos se les denomina de *corriente continua*, cuando en general la fuente lo es de tensión continua, lo que conlleva que la corriente también lo sea.

Existen muchos valores comunes de corriente continua. Si pensamos en pilas normales: 1,5 V, 4,5 V, 9 V; las baterías suelen ser de 5 V, 12 V, etc. La tensión típica de los primeros circuitos digitales era de 5 V, y ha ido bajando hasta los 3,3 V, 1,2 V o 0,9 0V actuales, reduciendo así el consumo, pero siendo más compleja su fabricación. Si miramos el conversor (mal llamado transformador) de nuestra alimentación al ordenador portátil veremos que dice que convierte señal alterna (AC o CA) en continua (DC o CC), en nuestro caso esa señal es de 19 V. Es decir, hay muchos valores de corriente continua, muchas fuentes para generar ese valor de continua y muchos circuitos alimentados con corriente continua: linternas, ordenadores, móviles, etc., pero en todos los casos, y sea cual sea ese valor, siempre serán fijos. Matemáticamente: $V_{DC} = 5$ V, 3,3 V, etc.

Lo opuesto a una señal de corriente continua es una señal de corriente alterna (ver Figura 2.1). En este caso el voltaje suele ser una forma sinusoidal, y por tanto, en cada instante tiene un valor distinto que va desde un máximo (positivo) hasta un mínimo (negativo). Esta variación se repite en el tiempo cada T segundos siguiendo una forma sinusoidal, matemáticamente: $v(t) = V_{max} \sin \omega t$. Las señales constantes se representan mediante letras mayúsculas y las variables mediante minúsculas.

Realmente, y como otras veces, el nombre de señal de corriente continua está mal usado ya que se dice que un voltaje o corriente es continua cuando el valor es único y fijo, pero estrictamente y desde un punto de vista matemático hay otras señales continuas: aquellas que *no son no-lineales*, es decir, cuyo límite por la izquierda es igual a su límite por la derecha. Por ejemplo, la señal de corriente alterna es continua (pensemos en sus límites), y también lo es la exponencial saturada, pero la primera es una señal continua y alterna y la anterior es continua y fija, y tomando el todo por la parte y la parte por el todo se ha llegado a este pequeño desarreglo con los nombres. Hubiera sido más correcto llamarles señales constante y variable, pero no ha sido el caso. Además, y por cerrar el tema, la señal de corriente continua no puede aparecer *de golpe*, no puede estar a 0 V en el segundo 0 y pasar a 5 V un instante después, sería magia o se necesitaría una energía infinita (impulso de Dirac).

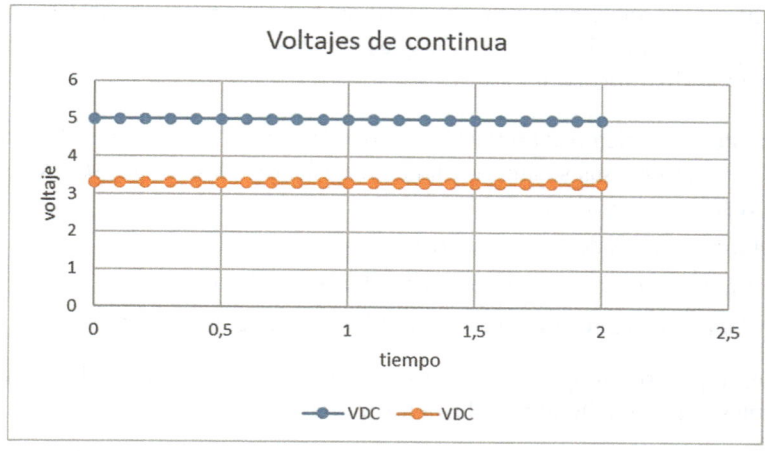

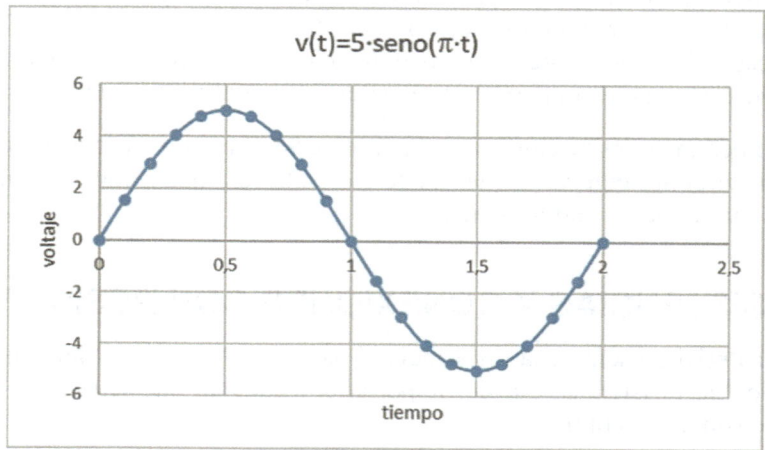

Figura 2.1. Representación de señales de corriente continua y alterna

La fuente de corriente continua se caracteriza por la tensión que ofrece o presenta entre sus dos terminales, positivo y negativo. También existen las fuentes de corriente alterna, aunque son menos comunes en circuitos de computación. La Figura 2.2 muestra los símbolos de cada tipo de fuente.

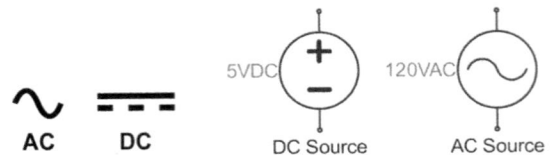

Figura 2.2. Símbolos de señales de corriente continua y alterna

Ambas señales, tensión y corriente, tienen sentido en un circuito donde se combinan la fuente de alimentación y distintos dispositivos. Estos dispositivos pueden ser variados en principio, pero en un libro básico como este, estos son solo resistencias de diferente valor que forman distintas conexiones.

Todo circuito de corriente continua (fuente de corriente continua y resistencias) se puede *resolver*, esto es, a todas sus señales (voltaje, intensidad y resistencia) se les puede asignar un valor. La resolución puede ser:

- *analítica* (con modelos matemáticos),
- *empírica* (mediante experimentos en el laboratorio) o
- *simulada* (mediante simuladores basados en modelos matemáticos).

Los tres enfoques son muy distintos en su metodología, pero todos ellos están obligados a ser coherentes entre sí. Este libro cubrirá los tres enfoques anteriores.

El resto del capítulo tiene tres partes bien delimitadas. En primer lugar, se explican las Leyes de Ohm y de Kirchhoff y cómo resolver circuitos básicos de corriente continua. En la segunda parte se presentan distintos circuitos de corriente continua que son útiles o populares. La tercera parte ofrece ejercicios resueltos y para resolver.

En cualquier caso, los circuitos a resolver en este libro son básicos, y por tanto, no se plantearán circuitos con varias fuentes de corriente continua o con combinaciones de resistencias más o menos estrambóticas.

2.2. RESISTENCIAS Y CONEXIONES CON RESISTENCIAS

Cualquier material presenta una resistencia al paso de corriente: un lápiz, un cable, un jersey... todo. Las resistencias que nos importan son aquellas que pertenecen a circuitos. En principio son de dos tipos:

- En primer lugar, están aquellas que hacen un trabajo para nosotros, por ejemplo, una lavadora puede ser vista como una resistencia, lo mismo que un computador o un móvil. Todas ellas hacen un trabajo y tienen una potencia asociada, y por tanto, se pueden representar como una resistencia.
- En segundo lugar, existen resistencias que son fabricadas para ser usadas por los diseñadores en los circuitos con el fin de controlar la corriente y/o el voltaje de un circuito. En este apartado sobre todo se estudiarán estas.

El comportamiento de una resistencia queda fijado por su valor expresado en ohmios (Ω), aunque generalmente se usa el kΩ. Hay resistencias disponibles de menos de 1 ohmio y de varios millones. Su precio es muy bajo y se presentan en diferentes tamaños y encapsulados. La Figura 2.3 muestra distintos tipos de resistencias, la más típica está en la esquina superior izquierda, mientras que el resto tiene otras características.

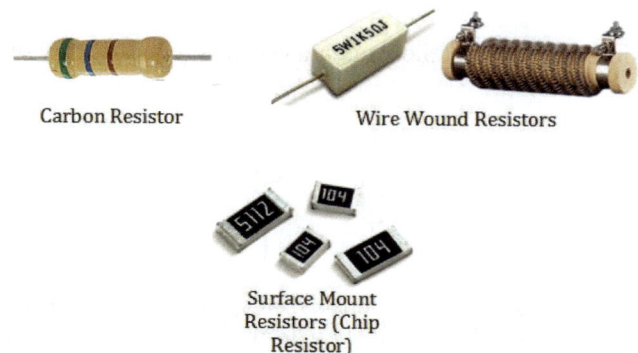

Figura 2.3. Distintos tipos de resistencias. Fuente: heros-electronics

Hay otros dos elementos importantes en una resistencia real, además de su valor en ohmios. En primer lugar, está la *tolerancia* que va desde un 10% hasta un 1%. Las resistencias típicas tienen tolerancia oro, lo que supone un 5% (plata es 10%, roja es 2% y marrón es 1%), y por tanto, si compramos una resistencia de 1 kΩ, su valor real puede estar entre 950 Ω y 1050 Ω, fuera de ese rango podemos reclamar. Por supuesto cuanto mejor sea la tolerancia, más cara será la resistencia, y para ello habrá que fijar bien los requisitos del circuito a diseñar.

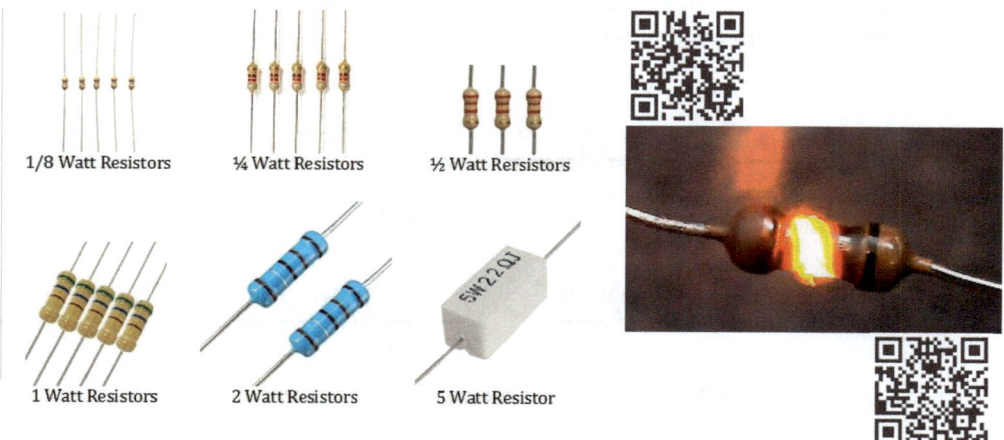

Figura 2.4. Resistencias de distinta potencia y resistencia ardiendo. Fuente: https://www.electro-nicshub.org/resistor-power-rating/ y https://www.youtube.com/watch?v = MUfMPjMAwx8

Otro criterio importante es la *potencia nominal de la resistencia*, es decir, cuánta potencia puede disipar sin destruirse. La resistencia típica de circuitos básicos es de ¼ W, aunque también las hay de ½ W, 1 W, 2 W, 5 W (ver Figura 2.4). Cuanto mayor es la potencia, la resistencia es más cara, es más grande y es más difícil de obtener. Si una resistencia soporta más potencia de la nominal, entonces puede destruirse, arder, quemar el circuito y todo aquello que la rodee.

En cuanto al símbolo, la resistencia cuenta con dos: el europeo y el americano.

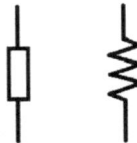

Figura 2.5. Símbolos de las resistencias: europeo (CEI) y americano (ANSI).
Fuente: https://www.digikey.com.br/pt/blog/what-are-schematic-symbols

2.2.1. Conexiones serie y paralelo de resistencias

Las conexiones básicas entre dos resistencias son en serie y en paralelo, como indica la Figura 2.6.

- En *serie*: un terminal de una resistencia está unido a otro de la otra resistencia, quedando un terminal libre en cada resistencia para dotar al conjunto de dos terminales.

- En *paralelo*: los terminales de las resistencias se unen dos a dos, quedando dos terminales para el conjunto.

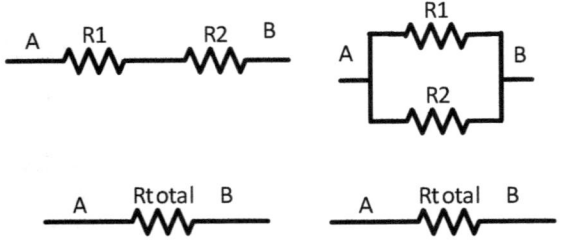

Figura 2.6. Conexiones serie y paralelo de resistencias

La pregunta es ¿dos resistencias en serie o en paralelo se comportan como una sola? La respuesta es sí: dos resistencias conectadas pueden ser vistas como una sola. La siguiente pregunta sería ¿se puede calcular o medir su valor? La respuesta de nuevo es sí, y los modelos matemáticos son bien conocidos y han sido presentados anteriormente en el Capítulo 1.

Resistencias en serie:

$$R_{total} = R_1 + R_2 + R_3 + \cdots + R_n$$

Resistencias en paralelo:

$$\frac{1}{R_{total}} = \frac{1}{R_1} + \frac{1}{R_2} + \frac{1}{R_3} + \cdots + \frac{1}{R_n}$$

Para dos resistencias, y solo para dos, la expresión anterior es:

$$R_{total} = \frac{R_1 \cdot R_2}{R_1 + R_2}$$

La siguiente pregunta es: si una conexión combina serie y paralelo ¿se puede aplicar el modelo matemático? La respuesta es sí, siempre que se haga con cuidado ya que hay que aplicar una sola regla cada vez, como si se tratara de una expresión matemática compleja. Es importante recordar que una cosa es la conexión de resistencias y otra es la resistencia equivalente que siempre lo es entre dos puntos del montaje.

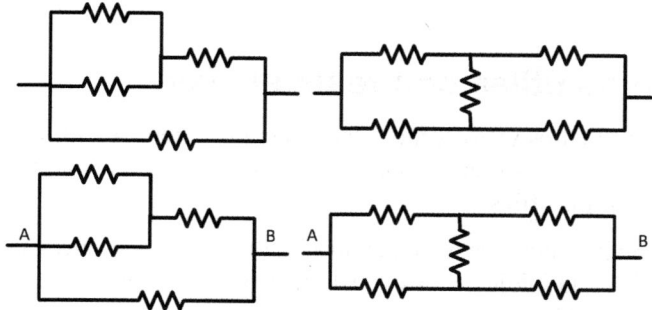

Figura 2.7. Combinaciones serie y paralelo de resistencias

Por otra parte ¿se puede medir experimentalmente un conjunto de resistencias? El *tés-ter* o *multímetro* nos da esa posibilidad. Simplemente hay que montar con cuidado la conexión en la *protoboard* (https://es.wikipedia.org/wiki/Placa_de_pruebas) y luego colocar las puntas del téster en los extremos del circuito a medir. Además, el téster permite medir la resistencia en parte del circuito, simplemente llevamos las puntas al lugar deseado, y entonces medirá la resistencia entre ambos puntos, olvidándose del resto. Para medir bien hay que tener cuidado y elegir el modo óhmetro en el téster (símbolo Ω), y sobre todo hay que observar que el circuito no esté alimentado al medirlo. Si el circuito estuviera alimentado, entonces el téster nos daría un valor, que en absoluto es correcto, pero no nos avisará del problema.

En este momento podemos abordar un experimento: crear circuitos con resistencias, calcular su resistencia total en papel, medir su resistencia total en el laboratorio y comparar ambos resultados. Lo anterior también se puede llevar a cabo en un simulador.

Una pregunta final ¿cuál es el valor de la resistencia total del montaje de la Figura 2.8? ¿puedes medirlo o calcularlo? Supón que todas las resistencias son de 1 kΩ.

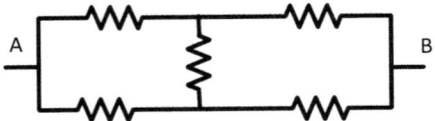

Figura 2.8. Montaje de resistencias

Este es un ejemplo de montaje no contemplado por el modelo matemático anterior, pero se puede montar y medir o simular para obtener el resultado de 1 kΩ. La conexión anterior se estudia dentro de la conversión triángulo-estrella, típicamente en libros de electrotecnia y similares.

2.2.2. Circuitos útiles con resistencias

En el punto anterior hemos visto cómo se calcula la resistencia total de una conexión de varias resistencias en serie y/o en paralelo, y de esos modelos se pueden extraer algunas conclusiones y consejos útiles:

- Si a una resistencia R se le añade otra igual en serie, entonces la resistencia total es el doble de la inicial. Si las resistencias fueran n, entonces la resistencia total sería n veces R.

$$R_{tot} = R + R = 2 \cdot R \qquad R_{tot} = R + R + R \ldots + R = n \cdot R$$

- Si a una resistencia R se le añade otra igual en paralelo, entonces la resistencia total es la mitad de la inicial. Si las resistencias fueran n, entonces la resistencia total sería R entre n.

$$\frac{1}{R_{tot}} = \frac{1}{R} + \frac{1}{R} \qquad R_{tot} = \frac{R \cdot R}{R + R} = \frac{R}{2}$$

$$\frac{1}{R_{tot}} = \frac{1}{R} + \frac{1}{R} + \frac{1}{R} + \cdots + \frac{1}{R} \qquad R_{tot} = \frac{R^n}{n \cdot R^{n-1}} = \frac{R}{n}$$

- Si a una resistencia R se le añade otra en serie, la resistencia total nunca será menor que la original.

- La resistencia total de varias resistencias en serie es siempre mayor que la mayor de ellas.

- Si a una resistencia R se le añade otra en paralelo, la total nunca será mayor que la original.

- La resistencia total de varias resistencias en paralelo es siempre menor que la menor de ellas.

Un caso especial con resistencias se da con los cables ¿qué resistencia presenta un cable (circuito cerrado)? ¿y un cable roto (circuito abierto)? ¿en serie o en paralelo? Las siguientes situaciones no se dan con normalidad, sino que más bien responden a situaciones erróneas o de mal montaje:

- La resistencia de un cable (circuito cerrado) es 0 Ω, más o menos. Idealmente es 0, pero las situaciones ideales no suelen tener refrendo real, de ahí su nombre.

- La resistencia de un cable roto (circuito abierto) es ∞ Ω, más o menos.

- Si hubiera un cable en serie con una resistencia R, su efecto sería nulo.

$$R_{tot} = R + 0 = R$$

- Si hubiera un cable en paralelo con una resistencia R, su efecto sería dramático y pasaría a 0 Ω.

$$\frac{1}{R_{tot}} = \frac{1}{R} + \frac{1}{0} = \frac{1}{R} + \infty = \infty \quad R_{tot} = 0 \; \Omega$$

- Si hubiera un cable roto en serie con una resistencia R, su efecto sería dramático y pasaría a ∞ Ω.

$$R_{tot} = R + \infty = \infty \, \Omega$$

- Si hubiera un cable roto en paralelo con una resistencia R, su efecto sería nulo.

$$\frac{1}{R_{tot}} = \frac{1}{R} + \frac{1}{\infty} = \frac{1}{R} + 0 \quad R_{tot} = R$$

2.3. LEYES DE OHM Y DE KIRCHHOFF

En el siglo XIX Georg Ohm y Gustav Kirchhoff aportaron las dos leyes experimentales que llevan su nombre y explican el comportamiento básico de los circuitos eléctricos. Ambas leyes reúnen los conceptos de tensión, corriente y resistencia eléctricas.

- *Ley de Ohm:* en toda resistencia o conjunto de ellas se produce una caída de tensión proporcional a la intensidad I que la atraviesa y a su valor R:

$$V = I \cdot R$$

y por tanto

$$I = \frac{V}{R} \quad y \quad R = \frac{V}{I}$$

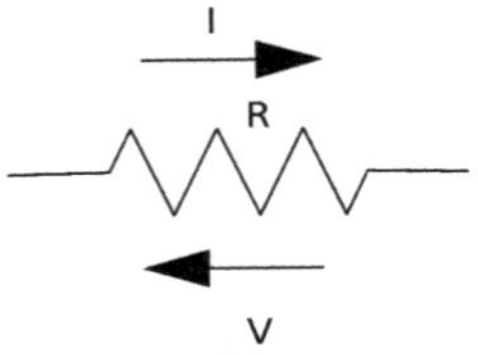

Figura 2.9. Ley de Ohm

En la Figura 2.9 las flechas no indican que V e I sean vectores, simplemente indican que el sentido de la corriente y la caída de tensión (de menos a más) tienen sentido contrario.

- *Leyes de Kirchhoff:* expresan la relación entre intensidades en un nodo y entre tensiones en una malla.

— *Primera Ley de Kirchhoff:* la suma de las intensidades entrantes en un nodo es igual a la suma de las salientes. En los casos más sencillos solo se considera entrante una intensidad, siendo el resto salientes (ver Figura 2.11).

$$I_{entrante} = I_1 + I_2 + I_3 + \cdots I_n$$

Si todas las intensidades se consideran entrantes (por convenio), entonces su suma es cero. Al completar las operaciones, algunas intensidades serán positivas (entrantes) y otras serán negativas (salientes).

$$I_1 + I_2 + I_3 + \cdots + I_n = 0$$

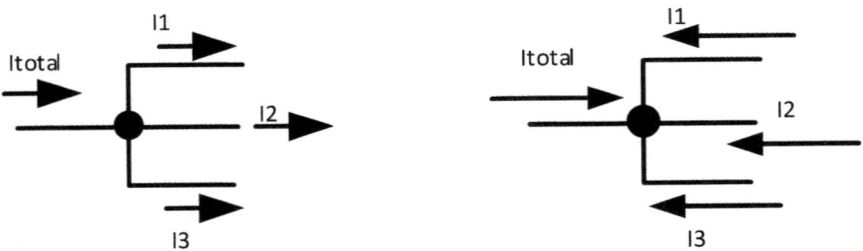

Figura 2.11. Primera Ley de Kirchhoff

— *Segunda Ley de Kirchhoff*: la suma de las tensiones en una malla de un circuito es 0 (ver Figura 2.12).

$$V_1 + V_2 + V_3 + \dots + V_n = 0$$

Si una malla tiene una sola fuente de corriente continua y *n* resistencias, entonces:

$$V_{cc} = V_{R1} + V_{R2} + V_{R3} + \dots + V_{RN}$$

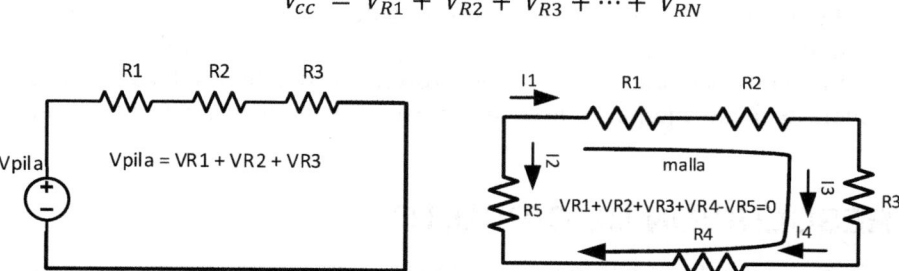

Figura 2.12. Segunda Ley de Kirchhoff

Por convenio el signo de una caída de tensión es positivo si esta tiene el sentido de la corriente que la genera. Y es negativo, si el sentido de la corriente es contrario al recorrido de la malla. O también la caída es positiva si la corriente encuentra primero el signo + de una fuente de continua o una caída de potencial.

Además, si entre dos puntos *A* y *B* hay dos o más conexiones de resistencias distintas (se puede ir de *A* a *B* por caminos/resistencias distintas como muestra la Figura 2.13), entonces la caída de tensión entre ambos puntos es la misma, aunque los caminos sean distintos. Esta situación está relacionada con montajes en paralelo y es difícil de asumir por algunos, pero es cierta, ya que los dos puntos son el siempre mismo, haya lo que haya entre ellos.

Es más fácil asumir que si dos o más resistencias están en serie, entonces la corriente que circula por cada una de ellas es la misma.

$$V_{AB} = V_{R1} + V_{R2}, \qquad V_{AB} = V_{R3}, \qquad V_{R1} + V_{R2} = V_{R3}$$

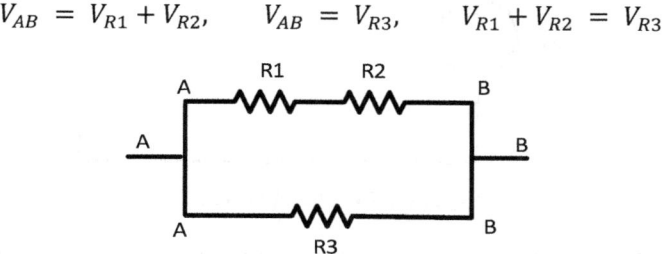

Figura 2.13. Caída de tensión entre dos puntos

• *Potencia.* La potencia no es una ley, es la expresión del consumo de un equipo; así a mayor potencia, mayor consumo y por tanto, mayor coste por su uso. Es una variable ideada por los diseñadores.

$$P = V \cdot I$$

$$P = V \cdot I = I \cdot R \cdot I = I^2 \cdot R$$

La potencia de un equipo o dispositivo depende de la caída de tensión en el mismo y de la intensidad de corriente que lo atraviesa. Aplicando la Ley de Ohm vemos que también se puede expresar mediante la intensidad y la resistencia de dicho equipo, en este caso el factor de la intensidad es cuadrático.

2.4. RESOLUCIÓN DE CIRCUITOS BÁSICOS

Para resolver un circuito de corriente continua lo primero que hay que distinguir es si es básico o no. Un circuito de corriente continua es *básico* si solo tiene una fuente de corriente continua (una pila, una batería…) y si no tiene muchas resistencias, digamos que cuatro, por ejemplo. Lo normal es que tenga uno o dos nudos y mallas. Estos circuitos, aun siendo muy sencillos son muy comunes y útiles. En nuestro caso no vamos a resolver circuitos con varias pilas y conexiones complicadas de resistencias.

Ejemplo 2.1

Resolución de un circuito con $V_{DC} = 6$ V, donde DC expresa que es *direct current*, corriente continua (CC) en español.

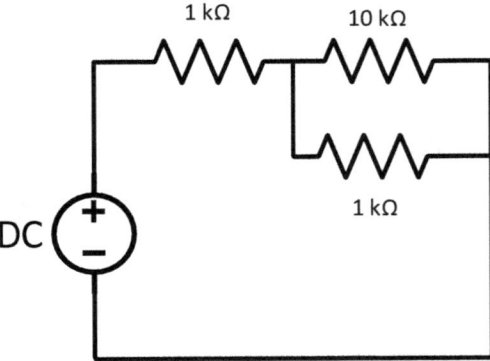

Figura 2.14. Circuito básico

• Primer paso: identificar las señales (de izquierda a derecha) y los valores a calcular:

$$R_{total}, \; V_{R1}, \; V_{R2}, \; V_{R3}, \; V_{Rtotal}, \; I_{R1}, \; I_{R2}, \; I_{R3}$$

donde

$$R_1 = 1 \text{ k}\Omega, \quad R_2 = 10 \text{ k}\Omega \quad y \quad R_3 = 1 \text{ k}\Omega$$

- Segundo paso: planteamiento y resolución de las ecuaciones según las Leyes de Ohm y de Kirchhoff

$$R_{paralelo} = \frac{1}{\frac{1}{1} + \frac{1}{10}} = 0,91 \text{ k}\Omega$$

y

$$R_{total} = 1 + \frac{1}{\frac{1}{1} + \frac{1}{10}} = 1,91 \; k\Omega$$

$$I_{total} = I_{R1} = \frac{V_{pila}}{R_{total}} = \frac{6 \text{ V}}{1,91 \text{ k}\Omega} = 3,14 \text{ mA}$$

$$V_{R2} = V_{R3}; \quad V_{R2} = I_{R2} \cdot R_2;$$

$$V_{R3} = I_{R3} \cdot R_3; \qquad I_{R2} = I_{R3} \cdot \frac{R_3}{R_2}$$

$$I_{total} = I_{R2} + I_{R3} = I_{R3} \cdot \frac{R_3}{R_2} + I_{R3} = I_{R3} \cdot \left(1 + \frac{R_3}{R_2}\right)$$

$$3,14 = I_{R3} \cdot \left(1 + \frac{1}{10}\right)$$

$$I_{R3} = \frac{3,14}{1,1} = 2,85 \text{ mA}$$

$$I_{R2} = 3,14 - 2,85 = 0,29 \text{ mA}$$

$$V_{R1} = I_{R1} \cdot R_1 = 3,14 \cdot 1 = 3,14; \text{ V}$$

$$V_{R2} = I_{R2} \cdot R_2 = 0,29 \cdot 10 = 2,9 \text{ V}$$

$$V_{R3} = I_{R3} \cdot R_3 = 2,85 \cdot 1 = 2,85 \text{ V}$$

$$V_{pila} = V_{R1} + V_{R2} = V_{R1} + V_{R3} = 3,14 + 2,85 = 5,99 \text{ V (o } 3,14 + 2,9) = 6,04 \text{ V}$$

¿Por qué no da 6 V la tensión total? Pues porque no hemos manejado una cantidad suficiente de decimales al calcular la resistencia total.

Este circuito puede ser montado, alimentado y medido en un laboratorio remoto como VISIR y por tanto, los valores obtenidos bien pueden compararse a los calculados. Lo mismo puede decirse del uso de simuladores, por ejemplo, Falstad.

La resolución de circuitos básicos de corriente continua es un ejercicio relativamente simple, en el que basta saber bien qué es un nudo, qué es una malla y las Leyes de Ohm y de Kirchhoff. Además, cada resolución puede ser comprobada en sus resultados usando VISIR, Falstad, u otro simulador. Al final de este capítulo se presentan otros circuitos resueltos.

2.5. ANÁLISIS CUALITATIVO DE CIRCUITOS BÁSICOS

En los siguientes circuitos lo importante no es la resolución matemática del circuito, sino el análisis del comportamiento del circuito en tensión e intensidad al añadirle una resistencia en serie o en paralelo. Es decir, comprender lo que las leyes de Ohm y Kirchhoff suponen para aplicarlo en nuevas situaciones.

2.5.1. Circuito en serie I

En primer lugar, tenemos un circuito (ver Figura 2.15) con una resistencia de 1 kΩ alimentada por 6 V. Claramente su intensidad es de 6 mA y la caída de tensión en la única resistencia es de 6 V, por tanto, la potencia disipada en la resistencia es de 36 mW, $P = V \cdot I$, que a su vez es la potencia ofrecida por la pila

$$P_{pila} = V_{pila} \cdot I = 36 \text{ mW}.$$

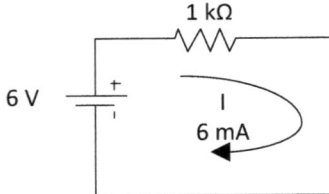

Figura 2.15. Circuito básico con una resistencia

¿Qué pasa si añadimos una resistencia idéntica en serie, como muestra la Figura 2.16? En este caso, la R_t es de 2 kΩ, y por tanto, la intensidad es de 3 mA y la caída de tensión en cada una de las dos resistencias anteriores es de 3 V. La potencia disipada en cada una de las resistencias es de 9 mW, siendo la potencia total consumida 18 mW. Contraintuitivamente vemos que ahora la potencia total es la mitad de la anterior (la intuición debería llevarnos a pensar en el doble), siendo la potencia disipada en cada resistencia un 25 % de la potencia original. El análisis de circuitos eléctricos es muchas veces contraintuitivo, y por eso no es muy recomendable utilizar metáforas intuitivas (como los circuitos de agua) para explicar conceptos eléctricos.

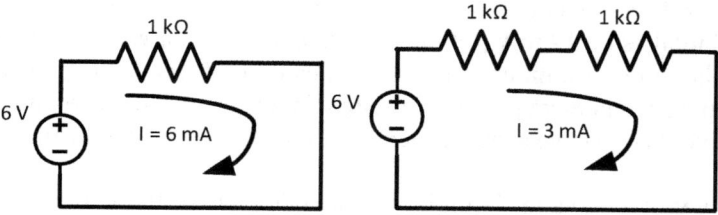

Figura 2.16. Circuito básico en serie

Pensemos ahora que cada una de esas resistencias representa a una bombilla. Parece claro que dos bombillas conectadas en serie se iluminan menos que una bombilla sola. Esta conclusión es esperable.

Pensemos también que las bombillas se funden, su filamento se rompe y por tanto, su resistencia pasa a ser infinita. Si se funde una bombilla ¿sigue encendida la otra? La respuesta es no:

- intuitivamente el circuito se ha roto, la corriente *no puede pasar* por el filamento roto (I = 0 mA) y por tanto, no llega a la segunda bombilla,
- matemáticamente resulta que R_t es de ∞ kΩ y por tanto, su intensidad es 0 mA (6V/∞ kΩ = 0 mA).

¿Qué pasaría si pusiéramos 3 o 4 resistencias de 1 kΩ en serie? ¿Qué pasaría con la corriente, con la caída de tensión y con la potencia? Con cuatro resistencias la corriente sería de 1,5 mA, la caída en cada resistencia sería de 1,5 V y la potencia total consumida sería de 9 mW (la cuarta parte de la potencia consumida para una sola resistencia), siendo de 2,25 mW en cada resistencia.

2.5.2. Circuito en paralelo I

Partiendo de la situación anterior de una sola resistencia (bombilla) de 1 kΩ, 6 mA y una caída de tensión de 6 V. Ahora la pregunta es la presentada en la parte derecha de la Figura 2.17 ¿qué pasaría si se añade la misma resistencia en paralelo? ¿pasarán 3 mA por cada rama repartiéndose la corriente total o pasarán 6 mA por rama?

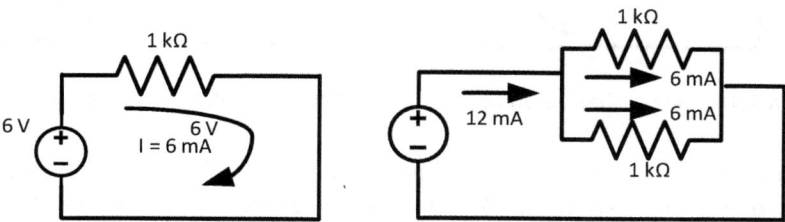

Figura 2.17. Circuito básico en paralelo

En este caso la resistencia total es de 0,5 kΩ (dos resistencias en paralelo de 1 kΩ), la intensidad total es de 12 mA (6/0,5 = 12), la corriente por cada rama de 1 kΩ es de 6 mA y la caída de tensión en cada resistencia es de 6 V. Es decir, parece *algo mágico* que la corriente se mantenga por cada resistencia. De hecho, si pusiéramos tres resistencias en paralelo, la corriente seguiría siendo de 6 mA en cada una de ellas, antes y ahora.

Además, y volviendo a las bombillas, si una de ellas se fundiera las otras no quedarían afectadas ya que el circuito no quedaría roto en su totalidad, y la corriente seguiría siendo de 6 mA por cada rama, o ¿aumentaría al absorber las bombillas restantes la corriente que circulaba por la bombilla fundida?

Una conclusión de lo anterior es que todas las conexiones de electrodomésticos, ordenadores, etc. a la red eléctrica (enchufes) son en paralelo. Cada vez que conectamos un dispositivo, la corriente del resto no se verá afectada, ocurriendo lo mismo cada vez que lo desconectemos. Lo anterior asegura que la potencia puede ser distinta para cada equipo conectado.

Pero ¿dónde está la desventaja en el circuito en paralelo? Pues en que ahora la potencia disipada es de 72 mW, es decir, el doble, y por tanto, nuestra factura eléctrica será del doble, lo que no parece extraño ya que son dos bombillas en vez de una, iluminándose cada una con la intensidad de la bombilla original.

2.5.3. Circuito en serie II

¿Qué pasaría si a un circuito alimentado con 6 V (Figura 2.18) y con una resistencia de 1 kΩ se le añade otra resistencia de 10 kΩ (Figura 2.19)?

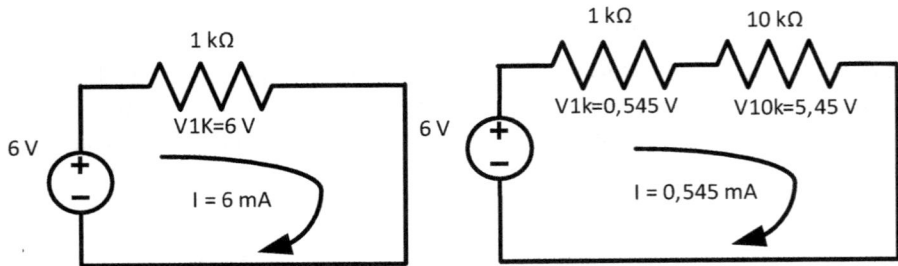

Figura 2.18. Circuito básico en serie   **Figura 2.19.** Circuito básico en serie II

En el primer circuito circulaba una intensidad de 6 mA y presentaba una caída de tensión de 6 V en la resistencia. Al añadirse la resistencia de 10 kΩ, resulta que la resistencia total pasa a ser de 11 kΩ, la intensidad baja hasta 0,55 mA (6/11) y la caída de tensión es de 0,55 V (0,55·1) en la resistencia de 1 kΩ y de 5,5 V en la de 10 kΩ (0,55 × 10).

Lo interesante y sencillo es ver que en una resistencia 10 veces más grande que la otra, la caída de tensión es 10 veces mayor, siempre que estén ambas en serie. Esta aproximación suele ser muy útil para analizar el comportamiento de circuitos básicos.

2.5.4. Circuito en paralelo II

¿Qué pasaría si a una resistencia de 1 kΩ alimentada por 6 V se le añade otra de 10 kΩ en paralelo, como muestra la Figura 2.20?

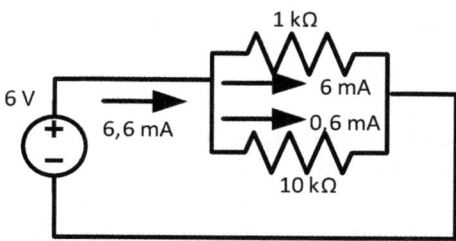

Figura 2.20. Circuito básico en paralelo II

En este caso la resistencia total es de 0,91 kΩ (1/1,1), la corriente total, por tanto, es de 6,6 mA (6/0,91), siendo de 0,6 mA en la resistencia de 10 kΩ y de 6 mA en la resistencia de 1 kΩ y la caída de tensión en ambas resistencias es de 6 V.

Lo interesante y sencillo es ver que la corriente *prefiere* ir por la resistencia más pequeña que por la grande, en una proporción que es la misma que hay entre las resistencias: 10 a 1. De nuevo esto ayuda a interpretar circuitos básicos.

2.5.5. Teorema de máxima transferencia de potencia

En el caso más sencillo y partiendo de una pila de 6 V (o de cualquier valor) y de una resistencia de 1 kΩ, resulta que la intensidad es de 6 mA y por tanto, la potencia disipada es de 36 mW. Lo que plantea este teorema en la Figura 2.21 es: si se añade una resistencia en serie a la original de 1 kΩ y se desea que la potencia disipada sea máxima en la nueva resistencia (que la transferencia de potencia de la fuente a la nueva resistencia sea máxima), entonces ¿cuál debe ser el valor de esa nueva *R*?

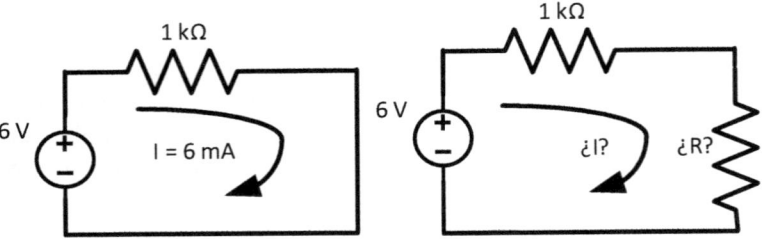

Figura 2.21. Circuito y Transferencia máxima de potencia

Partiendo de preguntas básicas ¿es máxima la potencia si $R = 1$ kΩ, $R = 10$ kΩ o $R = 100$ Ω?

Bien, para obtener la respuesta se pueden seguir dos caminos (además del de la intuición): seguir un planteamiento matemático o seguir un planteamiento experimental.

Intuitivamente

Si R es muy alta entonces la caída de tensión en ella será mucho mayor que en 1 kΩ, pero si esto es así, entonces la resistencia total será muy alta, y por tanto, la corriente será baja. Es decir, lo que se gana en tensión (V), se pierde en corriente (I). Un planteamiento similar se da si la resistencia (R) fuera un valor bajo: sube la corriente (I) al bajar la resistencia total, pero también baja la caída de tensión en la resistencia.

Planteamiento matemático

$$P = V \cdot I = I^2 \cdot R$$

además

$$I = \frac{V}{R_{original} + R}$$

y por tanto

$$P = \left(\frac{V}{R_{original} + R} \right)^2 \cdot R$$

como el máximo se calcula derivando, entonces

$$P_{max} = \frac{dP}{dR} = 0$$

derivando

$$P_{max} = V^2 \frac{\left(R_{original} + R \right)^2 - 2 \cdot \left(R_{original} + R \right) \cdot R}{\left(R_{original} + R \right)^4} = 0$$

igualando

$$\left(R_{original} + R\right)^2 - 2 \cdot \left(R_{original} + R\right) \cdot R = 0$$

y

$$\left(R_{original}^2 + R^2 + 2 \cdot R_{original} \cdot R\right) - \left(2 \cdot R_{original} \cdot R + 2 \cdot R^2\right) = 0$$

finalmente queda

$$R_{original}^2 - R^2 = 0$$

y por tanto

$$R_{original} = R$$

Por tanto, la máxima potencia se disipa cuando las R son iguales (desestimando la solución negativa, claro).

2.6. CIRCUITOS ÚTILES

En nuestro caso el interés no está en los electrodomésticos, enchufes, etc., está en los circuitos básicos de bajo consumo y potencia.

En primer lugar, cabe destacar que solo usaremos una fuente de corriente continua, resistencias y diodos led, y que las resistencias pueden ser de dos tipos:

- *resistencias reales*, añadidas por nosotros o impuestas por el circuito que debemos usar,

- la *carga* (ver Figura 2.22) que se comporta como una resistencia y representa el dispositivo que se quiere alimentar y controlar para que cumpla una función determinada: led, bombilla, motor, circuito, etc.

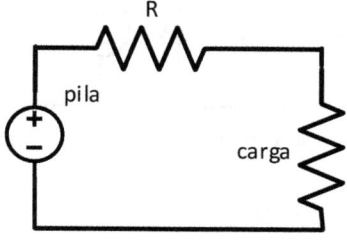

Figura 2.22. Circuito básico con resistencia de carga

2.6.1. Circuito con diodo led I

Resulta que tenemos una pila de 6 V y queremos usarla para activar un diodo led. Un diodo led es un dispositivo que se enciende cuando la corriente le atraviesa en el sentido de *la flecha de su símbolo*, y se apaga en caso contrario (ver Figura 2.23). Los diodos son muy populares en circuitos y son útiles en este capítulo ya que se pueden montar con facilidad en el laboratorio.

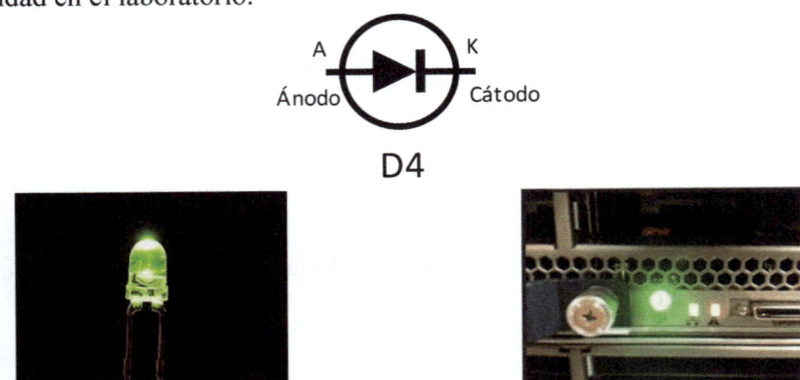

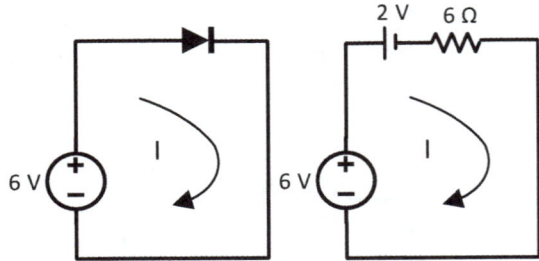

Figura 2.23. Diodos led

El diodo led normal requiere que la corriente que le atraviese esté por encima de los 10 mA y por debajo de los 20 mA. Si es menos de 10 mA no se enciende casi, y si es más de 20 mA puede llegar a fundirse en poco tiempo. Además, un diodo led por su naturaleza semiconductora (ver Capítulo 4) presenta una caída de tensión directa de alrededor de 2 V, sea cual sea la alimentación (siempre que sea mayor de 2 V). Un diodo led presenta una resistencia muy baja al paso de corriente, de unos 4 Ω más o menos, y por tanto, fácilmente despreciable. La Figura 2.24 resume todo lo anterior.

Figura 2.24. Circuito básico con un diodo led

Si resolvemos el circuito vemos que

$$I = \frac{6-2}{4} = 1 \text{ A}$$

Ahora mismo el led se fundiría con rapidez ya que la intensidad obtenida es 50 veces superior a la permitida por el fabricante del diodo. ¿Qué se puede hacer? Acabamos de ver que añadir una resistencia en serie rebaja la intensidad, así pues, coloquemos una resistencia en serie de valor desconocido, tal y como plantea la Figura 2.25.

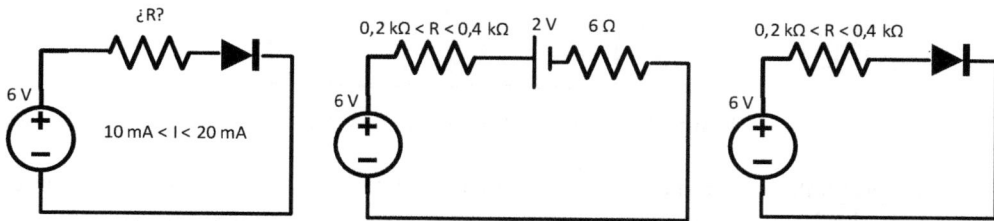

Figura 2.25. Resolución de un circuito básico con un diodo led

En este caso

$$I = \frac{6-2}{R}; \quad 10\ \text{mA} < I < 20\ \text{mA} \qquad \text{(despreciando los 6 Ω del diodo)}$$

$$\text{Para un extremo:} \quad 10 = \frac{6-2}{R}; \quad R = 0,4\ \text{k}\Omega \quad \text{para 10 mA}$$

$$\text{Para el otro extremo:} \quad 20 = \frac{6-2}{R} = 0,2\ k\Omega \quad \text{para 20 mA}$$

La resistencia debe estar entre 0,2 kΩ y 0,4 kΩ. En el primer caso el diodo led se iluminará más, y en el segundo, menos. Teniendo en cuenta que en el primer caso el consumo será doble. Dentro de ese rango elegiremos la resistencia que tengamos disponible en el laboratorio.

2.6.2. Circuito con diodo led II

Supongamos ahora que ya tenemos montado y probado el circuito anterior de forma que se enciende un led verde cuando el circuito está alimentado por la pila, el comprador del circuito nos pide que le añadamos un led rojo que debe encenderse cuando el usuario haya conectado la pila al revés.

El led rojo tiene unas características similares a las del verde (2 V y 4 Ω) ¿cómo conectarlo? Sabemos que añadir una rama en paralelo no afecta en absoluto a la otra, así, por tanto, la solución será tan sencilla como añadir una nueva rama en paralelo con la misma resistencia y con el led dado la vuelta (tiene que encenderse cuando la corriente circule en el otro sentido), tal y como plantea la Figura 2.26.

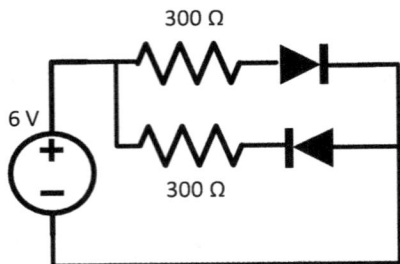

Figura 2.26. Circuito básico con dos diodos led

Unas preguntas adicionales ¿podría haberse puesto una sola resistencia delante de los dos diodos? ¿de qué valor? ¿qué pasa si las resistencias son distintas en cada rama? ¿qué hubiera pasado si hubiéramos puesto los dos diodos en serie?

La única resistencia debería ser de 300 Ω y si ambas resistencias fueran distintas, entonces la cantidad de corriente (y de luz emitida por los leds) sería distinta y no se podría haber puesto una única resistencia. Si los dos diodos se hubieran puesto en serie, el circuito no tendría ningún valor, ya que en ningún caso habría corriente (ni led iluminados) ya que uno de los dos diodos siempre estaría en OFF (estando en ON el otro), cortando la corriente en la única rama del circuito.

2.6.3. Circuito con diodo led III

En el circuito con diodo led I, con una resistencia de 200 Ω circulaba una intensidad de 20 mA y la potencia total era de 120 mW (6 V × 20 mA).

Añadir una rama en paralelo también con 200 Ω (ver Figura 2.27) supone que ahora los dos diodos led se iluminan con 20 mA, y así la corriente total será de 40 mA y por tanto, la potencia será ahora de 240 mW.

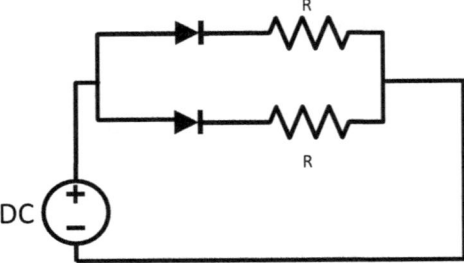

Figura 2.27. Circuito básico con dos diodos led en paralelo

Si planteamos un circuito serie con dos diodos led, entonces hay que modificar el circuito para llegar a la Figura 2.28:

$$I = \frac{V}{I} = \frac{6 - 2 - 2}{R} = 20 \text{ mA}$$

entonces

$$R = 100 \ \Omega$$

En este caso la potencia total consumida será de 120 mW.

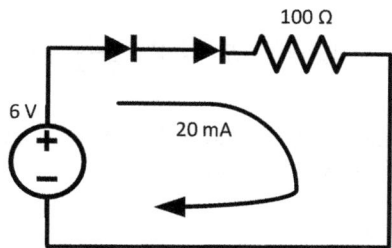

Figura 2.28. Circuito básico con dos diodos led en serie

Es decir, los dos circuitos *iluminan* por igual (20 mA en cada diodo led), pero el consumo es doble en el circuito paralelo frente al serie.

¿Te has fijado alguna vez que las luces de los árboles de Navidad suelen ser diodos led conectados en serie? ¿cuál es el inconveniente de que así sea? ¿qué consecuencia tendría con respecto al consumo que hubiera varias ramas en paralelo? Las luces de Navidad son un circuito en serie porque si fueran en paralelo necesitarían un cable por led, y no uno solo para todos como ocurre en serie. A cambio, si se rompe uno de los diodos led del conjunto, todas las luces se apagan ya que la corriente queda cortada en el diodo roto.

2.6.4. Circuito divisor de tensión

En algunas situaciones es necesario disminuir la tensión de una señal. Por ejemplo y viendo la Figura 2.29, una señal de 5 V puede tener que ser convertida en una de 3,3 V. Un ejemplo se muestra en la parte derecha de la figura.

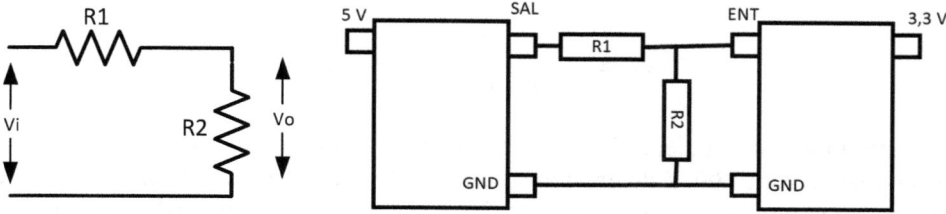

Figura 2.29. Circuito divisor de tensión

Esta situación responde a un divisor de tensión: ¡divide la tensión en dos partes! De los 5 V iniciales solo deben *quedar* 3,3 V en la salida. El circuito siguiente muestra que no hay una pila o batería en la entrada, sino una tensión llamada V_i, y de ella se obtiene una parte en la salida V_o según la siguiente expresión y teniendo en cuenta que solo hay una I.

$$I = \frac{V_i}{R_1 + R_2}$$

y por tanto

$$V_o = I \cdot R_2 = V_i \cdot \frac{R_2}{R_1 + R_2}$$

Lo anterior es válido para cualquier valor de V_i y V_o. En el caso concreto del ejercicio se habla de $V_i = 5$ V y de $V_o = 3,3$ V y, por tanto,

$$3,3 = 5 \cdot \frac{R_2}{R_1 + R_2}$$

y por tanto

$$\frac{3,3}{5} = \frac{R_2}{R_1 + R_2} = 0,66$$

Esta ecuación tiene infinitas soluciones. La más sencilla es: $R_2 = 3,3$ kΩ y $R_1 = 1,7$ kΩ. Quien dice kΩ puede decir solo Ω y así $R_2 = 3,3$ Ω y $R_1 = 1,7$ Ω.

La elección debe cumplir

$$R_1 = \frac{R_2}{2} \quad \text{o} \quad R_2 = 2 \cdot R_1$$

La Figura 2.30 (todos los valores en ohmios) nos muestra los valores típicos de resistencias y así podemos elegir $R_2 = 3,3$ Ω y $R_1 = 1,8$ Ω, ya que no hay 1,7 Ω (aunque recordemos que podemos obtener nuevos valores de R combinando varias R en serie y/o paralelo).

Según estos valores el valor de la tensión de salida es 3,24 V ¿está lo suficientemente cerca de 3,3 V? En nuestro caso la respuesta es sí.

$$V_o = 5 \cdot \frac{3,3\ \Omega}{3,3 + 1,8\ \Omega} = 3,24\ \text{V}$$

En este momento el ejercicio está resuelto desde el punto de vista matemático con más o menos error (0,06 V de error absoluto o 1,8 % de error relativo), pero no lo está tanto desde un punto de vista electrónico. Ya se ha dicho que vale cualquier valor de R_1 y R_2 con tal de que mantengan la relación de 2/3.

Standard Resistor Values (−5%)						
1	10	100	1.0K	10K	100K	1.0M
1.1	11	110	1.1K	11K	110K	1.1M
1.2	12	120	1.2K	12K	120K	1.2M
1.3	13	130	1.3K	13K	130K	1.3M
1.5	15	150	1.5K	15K	150K	1.5M
1.6	16	160	1.6K	16K	160K	1.6M
1.8	18	180	1.8K	18K	180K	1.8M
2	20	200	2.0K	20K	200K	2.0M
2.2	22	220	2.2K	22K	220K	2.2M
2.4	24	240	2.4K	24K	240K	2.4M
2.7	27	270	2.7K	27K	270K	2.7M
3	30	300	3.0K	30K	300K	3.0M
3.3	33	330	3.3K	33K	330K	3.3M
3.6	36	360	3.6K	36K	360K	3.6M
3.9	39	390	3.9K	39K	390K	3.9M
4.3	43	430	4.3K	43K	430K	4.3M
4.7	47	470	4.7K	47K	470K	4.7M
5.1	51	510	5.1K	51K	510K	5.1M
5.6	56	560	5.6K	56K	560K	5.6M
6.2	62	620	6.2K	62K	620K	6.2M
6.8	68	680	6.8K	68K	680K	6.8M
7.5	75	750	7.5K	75K	750K	7.5M
8.2	82	820	8.2K	82K	820K	8.2M
9.1	91	910	9.1K	91K	910K	9.1M

Figura 2.30. Valores de resistencias comerciales
Fuente: Elecdude. (http://www.elecdude.com/2014/07
/standard- resistor-capacitor-values-table.html)

Supongamos ahora que el ejercicio plantea que las señales de 5 V y 3,3 V son de tipo lógico. Es decir, un chip entrega 1 lógico (5 V) y se quiere llevar ese 1 lógico a un chip con lógica de 3,3 V. En este caso hay que tener en cuenta dos cosas:

- que la señal de salida del primer chip tiene limitada su intensidad de salida (la salida no tiene una potencia infinita) y

- que la señal de entrada tiene asociada una resistencia R_{IN} muy grande, pero existente (la entrada consume algo de potencia, poco, pero algo), digamos que al menos de 10 kΩ. El circuito es el de la Figura 2.31.

$$R_1 = 3,3 \, \Omega, \qquad R_2 = 1,8 \, \Omega \qquad y \qquad R_{IN} = 10 \, k\Omega$$

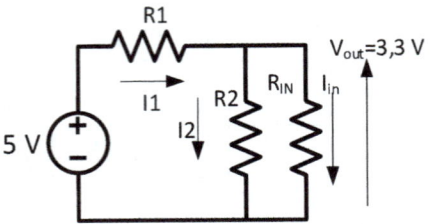

Figura 2.31. Circuito equivalente de conversor 5 V a 3,3 V

En este caso hay varias consideraciones. En primer lugar, R_2 y R_{in} están en paralelo ¿cómo afecta la R_2 añadida por nosotros a la R_{in} existente en el chip? Pues en este caso el efecto es bastante alto ya que hemos elegido una R_2 de 3,3 Ω y la R_{in} es 10 kΩ como mínimo, así el paralelo de ambas será 3,3 Ω más o menos. Es decir, la resistencia de entrada del chip que era de 10 kΩ como mínimo pasa a ser de 3,3 Ω. Esto es negativo ¿cómo se puede arreglar? En el circuito se puede ver que la tensión de salida es la esperada, 3,23 V. Es decir, la V_o es la que queríamos ¿importa que el conjunto haya cambiado?

$$R_{total} = \frac{R_2 \cdot R_{in}}{R_2 + R_{in}} = \frac{3,3 \cdot 10000}{3,3 + 10000} = 3,3 \ \Omega$$

La respuesta es sí, sobre todo por el segundo conjunto de datos de la Figura 2.32. En ese caso la simulación en Falstad muestra que para los 5 V de entrada la intensidad total es de $I_{tot} = 980,6$ mA.

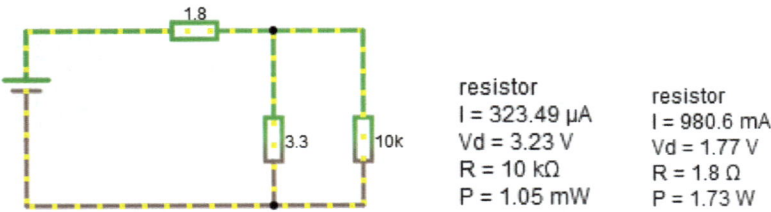

Figura 2.32. Simulación Falstad del circuito equivalente de conversor 5 V a 3,3 V

Desde un punto de vista matemático esto no nos importa, pero desde un punto de vista electrónico sí, y mucho ya que casi 1000 mA es una corriente muy alta que difícilmente es tolerable. Es más, si atendemos a los chips su tecnología indica que la salida de un chip a 5 V no entregará más de 20 mA y que la entrada de un chip a 3,3 V exige al menos 40 µA. Así pues, el problema es que la corriente de entrada es de 980 mA, 50 veces fuera de su rango. ¿Qué se puede hacer en este caso?

Por un lado, queremos menos intensidad en la entrada (menos de 20 mA) y por otro lado, esperamos que la mayor parte de esa intensidad se vaya a R_{in} y no a R_2 (aunque en realidad lo que queremos es que al menos haya 40 µA). La solución a ambos problemas pasa por aumentar R_1 y R_2, ¿cuánto? Aquí hay dos caminos: plantear el problema matemáticamente o intuitivamente y con un simulador. Para que vaya más corriente por R_{in}, esta debe ser varias veces menor que R_2, así podemos elegir 33 kΩ para R_2 y 18 kΩ para R_1, de esta manera el simulador nos ofrece la Figura 2.33.

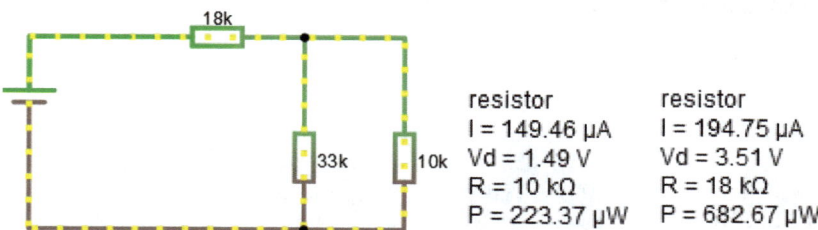

Figura 2.33. Simulación Falstad del segundo circuito equivalente de conversor 5 V a 3,3 V

En la entrada la corriente ha bajado de 980 mA a 194 µA, perfecto. Pero esto ha tenido un efecto negativo en la tensión de salida V_o, que ahora es de 1,49 V, cuando esperábamos ofrecer 3,3 V. La razón es que el circuito paralelo de 33 kΩ con 10 kΩ (7,7 kΩ) no mantiene la relación de $R_2 = 2 \cdot R_1$, ahora es $R_2 = 0,42 \cdot R_1$, unas cinco veces menos; un desastre. Se debe buscar otra opción, por ejemplo, ¿qué pasa con 1,8 kΩ y 3,3 kΩ? El simulador Falstad nos muestra la Figura 2.34 y en ella ahora la demanda de intensidad de entrada sería de 1,17 mA, que no supera los 20 mA y que la intensidad en la entrada del chip supera los 40 µA exigidos (son casi 300 µA). Ahora la tensión de salida es de 2,9 V ¿suficiente? Ahora la comparación entre R_1 y el paralelo de R_2 con R_{in} es de casi 1,4 (cerca de 2).

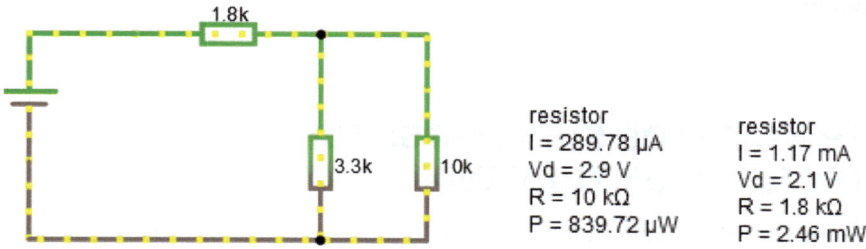

Figura 2.34. Simulación Falstad del tercer circuito equivalente de conversor 5 V a 3,3 V

Si la respuesta es que ese valor de 2,9 V es aceptable el problema está resuelto, pero si no es así entonces más que seguir especulando con el simulador es mejor plantear el modelo matemático.

2.6.5. Circuito con potenciómetro

Un potenciómetro es un dispositivo muy popular en electrónica. Su función es entregar una resistencia de valor variable según la posición que tenga un control externo (una rueda, un deslizador, etc.), según muestra la Figura 2.37.

Figura 2.37. Potenciómetros

Si la persona que nos ha encargado el circuito anterior nos dice *"resulta que a veces la luz es poca ya que hay mucha iluminación externa y a veces es mucha y molesta"* ¿qué podemos hacer?

En este caso el potenciómetro es un dispositivo perfecto ya que permite ajustar *in situ* el valor de la resistencia, para este caso o para cualquier otro. Esta situación tiene mucho sentido en electrónica ya que los problemas no son perfectos, no solo en su solución sino seguramente en su planteamiento, en sus requisitos. Además de que es imposible llegar a una tienda y pedir una resistencia de 1,14 kΩ o cosas parecidas. El potenciómetro nos da esa libertad final. Podríamos comprar un potenciómetro de 1 kΩ, o de 0,5 kΩ. Su conexión es sencilla, aunque a veces hay que dedicarle tiempo y usar el téster para un ajuste fino.

2.7. PRINCIPIO DE SUPERPOSICIÓN Y TEOREMA DE THÉVENIN

Los circuitos vistos hasta ahora y objeto de este libro son básicos: una fuente de alimentación y algunas resistencias u otros elementos, sin embargo, a veces los circuitos son más complejos y en ese caso el uso de teoremas ayuda al diseñador.

2.7.1. Principio de superposición

Si un circuito tiene dos o más fuentes de alimentación ¿cómo se resuelve? El principio de superposición nos indica que lo que hay que hacer es trabajar con cada fuente por separado. Así, si un circuito tiene dos fuentes de corriente continua V_1 y V_2 y se quiere obtener V_o, entonces:

- Se cortocircuita V_2 (se sustituye la pila por un cable) y se calcula V_o para V_1: V_{o1}.

- Se cortocircuita V_1 (se sustituye la pila por un cable) y se calcula V_o para V_2: V_{o2}.

- Se obtiene V_o como la suma de las dos anteriores: $V_o = V_{o1} + V_{o2}$

Ejemplo 2.1

Obtener la caída de tensión en la resistencia de 10 kΩ del circuito de la Figura 2.38.

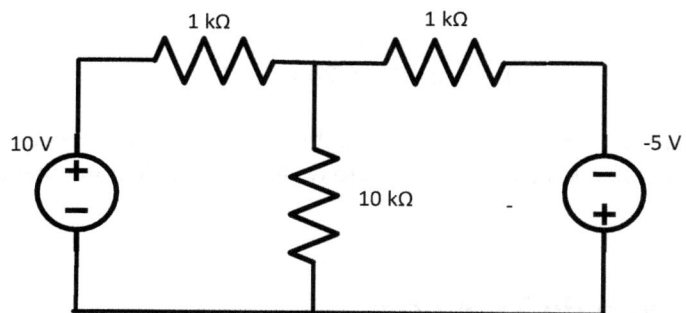

Figura 2.38. Circuito DC para utilizar el Principio de Superposición

Primero calculamos V_{10} para la fuente de alimentación de 10 V

Para 10 V

$$R_{TOT} = 1 + 0{,}91 = 1{,}91 \text{ k}\Omega$$

e

$$I_{TOT} = \frac{10}{1{,}91} = 5{,}24 \text{ mA}$$

así pues

$$I_{10} = 5{,}24\frac{1}{11} = 0{,}48 \text{ mA}$$

y por tanto

$$V_{10} = 4{,}8 \text{ V} \quad \text{para 10 V de entrada}$$

Después calculamos V_{10} para la fuente de alimentación de -5 V

Para −5 V

$$R_{TOT} = 1 + 0,91 = 1,91 \ k\Omega$$

e

$$I_{TOT} = \frac{-5}{1,91} = -2,62 \ \text{mA}$$

así pues

$$I_{10} = -2,62 \frac{1}{11} = -0,24 \ \text{mA}$$

y

$$V_{10} = -2,4 \ \text{V}$$

Por último, sumamos ambos valores:

$$V_{10} = 4,8 - 2,4 = 2,4 \ \text{V}$$

y

$$I_{10} = 0,48 - 0,24 = 0,24 \ \text{mA}$$

El principio de superposición se puede aplicar siempre que se necesite y subraya la linealidad inherente de los circuitos respecto de las fuentes de alimentación.

2.7.2. Teorema de Thévenin

En muchos casos el diseñador parte de un circuito ya existente al que debe conectar otra parte, *su parte*. Lo mejor para él sería modelizar la parte anterior como una sola fuente de tensión y una resistencia en serie o como una fuente de intensidad y una resistencia en paralelo, de forma que intensidad, tensión y resistencia queden modelizados y puedan ser usados por el diseñador de una forma sencilla, por ejemplo, para conectar distintas cargas (un led o un circuito digital). En esta situación el Teorema de Thévenin puede ser muy útil, lo mismo que su complementario el Teorema de Norton.

El Teorema de Thévenin deviene en un procedimiento sistemático, como se explica mediante el siguiente ejemplo.

Ejemplo 2.2

Obtener el circuito equivalente de Thévenin del circuito de la Figura 2.39 para/desde R_L o entre V_A y V_B.

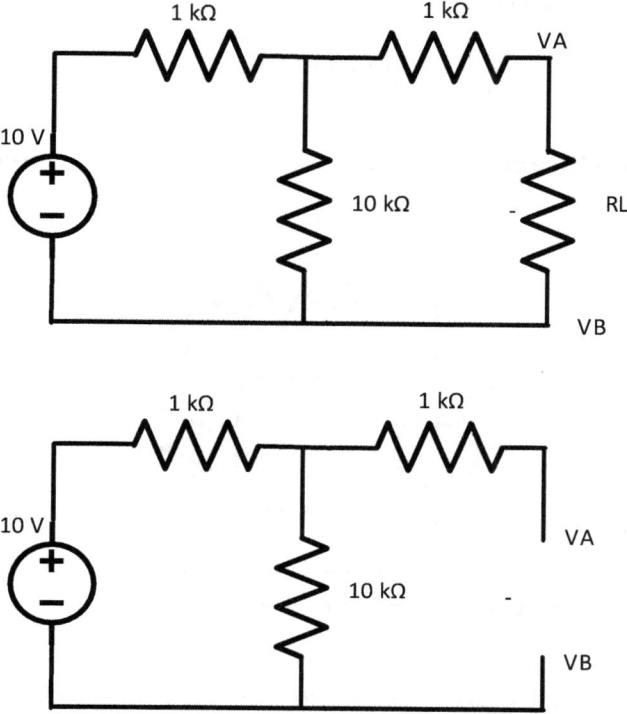

Figura 2.39. Circuito DC para aplicar el Teorema de Thévenin

El Teorema de Thévenin se aplica en dos pasos: cálculo de V_{TH} y cálculo de R_{TH}, en cualquier orden:

- Cálculo de V_{TH}: se debe eliminar R_L y calcular V_{AB}. En este caso por la segunda rama de 1 kΩ no circula corriente (ver circuito de la derecha) y así

$$V_{TH} = V_{AB} = I \cdot 10$$

e

$$I = \frac{10}{11} = 0,91 \text{ mA}$$

y por tanto

$$V_{TH} = V_{AB} = 0,91 \cdot 10 = 9,1 \text{ V}$$

- Cálculo de R_{TH}: se sustituye R_L por una fuente de tensión cualquiera, se sustituye la fuente de 10 V por un cortocircuito y se calcula la resistencia total. También se dice que R_{TH} es la resistencia que *se ve* desde la salida:

$R_{TH} = (1\text{k en paralelo con } 10 \text{ K})$ y en serie con 1 k

$$R_{TH} = \frac{1 \cdot 10}{1 + 10} + 1 = 1{,}91 \text{ k}\Omega$$

El circuito equivalente de Thévenin es un simple divisor de tensión como el siguiente:

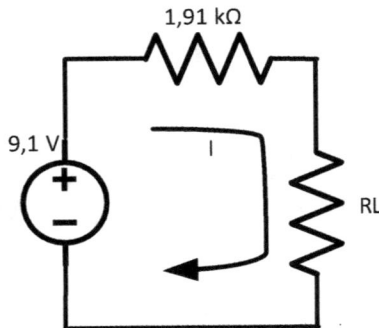

Figura 2.40. Circuito equivalente de Thévenin

La utilidad del circuito equivalente de Thévenin viene cuando el diseñador se hace la pregunta ¿cómo se comporta el circuito anterior para distintos valores de R_L?

Si R_L pudiera ser 1 kΩ o 10 kΩ, entonces la caída de tensión en R_L sería:

- Para $R_L = 1$ kΩ, entonces

$$I = \frac{9{,}1}{2{,}91} = 3{,}13 \text{ mA}$$

y así

$$V_{1k} = 3{,}13 \text{ V}$$

- Para $R_L = 10$ kΩ, entonces

$$I = \frac{9{,}1}{11{,}91} = 0{,}764 \text{ mA}$$

y por tanto

$$V_{10k} = 7{,}64 \text{ V}$$

Simplemente no hay que resolver todo el circuito de nuevo, basta con utilizar el divisor de tensión. Por ejemplo, las fuentes de alimentación de corriente continua son circuitos complejos que en algunos casos se caracterizan mediante su circuito equivalente de Thévenin, ya que al fin y al cabo a una fuente de alimentación siempre se conecta una carga.

El Teorema de Norton se aplica cuando en vez de una fuente de tensión, se tiene una fuente de corriente. El circuito equivalente de Norton es una fuente de intensidad en paralelo con una resistencia.

Ambos teoremas tienen interés conceptual ya que indican que un circuito, por muy complejo que sea, puede ser visto desde la salida como una simple fuente y una resistencia. Desde un punto de vista práctico, y ahora que los simuladores son populares, no tiene mucho sentido utilizar los Teoremas de Thévenin y Norton en circuitos muy complejos.

Ejemplo 2.3

Analicemos la siguiente situación: si una fuente de alimentación de corriente continua de 6 V, según el fabricante, se comportara como dicha fuente de 6 V y una resistencia de 6 Ω (R_S: R Source) ¿qué se puede decir de la tensión en la carga?

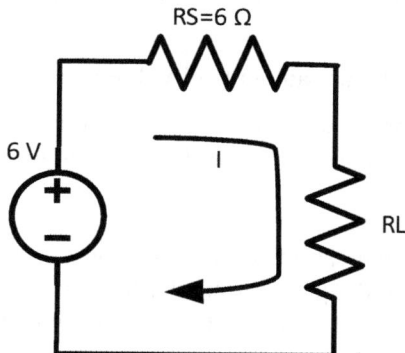

Figura 2.41. Circuito DC con resistencia de fuente DC

Idealmente si la fuente es de 6 V y la resistencia R_L es de 1 kΩ, entonces $V_{RL} = 6$ V, pero:

Ideal:

$$V_{RL} = 6 \text{ V}$$

Real:

$$I = \frac{6}{1,006} = 5,97 \text{ mA}$$

y

$$V_{RL} = 5,97 \text{ V}$$

por lo que no hay mucho error.

Pero si R_L fuera 10 Ω, entonces:

Ideal:
$$V_{RL} = 6 \text{ V}$$

Real:
$$I = \frac{6}{16} = 375 \text{ mA}$$

$$V_{RL} = 3{,}75 \text{ V}$$

entonces hay mucho error.

Y claro, cuando se vende o compra una fuente de alimentación puede que no se co-nozca cuál es la R_L. En esta situación se pueden dar varias situaciones:

- El fabricante informa de la situación y previene al diseñador de usar resistencias bajas.
- El fabricante de la fuente aumenta el voltaje entregado (ver más abajo).
- El fabricante construye una fuente regulada (más cara y mejor) que asegura que en la salida habrá 6 V, sea cual sea R_L. Para ello mide la tensión en R_L y cambia V_S para ello.

En el segundo caso el planteamiento del fabricante sería el siguiente: si tenemos una R_S de 6 Ω, entonces se parte de que el diseñador usará una R_L de 6 Ω ya que entonces la potencia transferida es máxima (Teorema de la Transferencia de la Máxima Potencia).

$$I = \frac{V_S}{R_S + R_L} = \frac{6}{6 + 6} = 0{,}5 \text{ A}$$

y

$$V_{RL} = 0{,}5 \cdot 6 = 3 \text{ V}$$

entonces, si $V_S = 12 \ V$

$$V_{RL} = 6 \text{ V}$$

Está claro que esa idea de *doblar* la tensión está fundamentada, pero no parece muy buena idea. De hecho, algunas fuentes de alimentación no muestran un número con el voltaje entregado, simplemente muestran una ruleta que gira y cada diseñador debe ajustar el valor utilizando un multímetro.

EJERCICIOS RESUELTOS

A continuación, se resuelven algunos circuitos de corriente continua y varios circuitos con diodos.

Todos los circuitos de corriente continua propuestos tienen como objetivo aprender a aplicar las Leyes de Ohm y de Kirchhoff para resolver esos circuitos, es decir, aprender la metodología. Todos ellos tienen como máximo cuatro resistencias y en general son de 1 kΩ y de 10 kΩ. Con este planteamiento, todos los circuitos propuestos se pueden montar y medir en el laboratorio remoto VISIR o en otro similar. Y lo mismo con simuladores, aunque en este caso la libertad en cuanto a topología del circuito y valores de las resistencias es mucho mayor.

Los circuitos con diodos planteados son muy sencillos y tienen como objetivo aprender a sacar provecho de las Leyes de Ohm y de Kirchhoff en circuitos útiles donde hay que controlar la corriente, el voltaje y la potencia.

2.1. Resolver el siguiente circuito de corriente continua para luego montarlo y medirlo en VISIR. Comparar los valores obtenidos con los medidos.

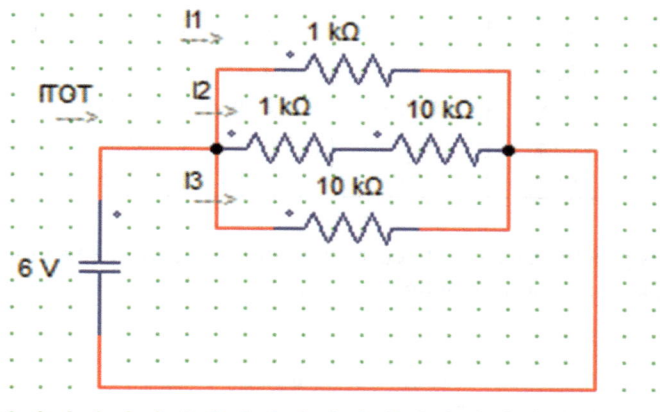

Solución

Se calcula de la resistencia total

$$R23 = R2 + R3 = 1 + 10 = 11\,\text{k}\Omega$$

$$\frac{1}{RTOT} = \frac{1}{R1} + \frac{1}{R23} + \frac{1}{R4} \quad \frac{1}{RTOT} = \frac{1}{1} + \frac{1}{11} + \frac{1}{1} \quad RTOT = 0,84\,\text{k}\Omega$$

Ley de Ohm		
VR1 =	I1*R1	V
VR2 =	I2*R2	V
VR3 =	I2*R3	V
VR4 =	I3*R4	V
VRTOT =	ITOT*RTOT	V

Ley de Kirchhoff I
ITOT=I1+I2+I3

Ley de Kirchhoff II
VR1=VR23=VR4=VRTOT

$$ITOT = VTOT / RTOT = 6 / 0,84 = 7,14 \, mA$$

$$VR1 = VR23 = VR4 = VTOT = 6 \, V$$

$$VTOT = I2 * R23 \rightarrow 6 = I2 * 11 \rightarrow I2 = 0,55 \, mA$$

$$VR2 = I2 * R2 = 0,55 * 1 = 0,55 \, V$$

$$VR3 = I2 * R3 = 0,55 * 10 = 5,5 \, V$$

$$I1 = VR1 / R1 = 6 / 1 = 6 \, mA$$

$$I2 = VR2 / R2 = 0,55 / 1 = 0,55 \, mA$$

$$I3 = VR4 / R4 = 6 / 10 = 0.6 \, mA$$

	CALCULADO	MEDIDO	ERROR
R2-3 =	11 kΩ	10,97 kΩ	0,27 %
RTOT =	0,84 kΩ	0,895 kΩ	6,55 %
ITOT =	7,14 mA	7,2135 mA	1,28 %
I1 =	6 mA	6,073 mA	1,22 %
I2 =	0,55 mA	0,5426 mA	1,35 %
I3 =	0,6 mA	0,5979 mA	0,35 %
VR1 =	6 V	5,996 V	0,06 %
VR2 =	0,55 V	0,5398 V	1,85 %
VR3 =	5,5 V	5,456 V	0,81 %
VR4 =	6 V	5,996 V	0,06 %

2.2. Resolver el siguiente circuito de corriente continua para luego montarlo y medirlo en VISIR. Comparar los valores obtenidos con los medidos.

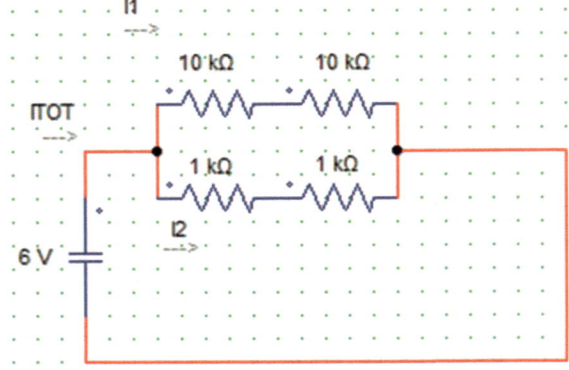

Solución

Ley de Ohm		
VR1 =	I1*R1	V
VR2 =	I1*R2	V
VR3 =	I2*R3	V
VR4 =	I2*R4	V
VR$_{TOT}$ =	I$_{TOT}$*R$_{TOT}$	V

Ley de Kirchhoff I
ITOT=I1+I2

Ley de Kirchhoff II
VR20=VR1+VR2
VR2=VR3+VR4

$$R12 = R1 + R2 = 20\ k\Omega;\ R34 = R3 + R4 =$$

$$\frac{1}{RTOT} = \frac{1}{R12} + \frac{1}{R34} = \frac{1}{20} + \frac{1}{2} \quad RTOT = 1,818\ k\Omega$$

$$ITOT = 6/1,818 = 3,3mA$$

$$VTOT = R12 * I1 \rightarrow 6 = 20 * I1 \rightarrow I1 = 0,3\ mA$$

$$VR1 = I1 * R1 = 0,3 * 10 = 3\ V$$

$$VR2 = I1 * R2 = 0,3 * 10 = 3\ V$$

$$VTOT = R34 * I2 \rightarrow 6 = 2 * I2 \rightarrow I2 = 3\ mA$$

$$VR3 = I2 * R3 = 3 * 1 = 3\ V$$

$$VR4 = I2 * R4 = 3 * 1 = 3\ V$$

	CALCULADO	MEDIDO	ERROR
R$_{TOT}$=	1,82 kΩ	1,792 kΩ	1,54 %
I$_{TOT}$=	3,3 mA	3,337 mA	0,01 %
I1=	0,3 mA	0,297 mA	1,00 %
I2=	3 mA	3,0306 mA	1,02 %
VR1=	3 V	2,991 V	0,30 %
VR2=	3 V	3,007 V	0,23 %
VR3=	3 V	3,001 V	0,03 %
VR4=	3 V	2,991 V	0,30 %

2.3. Resolver el siguiente circuito de corriente continua para luego montarlo y medirlo en VISIR. Comparar los valores obtenidos con los medidos.

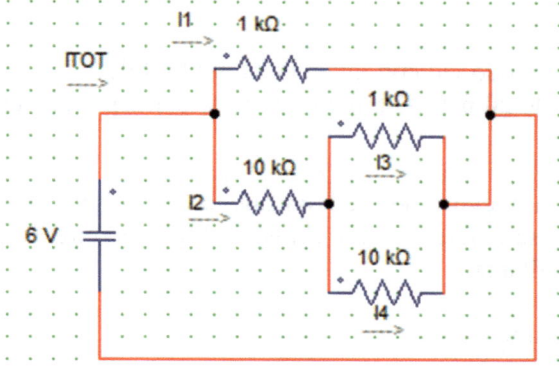

Ley de Ohm		
VR1 =	I1*R1	V
VR2 =	I2*R2	V
VR3 =	I3*R3	V
VR4 =	I4*R4	V
VR$_{TOT}$ =	I$_{TOT}$*R$_{TOT}$	V

Ley de Kirchhoff I
ITOT=I1+I2
I2=I3+I4

Ley de Kirchhoff II
VR3=VR4
VR1 = VRTOT
VR1=VR2+VR3 = VR2 + VR4

$$R34 = 0.91\ k\Omega$$

$$R234 = R2 + R34 = 10.91\ k\Omega$$

$$\frac{1}{RTOT} = \frac{1}{10.91} + \frac{1}{1} \quad RTOT = 0.916\ k\Omega$$

$$ITOT = \frac{VTOT}{RTOT} = \frac{6}{0.916} = 6.55\ mA$$

$$VR1 = VTOT \rightarrow VR1 = 6\ V \rightarrow I1 = VR1 / R1 = 6/1 = 6\ mA$$

$$ITOT = I1 + I2 \rightarrow 6.55 = 6 + I2 \rightarrow I2 = 0.55\ mA$$

$$VR2 = I2 * R2 = 0.55 * 10 = 5.5\ V$$

$$VR1 = VR2 + VR3 \rightarrow 6 = 5.5 + VR3 \rightarrow VR3 = 0.5\ V$$

$$I3 = VR3 / R3 \rightarrow I3 = 0.5\ mA$$

$$I2 = I3 + I4 \rightarrow 0.55 = 0.5 + I4 \rightarrow I4 = 0.05\ mA$$

	CALCULADO	MEDIDO	ERROR
R$_{TOT}$=	0,916 kΩ	0,907 kΩ	0,98 %
I$_{TOT}$=	6,55 mA	6,613 mA	0,96 %
I1=	6 mA	6,074 mA	1,23 %
I2=	0,55 mA	0,548 mA	0,36 %
I3=	0,5 mA	0,498 mA	0,40 %
I4=	0,05 mA	0,044 mA	12,00 %
VR1=	6 V	5,994 V	0,10 %
VR2=	5,5 V	5,496 V	0,07 %
VR3=	0,5 V	0,498 V	0,40 %
VR4=	0,5 V	0,498 V	0,40 %

2.4. Se dispone de un diodo led con una tensión umbral de 1,7 V y se desea que por él circule una corriente de 20 mA. Dibujar el circuito correspondiente y calcular el valor de las resistencias.

Se desea añadir un nuevo diodo led sin que cambie el comportamiento del diodo anterior. En este caso se quiere que por el nuevo diodo led circulen 10 mA. Dibujar el circuito completo resultante.

Nota. La tensión de alimentación es de 6 V.

Solución

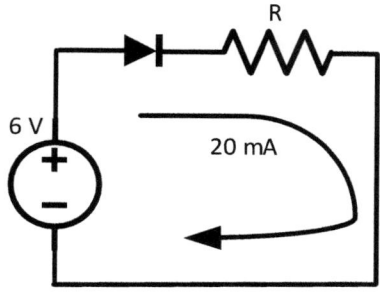

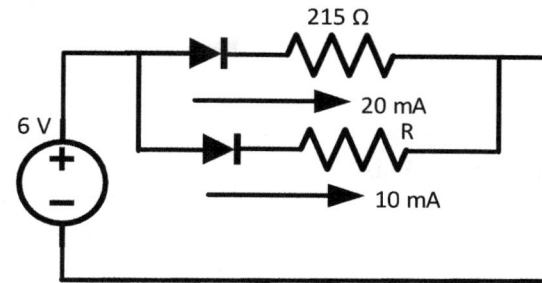

$$6\,V = 1{,}7\,V + 20\,mA \cdot R$$

$$R = \frac{6\,V - 1{,}7\,V}{20\,mA} = 0{,}215\,k\Omega$$

Kirchhoff nos indica que añadir una rama en paralelo no modifica a la otra, así pues:

$$R = \frac{6\,V - 1{,}7\,V}{10\,mA} = 0{,}430\,k\Omega$$

Las dos ramas son independientes: una de 215 Ω y 20 mA de corriente y la otra de 430 Ω y 10 mA de corriente. El diodo superior se iluminará el *doble* que el inferior.

Esta estrategia se puede aplicar recursivamente para varios diodos.

2.5. Montar un circuito alimentado con 5 V que excite dos diodos led en paralelo con la misma intensidad siempre que esté en el rango de 10 mA < I < 20 mA. Calcular el valor de R si la caída de tensión directa o umbral del diodo, V_D, es de 1,7 V.

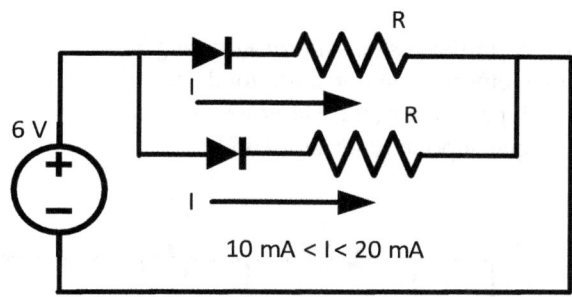

Solución

Toda vez que la corriente es la misma en ambas ramas, podemos calcular la R de una de ellas y luego replicarla.

$$6\,V = 1{,}7\,V + I \cdot R$$

donde

$$10 \text{ mA} < I < 20 \text{ mA}$$

$$R = \frac{6 \text{ V} - 1,7 \text{ V}}{I}$$

Para $I = 10$ mA

$$R = \frac{6 \text{ V} - 1,7 \text{ V}}{10 \text{ mA}} = 430 \ \Omega$$

Para $I = 20$ mA

$$R = \frac{6 \text{ V} - 1,7 \text{ V}}{20 \text{ mA}} = 215 \ \Omega$$

Por tanto,

$$215 \ \Omega < R < 430 \ \Omega$$

por ejemplo,

$$R = 330 \ \Omega$$

e

$$I = \frac{4,3 \text{ V}}{330 \ \Omega} = 13 \text{ mA}$$

En el circuito de la figura se pondrán dos resistencias de 330 Ω, ¿se podría poner una sola resistencia? ¿de qué valor?

El planteamiento es similar a sacar *factor común* ¿de 330 Ω? La respuesta es no, ya que, si hiciéramos eso, entonces la corriente total sería de 13 mA y el circuito necesita 26 mA en total, 13 mA por cada rama. Hay que *sacar factor común* a las dos ramas de 330 Ω en paralelo, lo que supone tener una 165 Ω.

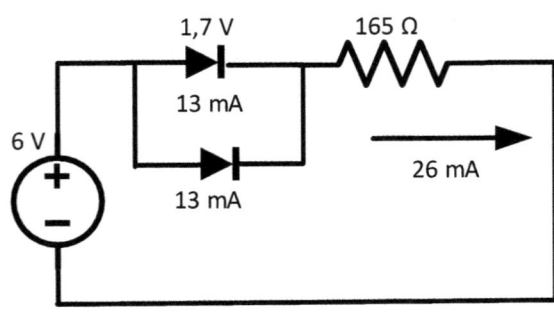

2.6. Montar dos circuitos que alimentados por una fuente de 6 V enciendan dos diodos led (de 2 V de caída cada uno) con una intensidad de corriente de 10 mA. Un montaje será en serie y el otro en paralelo. Indicar el valor de R, los voltajes, la potencia de cada diodo y la potencia total del circuito.

Solución

Para cada montaje proporciona una ventaja bien justificada.

Montaje Serie	Montaje Paralelo

$$6 \text{ V} = 2 \text{ V} + 2\text{V} + 10 \text{ mA} \cdot R$$

$$R = \frac{6 \text{ V} - 4 \text{ V}}{10 \text{ mA}} = 0{,}2 \text{ k}\Omega$$

$$P_{total} = V_{pila} \cdot I_{total} = 6 \cdot 10 = 60 \text{ mW}$$

$$6 \text{ V} = 2 \text{ V} + 20 \text{ mA} \cdot R$$

$$R = \frac{6 \text{ V} - 2 \text{ V}}{20 \text{ mA}} = 0{,}2 \text{ k}\Omega$$

$$P_{total} = V_{pila} \cdot I_{total} = 6 \cdot 20 = 120 \text{ mW}$$

	Montaje serie	Montaje paralelo
Montaje	Sencillo (B)	Complejo (M)
Potencia/Consumo	Baja (B)	Alta (M)
Fiabilidad	Baja (M)	Alta (B)
Extensibilidad	Baja (M)	Alta (B)

En conjunto el montaje en paralelo es mejor ya que permite añadir *infinitos* diodos (en serie solo 3 diodos, ya que $3 \cdot 2$ V $= 6$ V); además en paralelo si se rompe una rama o se funde un diodo, el resto sigue funcionando, mientras que en serie no es así. A cambio el consumo es mayor en paralelo y el montaje es más complejo. Los electrodomésticos de una casa y toda su instalación eléctrica se hace en paralelo.

2.7. Se quiere informar si la alimentación de un circuito es correcta o no: si es correcta se enciende un diodo led verde, pero si los terminales positivo y negativo están intercambiados, entonces se debe encender un diodo led rojo. La alimentación es de 6 V y se espera que la corriente que circule por cada diodo sea de unos 10 mA. La tensión de cada diodo es de 2 V.

Solución

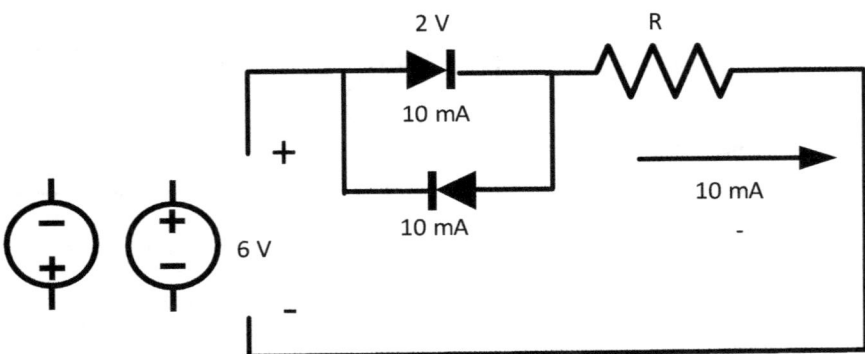

Al resolver este circuito hay que tener en cuenta que solo está activo un led en cada caso: verde si la alimentación es correcta y rojo si la alimentación es incorrecta. La corriente total siempre será de 10 mA y no será de 20 mA como de forma intuitiva se podría pensar.

$$6\,\text{V} = 2\,\text{V} + 10\,\text{mA} \cdot R$$

$$R = \frac{4\,\text{V}}{10\,\text{mA}} = 400\,\Omega$$

PROBLEMAS PROPUESTOS

2.1. A continuación, se muestran los siguientes circuitos que se plantean como ejercicios para el lector. Resolver, montar y medir los siguientes circuitos básicos de corriente continua

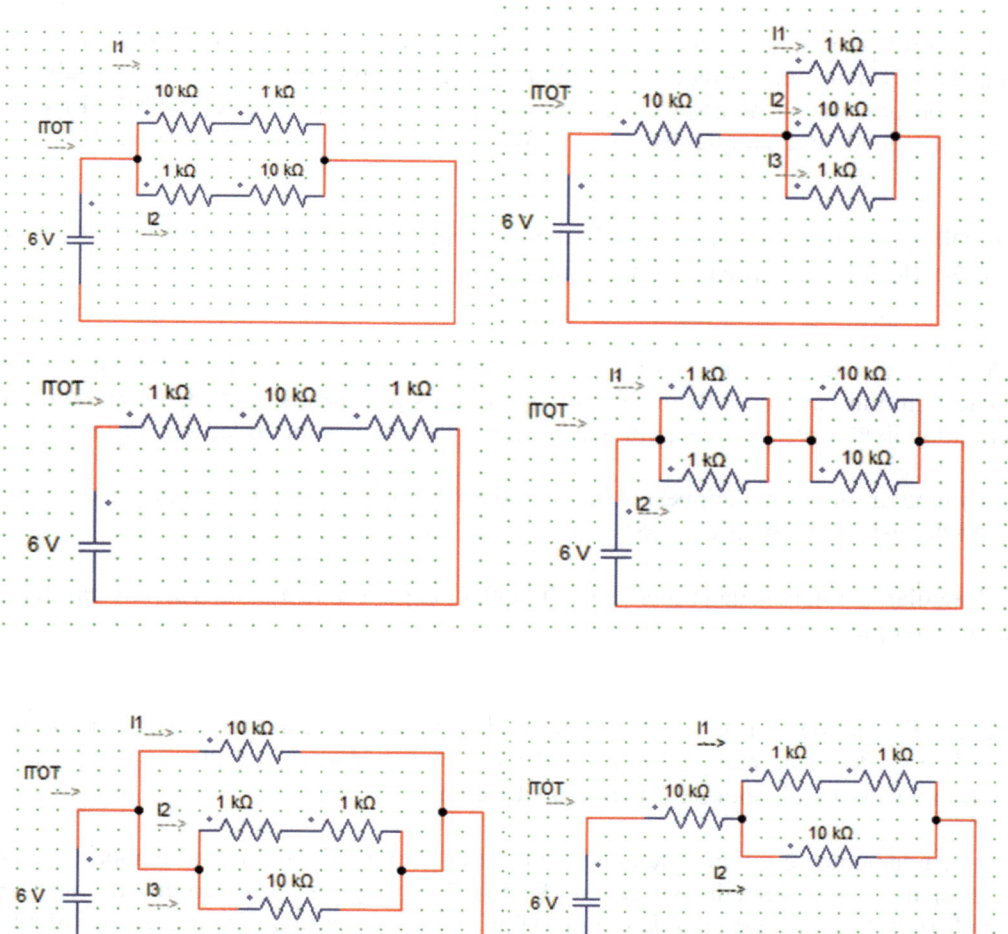

2.2. Tenemos una resistencia de 20 kΩ y al medirla con el téster resulta que mide 19,95 kΩ ¿está este valor dentro de los límites de fabricación? ¿qué factores pueden haber causado esta deriva? ¿se puede expresar dicha deriva como una resistencia en paralelo a la original? ¿de qué valor?

Seguidamente se usa el mismo téster para medir una resistencia de 1 MΩ, pero en este caso se va a tocar la resistencia con las manos (en el anterior caso no se llegó a tocar la resistencia). Sabemos que el cuerpo ofrece una resistencia de unos 3 MΩ, ¿afectará esto mucho a la nueva medida? ¿cuánto crees que será ahora el valor ofrecido por el téster?

2.3. Se mide con el téster una resistencia de 1 MΩ y se coloca en la *protoboard* y sin tocar con la mano nos ofrece un resultado de 0,982 MΩ. Seguidamente se vuelve a medir tocando con las manos y en este caso la medida ofrecida es de 0,880 MΩ. En este supuesto ¿puede indicar qué resistencia ofrece una persona al paso de corriente?

2.4. Dibujar un circuito con dos diodos led de forma que por los dos circulen 8mA. Para conseguirlo solo se puede usar una resistencia de 1kΩ.

2.5. Partiendo de una alimentación de 10 V se desea activar dos diodos led de 2 V de tensión umbral cada una. Plantear los dos circuitos posibles, serie y paralelo, con sus correspondientes resistencias para que la intensidad en cada diodo led sea de 16 mA.

Comparar ambas soluciones, serie y paralelo, para indicar cuál es la mejor desde tu punto de vista. Comparar esto con la instalación eléctrica de una casa.

Calcular la potencia de la fuente de alimentación para cada montaje, serie y paralelo, ¿cuál es mejor?

2.6. Se dispone de una pila de 9 V y de un diodo led rojo (con una tensión umbral de 1,7 V) y se desea montar un circuito tal que la intensidad sea de 20 mA. Dibujar el circuito y calcular el valor de R para esa situación.

Seguidamente se quiere que añadir un nuevo diodo led rojo, de tal manera que el anterior no quede afectado (sigan circulando 20 mA), y por el nuevo circule justo la mitad, 10 mA (así se enciende la mitad). Dibujar el nuevo circuito y obtener los valores de R adecuados.

2.7. Tenemos un circuito con un diodo led conectado en serie con una resistencia de 100 Ω y alimentado por 5 V, indicar cuánta intensidad circula por el diodo led si la caída de tensión asociada al diodo led es de 2,1 V. A continuación añadir un diodo led en paralelo al anterior y con una sola resistencia hacer que la corriente sea en ambos diodos led idéntica a la anterior.

Dibujar el circuito y explicar cómo se ha calculado el valor de *R* o qué razonamiento se ha seguido.

2.8. Se desea disponer de un circuito de corriente continua alimentado con 5 V y con dos diodos led (rojos o verdes) de manera que la intensidad que circule por uno de ellos sea el doble de la que circula por el otro, aproximadamente. La caída de tensión en cada diodo es del orden de 2 V, mientras que el margen de corriente está entre 10 mA y 30 mA.

¿Puede el montaje tener una sola resistencia? ¿Por qué?

2.9. Se conecta un diodo led rojo de 2 V de caída con una resistencia de 100 Ω para una pila de 6 V ¿qué corriente circula por el diodo? Calcúlese de nuevo esa corriente si el diodo además de los dos voltios tiene asociada una resistencia de 3 Ω en serie.

Seguidamente se añade un nuevo diodo en paralelo, pero este por alguna razón tiene una caída de 2,1 V y una resistencia de 3 Ω ¿qué corriente habrá en cada diodo?

¿Qué pasará si se pone un diodo verde con una caída de tensión de 2,4 V y una resistencia de 3 Ω?

Además de calcular es muy interesante simular ambos circuitos en Falstad y hacer el montaje en el laboratorio midiendo los valores con el multímetro.

2.10. Un amigo se ha comprado 10 diodos led amarillos para adornar el árbol de Navidad. Los diodos tienen una tensión umbral de 1,6 V y su corriente debe estar entre 10 mA y 20 mA. Para alimentar el árbol va a usar una batería de 12 V y 1,2 Ah y tiene la duda de saber qué es mejor ¿montar los diodos led en serie o en paralelo? Elaborar una tabla con las especificaciones y requisitos de cada montaje para que nuestro amigo elija con criterio. 1,2 Ah significa que esa batería es capaz de aportar 1200 mA en una hora, si la corriente fuera de 600 mA, entonces la batería duraría el doble, dos horas; y así sucesivamente para otros valores de corriente.

2.11. Dado el circuito de la figura y teniendo en cuenta que las resistencias solo pueden ser de 1 kΩ y 10 kΩ ¿qué valor corresponde a cada resistencia en el circuito?

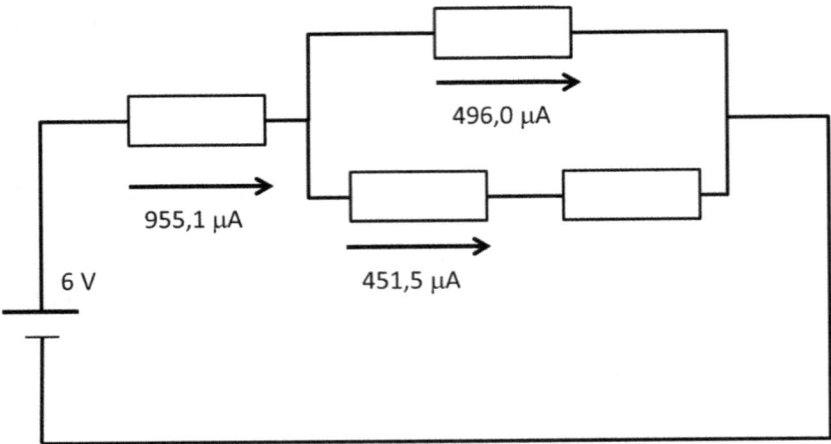

2.12. En una bolsa hay dos diodos led rojos con 2 V de tensión umbral y cuatro resistencias: 2 de 1 kΩ y 2 de 10 kΩ. La alimentación es de 12 V y se desea que la intensidad por cada diodo sea de unos 10 mA. Da al menos un circuito que cumpla con los requisitos establecidos, si son dos mejor (si es que se puede). Compara ambas soluciones.

2.13. Dado el circuito de la figura, y sabiendo que solo tenemos dos resistencias de 1 kΩ y dos de 10 kΩ, escribe en cada fila A/B/C/D según lo que creas correcto. Por ejemplo ¿cuál es el único valor posible para R_T? Escribirlo en A/B/C/D. ¿Cuál de las tres columnas es correcta para la corriente I_{R1}?

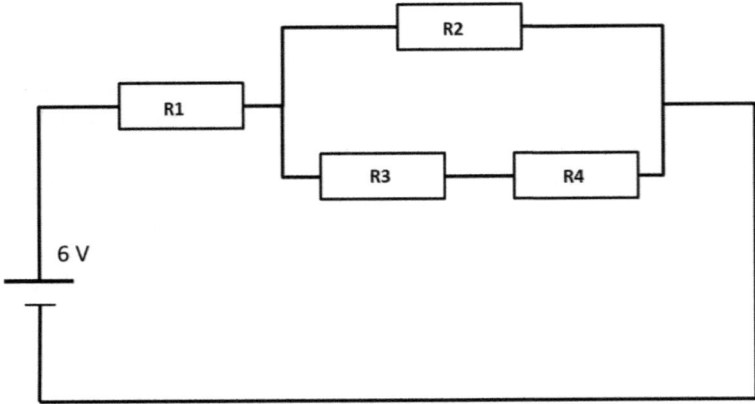

Concepto	A	B	C	Respuesta
R_T	5,05 kΩ	10,75 kΩ	1,95 kΩ	
V_{R1}	3,07 V	6,00 V	8,14 V	
I_{R1}	= IR2 * 2	= IR2 + IR34	< IT	
V_{R3}	= IR34 * R34	= IT * R3	= IR34*R3	
I_T	= VT * RT	= VT/R1	= VR1/R1	
Valores	R1=R2= 1 kΩ	R1=R2= 10 kΩ	R1 ≠ R2	

2.14. En el esquema de la figura, los dos diodos son iguales y tienen una tensión de polarización de 0,6 V.

Indicar qué intensidad de corriente circulará por cada una de las resistencias ¿a, b o c? Justifica la respuesta mediante cálculos y/o explicaciones necesarias.

a) $I_{R1} = 1$ mA; $I_{R2} = 1$ mA; $I_{R3} = 2$ mA

b) $I_{R1} = 0$ mA; $I_{R2} = 0$ mA; $I_{R3} = 2$ mA

c) $I_{R1} = 1,42$ mA; $I_{R2} = 0$ mA; $I_{R3} = 0$ mA

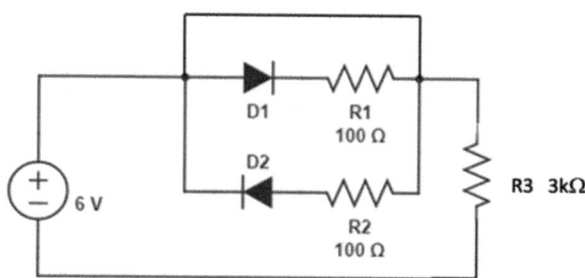

2.15. Dados los cuatro circuitos adjuntos indica qué valores deben tomar las resistencias para que se cumplan los requisitos de corriente establecidos. Si una opción no es posible, escribe "IMPOSIBLE" en ella. La tensión de alimentación para todos los circuitos es de 6 V y la caída de tensión asociada a los diodos led es de 2 V para todos.

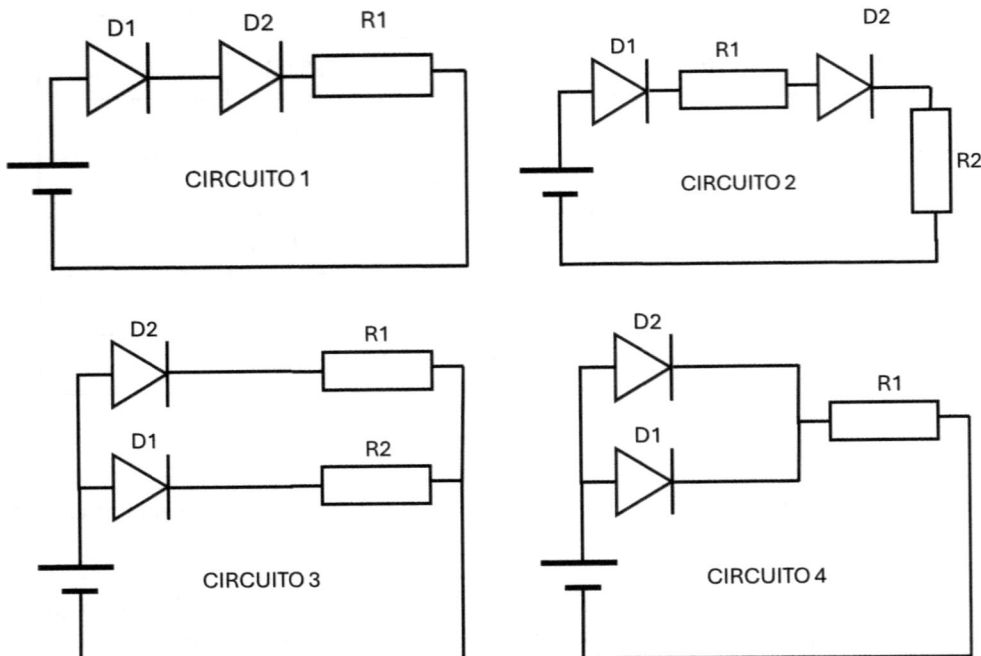

	Circuito 1	Circuito 2		Circuito 3		Circuito 4
	R_1	R_1	R_2	R_1	R_2	R_1
I_{D1}=10 mA I_{D2}=10 mA						
I_{D1}=20 mA I_{D2}=20 mA						
I_{D1}=10 mA I_{D2}=20 mA						

Capítulo **3**

CIRCUITOS DE
CORRIENTE ALTERNA

3.1. INTRODUCCIÓN

Una señal de corriente continua (DC) se describe simplemente por su valor, que es constante. Así ese valor puede ser de 5 V, 9 V o 1000 V, pero no hace falta decir nada más, e incluso su representación temporal gráfica no aporta mucho, es una simple línea recta constante. Si acaso hay que recordar que si ese valor de tensión de corriente continua sale de una pila (mando de la televisión) o de una batería (teléfono móvil), dicho valor va cayendo suavemente, hasta el punto de que hay que cargar la batería o comprar pilas nuevas.

En el caso de la señal de corriente alterna (AC), la tensión no es continua, es variable en el tiempo, cambia a cada instante. Este cambio no es aleatorio, sino que principalmente sigue un patrón sinusoidal, es decir, tiene un comportamiento sinusoidal, para cada instante (llamado t) su valor es $A \cdot \sin(x \cdot t)$. La pregunta es ¿y por qué sinusoidal? La primera respuesta es por qué no, y la siguiente es ¿se nos ocurre otra función? Esa nueva función no puede ser t o t^2, porque entonces la tensión subiría de forma indefinida hasta llegar a millones de voltios. Además, la tensión alterna es la que consumimos en casa y en la industria y su generación sigue el patrón definido por Nikola Tesla y este fue sinusoidal.

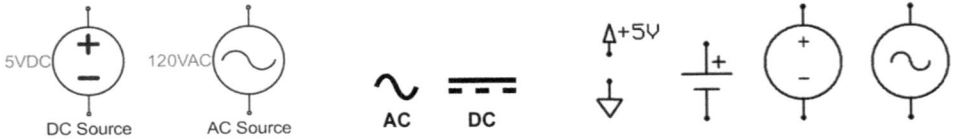

Figura 3.1. Distintos símbolos de circuitos de corriente alterna (AC) y continua (DC)

Existen otros tipos de señales alternas de interés para la electrónica: triangular, cuadrada, diente de sierra y aleatoria. Estas son señales típicas de laboratorio para analizar en detalle el comportamiento de ciertos circuitos, pero no lo son en fábricas, hogares e industria en general. Nuestro ámbito será tanto el del laboratorio, como el de aplicaciones prácticas.

En este momento es importante resaltar que la tensión que llega a los enchufes de nuestra casa es alterna, sinusoidal, no es continua. Es decir, la tensión de alimentación es usualmente sinusoidal y en muchos casos hay que convertirla en continua.

Este capítulo se centra básicamente en circuitos básicos de corriente alterna. En ellos se usan resistencias como en circuitos DC, pero también se usan condensadores y bobinas, cuya utilidad y uso se explican en este capítulo.

El capítulo comienza con los conceptos básicos de corriente alterna y con la descripción de los dispositivos de los circuitos básicos, seguidamente se analizan distintos circuitos de corriente alterna para finalmente describir los indicadores de un circuito de corriente alterna y utilizarlos en distintos circuitos útiles. Metodológicamente se utilizarán modelos matemáticos, el simulador Falstad, el laboratorio remoto VISIR y hojas de cálculo.

3.2. FUNDAMENTOS DE LA SEÑAL DE CORRIENTE ALTERNA

Antes de comenzar a analizar circuitos de corriente alterna, es importante introducir los fundamentos de las señales de corriente alterna.

3.2.1. Cómo se mide una señal de corriente alterna

Como ya se ha visto una señal DC se mide simplemente con su valor y no tiene sentido representarla gráficamente ya que es una simple línea recta.

En el caso de una señal de corriente alterna AC, la gráfica es interesante por ser visual, sin embargo, no se puede operar con ella. Menos sentido tiene todavía poner la lista de valores en una tabla: ni es visual ni es susceptible de cálculo matemático. Lo normal es usar su representación matemática

$$v(t) = V_{max} \cdot \sin(\omega \cdot t + \varphi)$$

$$i(t) = I_{max} \cdot \sin(\omega \cdot t + \varphi)$$

La expresión anterior se describe mediante algunos valores singulares que pueden verse en la Figura 3.2 (también es interesante consultar el punto 3.2.2):

- *Valor máximo* (V_{max} en V): máximo valor que alcanza la señal, dicho número es el que acompaña a la función sinusoidal en la función matemática. Es positivo.

- *Valor mínimo* (V_{min} en V): mínimo valor que alcanza la señal. Es negativo.

- *Valor pico a pico* (V_{pp} en V), *peak-to-peak*: distancia total entre el valor máximo y el mínimo, se debe expresar matemáticamente como $V_{pp} = V_{max} - V_{min}$, aunque más fácilmente se puede decir que es $V_{pp} = 2 \cdot V_{max}$ (no siempre).

- *Periodo* (*T* en s): es el tiempo que dura un ciclo de señal. No debe confundirse gráficamente el ciclo con el medio ciclo.

- *Frecuencia* (*f* en Hz): es la inversa del periodo $f = 1/T$ (y $T = 1/f$), e indica cuántos ciclos hay en un segundo, es decir, cuán *rápido* evoluciona la señal. Si su valor es de 1000 Hz (1 kHz), entonces es que en un segundo hay 1000 ciclos sinusoidales, o que un ciclo tarda 1 ms (milisegundo) en producirse. La frecuencia es mucho más usada que el periodo en ingeniería y ciencia.

- *Frecuencia angular* (*ω* en rad/s): pasa de Hz a radianes por segundo $\omega = 2 \cdot \pi \cdot f$. Hay que tener en cuenta que el seno lo es de una cantidad de grados o radianes (más usado matemáticamente) y, por tanto, *ω* nos permite pasar de ciclos a radianes, toda vez que un ciclo supone $2 \cdot \pi$ radianes.

- *Desfase* (*ϕ* en rad o en s) que solo tiene sentido cuando hay dos señales sinusoidales: mide cuánto adelanto o retraso tiene una señal respecto de otra. Se mide en radianes, y rara vez en segundos. Si se mide en segundos, el valor obtenido depende de *T*, mientras que en radianes el valor obtenido estará siempre entre 0 y $2 \cdot \pi$ radianes.

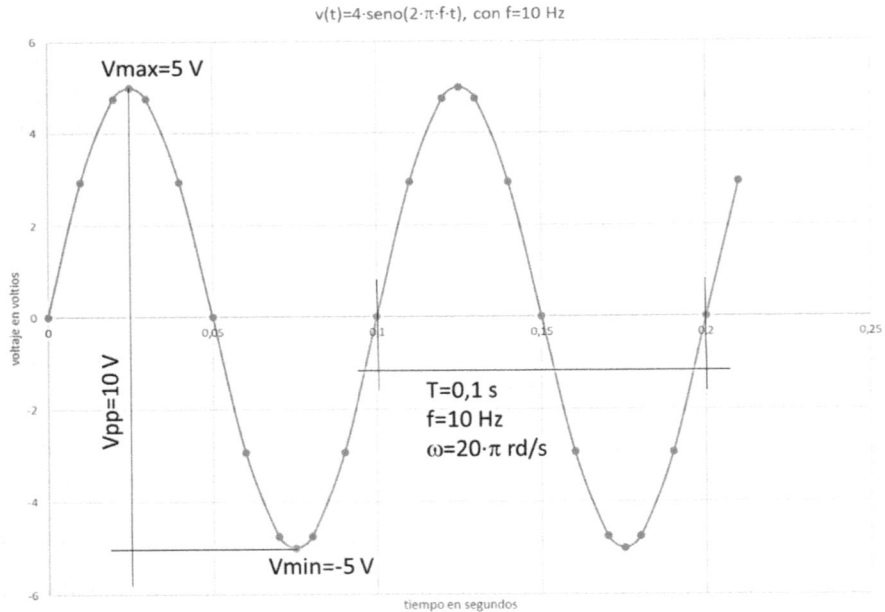

Figura 3.2. Representación de una tensión alterna y sus valores característicos

Resumiendo, una señal se puede describir mediante su frecuencia y con un valor, generalmente V_{max}, pero también es muy utilizado V_{pp}, en ambos casos son valores singulares.

Pero además del par anterior de valores, el científico y el ingeniero buscan valores que representen, no tanto un valor singular como un valor general, un valor que represente a la señal en su conjunto, en su área o energía. En este caso hay dos valores que se pueden ver en la Figura 3.3:

1. *Valor medio* (V_{cc} en V): es el valor medio de un ciclo de señal, es decir, representa al área de la señal (con signo). El área de una señal se obtiene mediante su expresión (por ejemplo, el área de un cuadrado es el lado al cuadrado (l^2) o calculando su integral. Visualmente se puede observar que para una señal alterna sinusoidal su valor medio siempre será 0, ya que sus semiciclos positivos se anulan con los negativos, o viceversa (siempre y cuando no tenga *offset* o *desviación* respecto del eje horizontal). Lo mismo ocurre para señales cuadradas, triangulares o en diente de sierra.

$$V_{cc} = Vmed = \frac{\int_0^T vi(t)\, dt}{T} = \frac{\int_0^T A \cdot sen(\omega t)\, dt}{T} =$$

$$= \frac{A}{T}[-cos(\omega t)]_0^T = 0$$

Por tanto, el valor medio, tan útil en estadística, no lo es para señales alternas.

2. *Valor eficaz* (V_{ef} o V_{rms} en V): es el valor medio cuadrático de la señal sinusoidal (*root mean square*). También se puede decir que es el valor medio de la señal sinusoidal considerando que todos sus semiciclos son positivos. Para conseguir que todos los semiciclos sean positivos se pueden tomar dos caminos: o bien la función valor absoluto, pero la integral del valor absoluto es muy compleja, o bien se eleva al cuadrado, ya que esta función siempre da como resultado un valor positivo. Las definiciones anteriores son matemáticas. El *valor eficaz* es el valor que tendría una señal de corriente continua para disipar u ofrecer la misma potencia que la señal sinusoidal.

Haciendo la integral el resultado es el siguiente (solo para una señal sinusoidal).

$$Vef = \sqrt{\frac{\int_0^T v(t)^2}{T}\, dt} = \sqrt{\frac{\int_0^T \left(A \cdot sen(\omega \cdot t)\right)^2}{T} dt}$$

$$V_{ef}^2 = \frac{\int_0^T \left(A \cdot sen(\omega \cdot t)\right)^2 dt}{T} = \frac{A^2}{T} \int_0^T \frac{1 - \cos(2 \cdot \omega \cdot t)}{2} \, dt =$$

$$= \frac{A^2}{T} \left[\frac{t}{2} - \frac{sen(2 \cdot \omega \cdot t)}{4\omega} \right]_0^T = \frac{A^2}{T} \cdot \frac{T}{2} = \frac{A^2}{2} = V_{ef}^2$$

$$V_{ef} = \frac{A}{\sqrt{2}} = \frac{V_{max}}{\sqrt{2}}$$

Este valor se empareja con la varianza y la desviación típica de estadística.

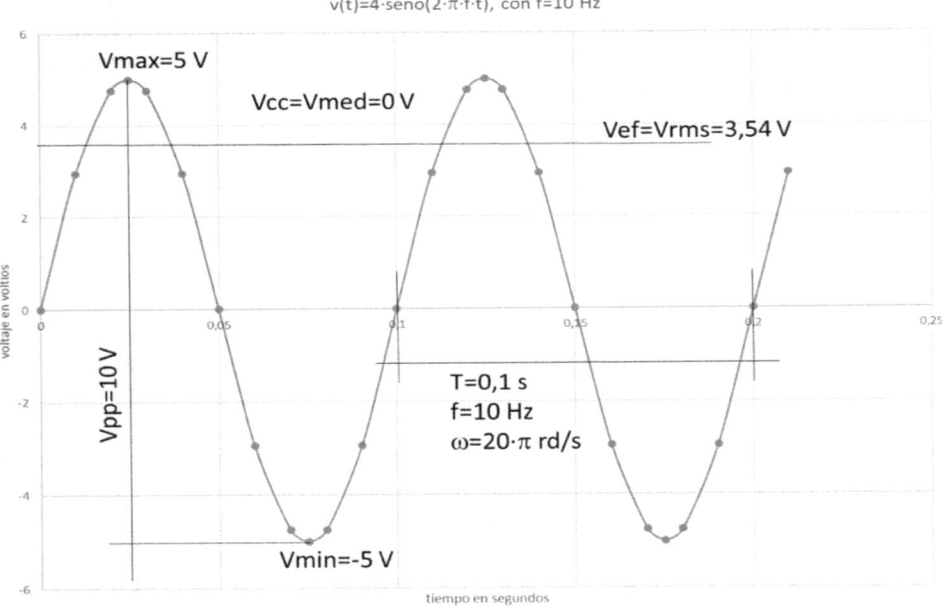

Figura 3.3. Valor medio y eficaz de una señal sinusoidal

Por ejemplo, la corriente alterna de un enchufe en Europa se caracteriza por sus 50 Hz de frecuencia y por sus 220 V de tensión eficaz, ¿cuál es el valor máximo de tensión que recibimos por el enchufe?

$$V_{max} = V_{ef} \cdot \sqrt{2} = 313 \, V$$

como se puede ver en la Figura 3.4.

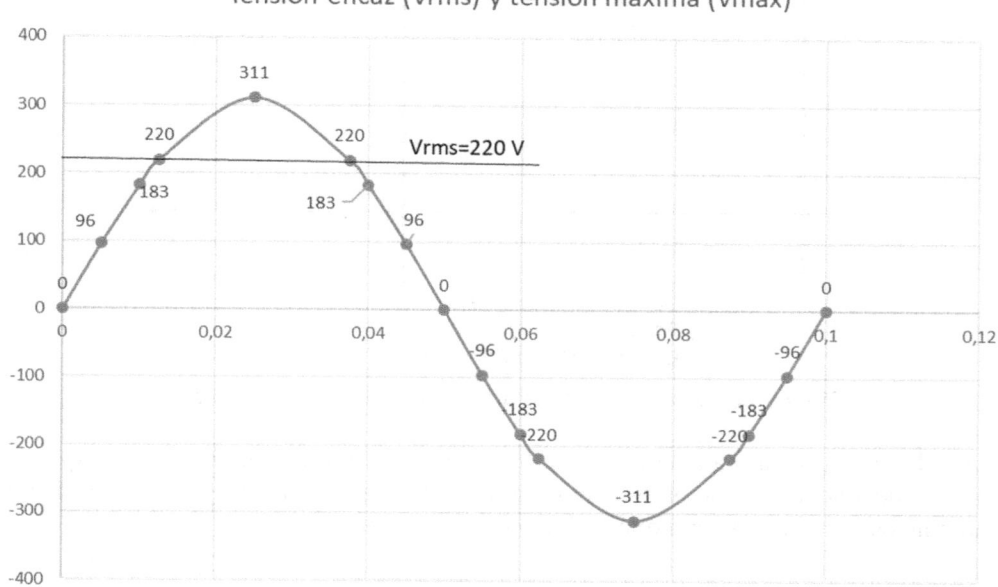

Figura 3.4. Valor máximo y eficaz de la tensión comercial en Europa

Lo anterior puede parecer un ejercicio puramente matemático, y lo es en el caso de que estemos trabajando de forma analítica, pero no así en el laboratorio.

Cuando en el laboratorio le pedimos a un equipo (un osciloscopio) que nos dé el máximo valor, el equipo nos dará el máximo de todos los recibidos, incluyendo los posibles errores o ruidos en la señal. Sin embargo, si le pedimos el valor eficaz o *rms*, al ser un valor medio, los errores y los ruidos quedarán atenuados en el valor calculado. Además, el valor eficaz nos ayuda a relacionar un circuito de corriente alterna con uno de corriente continua.

3.2.2. Representación de números complejos y el concepto de fasor

Empecemos con un recordatorio. Un número complejo se puede expresar de distintas formas (ver Figura 3.5):

- cartesiana (usando los ejes real e imaginario),
- polar (usando vectores con módulo y ángulo), o
- exponencial.

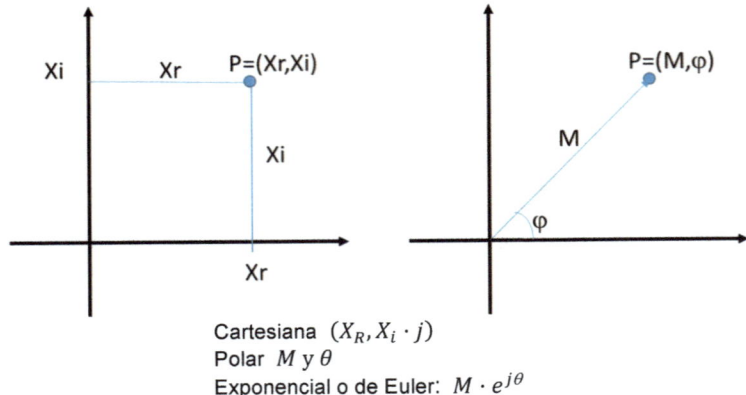

Cartesiana $(X_R, X_i \cdot j)$
Polar M y θ
Exponencial o de Euler: $M \cdot e^{j\theta}$

Figura 3.5. Representaciones gráficas de un número complejo

A la hora de operar matemáticamente la más popular y útil es la forma polar (y también la exponencial) que se basa en el módulo (M) y argumento (θ) y la más clara gráficamente es la cartesiana, aunque ambas están relacionadas.

$$módulo, M = \sqrt{X_R{}^2 + X_i{}^2}$$

y

$$argumento, \theta = arctan\frac{X_i}{X_R}$$

Sumar y restar números complejos es fácil con la notación cartesiana, mientras que multiplicar y dividir es sencillo con la notación polar o exponencial. En la resolución de circuitos de corriente alterna las operaciones más comunes son las dos últimas, y por tanto, es esta la que se usa más. Si hubiera mezcla de las cuatro operaciones (y otras), entonces habría que estar pasando de una representación a otra de forma repetida.

Si los condensadores y resistencias se representarán de forma polar ¿cómo se representará una entrada sinusoidal? ¿cómo se divide o multiplica una señal sinusoidal y un número complejo? Se introduce aquí el concepto de *fasor*, de forma que una señal sinusoidal A·sen(ωt) se convierte en un fasor que es un vector giratorio de módulo A que gira con una velocidad de ω radianes por segundo y que puede tener un desfase de φ. Es algo difícil de explicar, pero es fácil de visualizar: el vector se encuentra en $t = 0$ s en φ y gira a una determinada velocidad, de forma que, para cada valor de t, este ocupa una posición que proyectado sobre el eje imaginario se convierte en un valor. Este valor no es otro que el seno del ángulo formado por el vector con el eje real. Si el fasor gira varias veces (se repite el giro), entonces la señal sinusoidal se repite en el tiempo, como se puede intuir en la Figura 3.6.

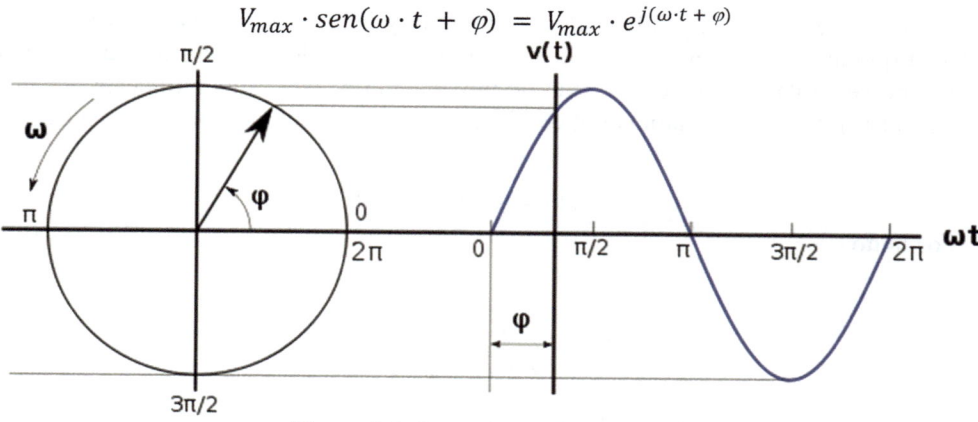

$$V_{max} \cdot sen(\omega \cdot t + \varphi) = V_{max} \cdot e^{j(\omega \cdot t + \varphi)}$$

Figura 3.6. Fasor y señal sinusoidal

Lo natural, lo expresivo, es usar la expresión sinusoidal, ya que esta es la que estamos acostumbrados a leer, $A \cdot sen(\omega t + \varphi)$. Mientras que lo útil para operar es el fasor con A, ω y φ. Al final es un tema de nomenclatura y de elegancia matemática, que muchas veces se resuelve escribiendo de una forma y operando de otra, con el consiguiente lío.

3.2.3. Condensadores y bobinas

Mientras que en los circuitos de corriente continua solo usábamos resistencias, en los circuitos de corriente alterna también vamos a usar condensadores y bobinas (ver Figura 3.7). En primer lugar, las describiremos de forma conceptual y matemática, y más adelante veremos su comportamiento eléctrico.

Inductor
o bobina

condensador

Figura 3.7. Bobinas y condensadores: símbolos y dispositivos

El condensador se caracteriza por su capacidad (C) medida en faradios (F) cuya escala más común son los microfaradios (μF). En el caso de la bobina o inductor, este se caracteriza por su inductancia medida en henrios (H) cuya escala más común son los milihenrios (mH).

En corriente alterna el condensador, el inductor y la resistencia se denominan X_C, X_L y X_R ya que no es lo mismo C que X_C, ni L que X_L. Cuando el circuito es de corriente alterna no se habla de resistencia, sino de impedancia, y esta está compuesta por la resistencia (X_R) y por la reactancia del condensador (X_C) y del inductor o bobina (X_L).

$$\text{Impedancia } (Z) = \frac{V}{I}$$

Por tanto

$$X_R = R$$

$$X_C = \frac{-j}{\omega \cdot C} = \frac{1}{j \cdot \omega \cdot C}$$

$$X_L = j \cdot \omega \cdot L$$

y en coordenadas polares

$$X_R = (R, 0)$$

$$X_C = \left(\frac{1}{\omega \cdot C}, -\frac{\pi}{2} \right)$$

$$X_L = \left(\omega \cdot L, \frac{\pi}{2} \right)$$

Estas expresiones han sido obtenidas en el Capítulo 1 y muestran que la reactancia está afectada por la frecuencia de la corriente, mientras que la resistencia no lo está. En ellas se ve que el valor de R no depende de ω, es un valor fijo, constante, igual a R. Mientras que X_C y X_L sí dependen de ω, por tanto, de f y, por tanto, de la entrada. Es decir, su valor final depende del valor de f, y por tanto, su comportamiento será distinto para cada entrada (cosa que no pasa con R). No olvidemos que X representa la reactancia, que es una medida de cuánto un dispositivo *impide* el paso de corriente. Así pues, podemos decir que, si f aumenta, aumenta la reactancia de la L, es decir, aumenta X_L, y lo contrario para C, ya que su valor X_C disminuye con el aumento de f. Además, la bobina introduce un adelanto de $\pi/2$ (90°) en la señal, mientras que el condensador introduce un retraso del mismo valor. Esta situación aporta riqueza y complejidad al análisis y diseño de circuitos de corriente alterna.

Matemáticamente podemos recordar el cálculo ya hecho con anterioridad.

Reactancia capacitiva

En un condensador la tensión y la corriente se expresan como:

$$V_C = \frac{Q}{C}$$

y por tanto

$$Q = V_C \cdot C = V_{max} \cdot sen(\omega \cdot t) \cdot C$$

$$I_C = \frac{dQ}{dt} = \omega \cdot C \cdot V_{max} \cdot cos(\omega \cdot t)$$

lo que trigonométricamente es

$$I_C = \omega \cdot C \cdot V_{max} \cdot sen\left(\omega \cdot t + \frac{\pi}{2}\right)$$

Además, sabemos que se sigue cumpliendo la Ley de Ohm

$$Z = \frac{V}{I}$$

o

$$I = \frac{V}{Z}$$

Por simple inspección vemos que lo que *diferencia* a I de V son por un lado la aparición de un desfase de $\pi/2$ radianes y que el valor máximo está multiplicado por $\omega \cdot C$. Toda vez que Z divide a V, se puede concluir que:

- en coordenadas polares

$$Z = X_C = \left(\frac{1}{\omega \cdot C}, -\frac{\pi}{2}\right) = \frac{1}{\omega \cdot C} \cdot e^{-j\frac{\pi}{2}}$$

- en coordenadas cartesianas

$$X_C = -j \cdot \frac{1}{\omega \cdot C} = \frac{1}{j \cdot \omega \cdot C}$$

Reactancia inductiva

Para la bobina las expresiones de su corriente y voltaje son:

$$V_L = L \cdot \frac{dI}{dt}$$

y por tanto

$$L \cdot \frac{dI_L}{dt} = V_{max} \cdot sen(\omega \cdot t)$$

por lo que

$$I_L = \int \frac{V_{max}}{L} \cdot sen(\omega \cdot t) \cdot dt = -\frac{V_{max}}{\omega \cdot L} \cdot cos(\omega \cdot t) = \frac{V_{max}}{\omega \cdot L} \cdot sen\left(\omega \cdot t - \frac{\pi}{2}\right)$$

De nuevo y por simple inspección vemos que lo que *diferencia* a I de V son por un lado la aparición de un desfase de $-\pi/2$ radianes y que el valor máximo está dividido por ωL. Toda vez que Z divide a V, se puede concluir que:

- en coordenadas polares

$$Z = X_L = \left(\omega \cdot L, \frac{\pi}{2}\right) = \omega \cdot L \cdot e^{j\frac{\pi}{2}}$$

- o en coordenadas cartesianas

$$X_L = j \cdot \omega \cdot L$$

3.3. ASOCIACIÓN DE RESISTENCIAS, CONDENSADORES Y BOBINAS

Los circuitos básicos más típicos de corriente alterna son: el RC (resistencia y condensador), RL (resistencia y bobina) y RLC (resistencia, bobina y condensador).

El primer paso para resolver un circuito RC, RL o RLC consiste en hallar la impedancia total.

3.3.1. Impedancia total de circuito RC (resistencia y condensador)

El circuito de la Figura 3.8 es un circuito RC con la resistencia y el condensador en serie.

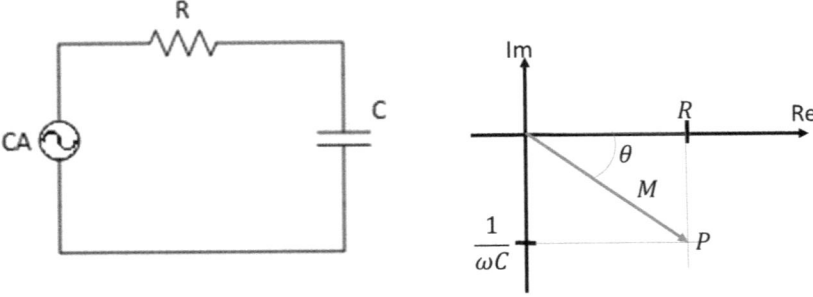

Figura 3.8. Circuito RC

El cálculo de la impedancia total se convierte en un ejercicio analítico gráfico.

$$Z = R + X_C \cdot j = (M, \theta) = M \cdot e^{j \cdot \theta}$$

donde

$$M = \sqrt{R^2 + X_C^2}, \theta = arctg\left(\frac{X_C}{R}\right)$$

Si

$$X_C = -\frac{1}{\omega \cdot C} \quad M = \sqrt{\frac{(R \cdot \omega \cdot C)^2 + 1}{(\omega \cdot C)^2}} \quad \theta = arctg\left(-\frac{1}{\omega \cdot C \cdot R}\right)$$

3.3.2. Impedancia total de circuito RL (resistencia y bobina)

El circuito de la Figura 3.9 es un RL con la resistencia y la bobina en serie.

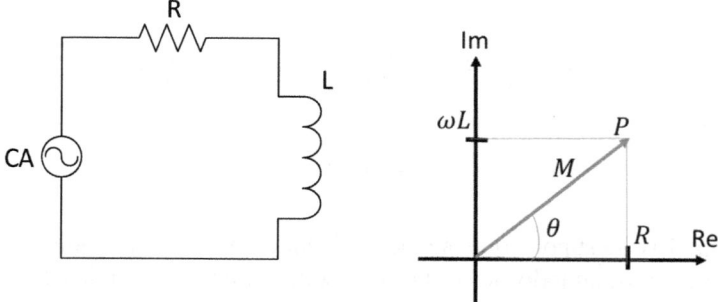

Figura 3.9. Circuito RL

La impedancia será:

$$Z = R + X_L \cdot j = (M, \theta) = M \cdot e^{j \cdot \theta}$$

donde

$$M = \sqrt{R^2 + X_L^2}$$

$$\theta = arctg\left(\frac{X_L}{R}\right)$$

$$X_L = \omega \cdot L$$

3.3.3. Impedancia total de circuito RLC (resistencia, bobina y condensador)

El circuito de la Figura 3.10 es un RLC con la resistencia, la bobina y el condensador en serie.

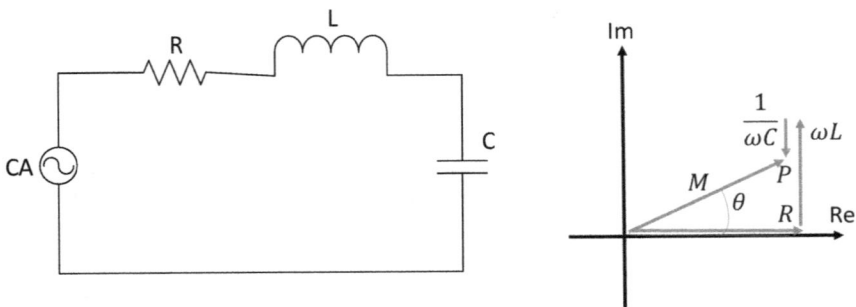

Figura 3.10. Circuito RLC

$$Z = R + X_{TOT} \cdot j = (M, \theta) = M \cdot e^{j \cdot \theta}$$

donde

$$M = \sqrt{R^2 + X_{TOT}^2} \quad \theta = arctg\left(\frac{X_{TOT}}{R}\right)$$

Y por tanto,

$$X_{TOT} = \omega \cdot L - \frac{1}{\omega \cdot C}$$

En la Figura 3.10 se supone que la reactancia inductiva es mayor que la capacitiva, pero no tiene por qué ser así en todos los casos. Es decir, el cálculo depende de cada situación en particular.

3.3.4. Conexiones en paralelo de R, L y C

Desde un punto de vista teórico, lo mismo que hay conexiones en serie, también las hay en paralelo y por tanto, se podrían plantear conexiones RC, RL y RLC en paralelo.

Para calcular las impedancias totales resultantes solo hay que tener en cuenta lo ya calculado para X_C y X_L y recordar que en paralelo

$$\frac{1}{Z} = \frac{1}{R} + \frac{1}{X_C} \quad o \quad \frac{1}{Z} = \frac{1}{R} + \frac{1}{X_L} \quad o \quad \frac{1}{Z} = \frac{1}{R} + \frac{1}{X_C} + \frac{1}{X_L}$$

3.3.5. Análisis cualitativo de la impedancia y simulación de la reactancia

Más allá de los cálculos, se pueden hacer algunas consideraciones cualitativas.

Para un circuito RC:

* La resistencia R no depende de la frecuencia de entrada, se mantiene fija.
* En un circuito RC, el voltaje almacenado en el condensador es tanto mayor, cuanto menor sea la frecuencia, ya que su X_C será mayor y con ella será mayor su *caída de tensión*.
* En un RC, el voltaje en el condensador estará retrasado respecto al de entrada.
* La suma de $v_r(t)$ y $v_c(t)$ debe ser igual a $v_i(t)$ y aunque no parezca evidente, el retraso en el condensador se compensará con el adelanto en la resistencia.

Para un circuito RL:

* La resistencia R no depende de la frecuencia de entrada, se mantiene fija.
* En un RL, la caída de tensión en la bobina es tanto mayor, cuanto mayor sea la frecuencia, ya que su X_L será mayor y con ella será mayor su *caída de tensión*.
* En un circuito RL, el voltaje en la bobina estará adelantado respecto del de entrada.
* La suma de $v_r(t)$ y $v_l(t)$ debe ser igual a $v_i(t)$ y para ello, el adelanto en la bobina se compensará con el retraso en la resistencia.

En un circuito RC en paralelo:

* La resistencia se mantiene constante, y con ella la *atracción* de corriente hacia la resistencia.
* La reactancia capacitiva disminuye con el aumento de la frecuencia, es decir, si la corriente es de alta frecuencia irá en mayor medida hacia el condensador que hacia la resistencia.
* La reactancia capacitiva aumenta con la disminución de la frecuencia, es decir, si la corriente es de baja frecuencia irá en menor medida hacia el condensador que hacia la resistencia.

En principio debería bastarnos con las expresiones matemáticas anteriores para ser conocedores de los efectos de cada dispositivo en cada circuito, pero también es cierto que el uso de un simulador nos facilita mucho las cosas por dos razones: el comportamiento se ve en una gráfica y podemos cambiar los valores de f, R, C y L con facilidad.

También se puede hacer lo mismo utilizando una hoja de cálculo. Por ejemplo, la Figura 3.11 muestra el comportamiento de sendos circuitos con solo un condensador o con una bobina, sin resistencia alguna, $f = 40$ Hz, $\omega = 2 \cdot \pi \cdot 40$ rad/s, $V_{max} = 5$ V.

La gráfica de abajo de la Figura 3.11 se corresponde con un condensador y la superior, con una bobina. En la primera se ve que la corriente va adelantada $\pi/2$ radianes respecto de la tensión de entrada, es decir, $T/4$ segundos ($2 \cdot \pi$ le corresponden T segundos). En el segundo caso la corriente va retrasada $\pi/2$ radianes.

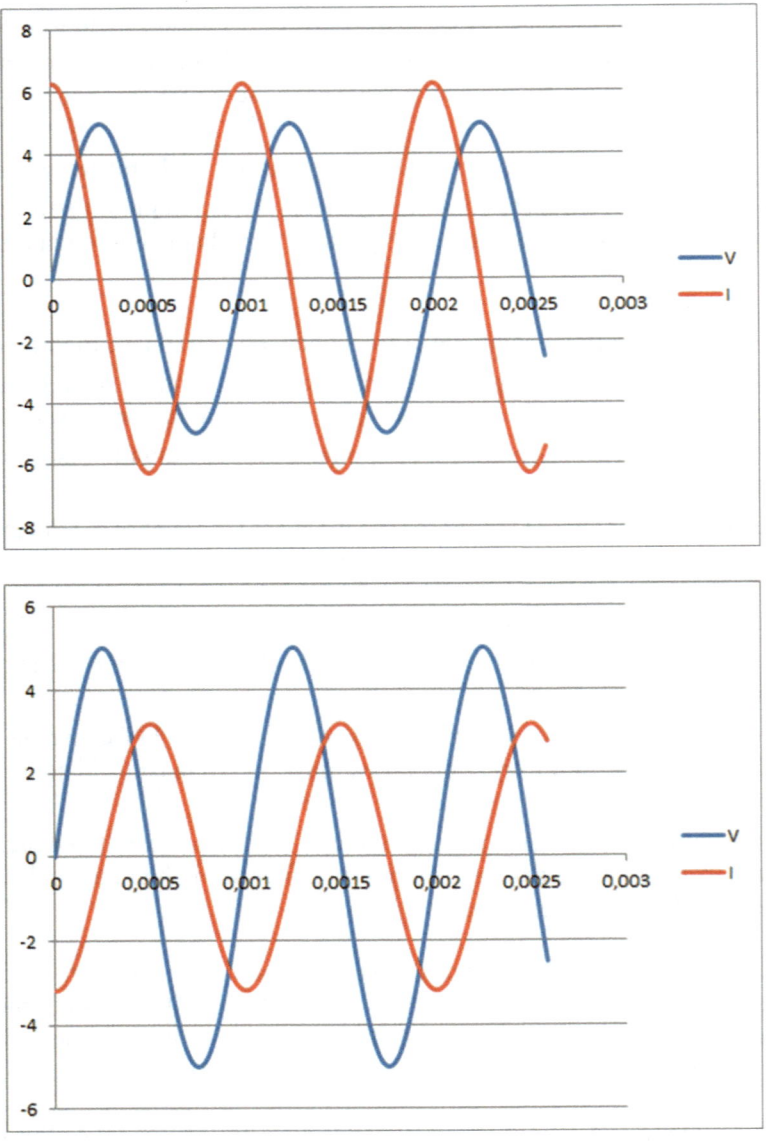

Figura 3.11. Simulación de tensión vs corriente

3.4. CIRCUITOS BÁSICOS DE CORRIENTE ALTERNA

Una vez planteados los fundamentos matemáticos y conceptuales de la corriente alterna, el siguiente paso consiste en resolver, simular y experimentar con circuitos básicos de corriente alterna.

3.4.1. Análisis de un circuito RC (resistencia y condensador)

El circuito de la Figura 3.12 puede ser resuelto analíticamente.

Tenemos un circuito con los siguientes valores:

$R = 1 \text{ k}\Omega$,

$C = 1 \text{ } \mu\text{F}$

$v_i(t) = 5 \cdot \text{sen}(2000 \cdot \pi \cdot t)$

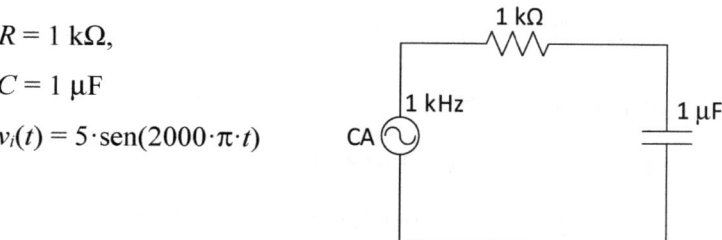

Figura 3.12. Circuito RC

Cálculo de la impedancia total

$$Z = R + X_C \cdot j = (M, \theta) = M \cdot e^{j \cdot \theta}$$

donde

$$M = \sqrt{R^2 + X_C^2}$$

y

$$\theta = arctg\left(\frac{X_C}{R}\right)$$

Si

$$X_C = -\frac{1}{\omega \cdot C},$$

entonces

$$M = \sqrt{\frac{(R \cdot \omega \cdot C)^2 + 1}{(\omega \cdot C)^2}} \quad \theta = arctg\left(-\frac{1}{\omega \cdot C \cdot R}\right)$$

Sustituyendo

$$Z = 1000 - 159,15 \cdot j = (1012,59, -0,158 \, rd) = 1012,59 \cdot e^{-j \cdot 0,158} \, \Omega$$

Cálculo de la intensidad

$$i(t) = \frac{v(t)}{Z} = \frac{5 \cdot sen(2 \cdot \pi \cdot 1000 \cdot t)}{(1012,59, -0,158)} = \frac{5 \cdot e^{j \cdot 2 \cdot \pi \cdot 1000 \cdot t}}{1012,59 \cdot e^{-j \cdot 0,158}}$$

$$= 0,00494 \cdot e^{j(2 \cdot \pi \cdot 1000 \cdot t + \cdot 0,158)} =$$

$$i(t) = 4,94 \cdot sen(2 \cdot \pi \cdot 1000 \cdot t + 0,158) \text{ mA}$$

Cálculo de tensiones

$$v_r(t) = R \cdot i(t) = 4,94 \cdot sen(2 \cdot \pi \cdot 1000 \cdot t + 0,158) \text{ V}$$

$$v_c(t) = X_c \cdot i(t) = \left(159,15 \angle -\frac{\pi}{2}\right) \cdot 4,94 \cdot sen(2 \cdot \pi \cdot 1000 \cdot t + 0,158) =$$

$$= 159,15 \cdot e^{-j\frac{\pi}{2}} \cdot 0,00494 \cdot e^{j(2 \cdot \pi \cdot 1000 \cdot t + \cdot 0,158)} = 0,786 \cdot e^{j(2 \cdot \pi \cdot 1000 \cdot t - 1,413)} =$$

$$= 0,786 \cdot sen(2 \cdot \pi \cdot 1000 \cdot t - 1,413) \text{ V}$$

Una pregunta interesante surge de la observación de la ley de Kirchhoff:

$$v_i(t) = v_r(t) + v_c(t)$$

$$v_i(t) = 4,94 \cdot sen(2 \cdot \pi \cdot 1000 \cdot t + 0,158) + 0,786 \cdot sen(2 \cdot \pi \cdot 1000 \cdot t - 1,413) \text{ V}$$

Si sumamos ambos valores máximos vemos que se superan los 5 V de la entrada ¿qué está pasando? Simplemente resulta que en ningún momento se van a dar simultáneamente en el tiempo ambos valores, ya que la tensión en el condensador está desfasada 1,413 radianes.

El simulador Falstad es una opción sencilla, gratuita y disponible online que se puede encontrar en: https://www.falstad.com/circuit/. La Figura 3.13 muestra el circuito a simular.

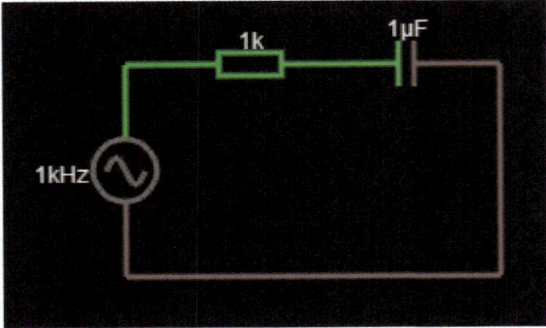

Figura 3.13. Circuito RC en Falstad

La Figura 3.14 muestra las tensiones y corrientes del circuito simulado en Falstad. De izquierda a derecha se puede visualizar la entrada, las tensiones en la resistencia y el condensador. Los valores obtenidos coinciden con los calculados.

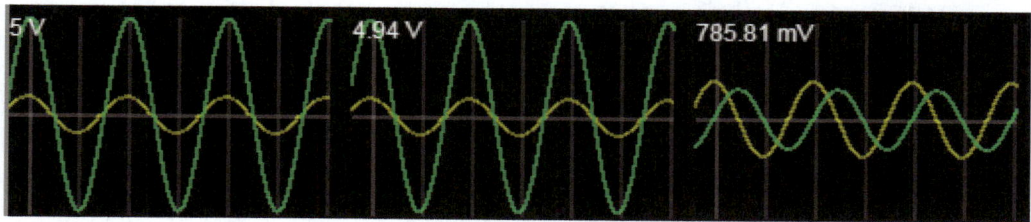

Figura 3.14. Simulación del circuito RC en Falstad

También se puede resolver el circuito RC para cualquier valor de f, R y C.

La impedancia será:

$$Z = R + X_C \cdot j = (M, \theta) = M \cdot e^{j \cdot \theta}$$

donde

$$M = \sqrt{R^2 + X_C^2}$$

y

$$\theta = arctg\left(\frac{X_C}{R}\right)$$

Si

$$X_C = -\frac{1}{\omega \cdot C} \quad M = \sqrt{\frac{(R \cdot \omega \cdot C)^2 + 1}{(\omega \cdot C)^2}} \quad \theta = arctg\left(-\frac{1}{\omega \cdot C \cdot R}\right)$$

$$i(t) = \frac{v(t)}{Z_{tot}} = \frac{V_{max} \cdot e^{j \cdot \omega \cdot t}}{\sqrt{\frac{(R \cdot \omega \cdot C)^2 + 1}{(\omega \cdot C)^2}} \cdot e^{j \cdot arctg\left(-\frac{1}{\omega \cdot C \cdot R}\right)}} =$$

$$= \frac{V_{max}}{\sqrt{\frac{(R \cdot \omega \cdot C)^2 + 1}{(\omega \cdot C)^2}}} \cdot e^{j \cdot \left(\omega \cdot t - arctg\left(-\frac{1}{\omega \cdot C \cdot R}\right)\right)}$$

$$i(t) = \frac{V_{max}}{\sqrt{\frac{(R \cdot \omega \cdot C)^2 + 1}{(\omega \cdot C)^2}}} \cdot sen\left(\omega \cdot t - arctg\left(-\frac{1}{\omega \cdot C \cdot R}\right)\right)$$

$$v_R(t) = \frac{R}{\sqrt{\dfrac{(R \cdot \omega \cdot C)^2 + 1}{(\omega \cdot C)^2}}} \cdot V_{max} \cdot sen\left(\omega \cdot t - arctg\left(-\frac{1}{\omega \cdot C \cdot R}\right)\right)$$

$$v_R(t) = \frac{R \cdot \omega \cdot C}{\sqrt{(R \cdot \omega \cdot C)^2 + 1}} \cdot V_{max} \cdot sen\left(\omega \cdot t - arctg\left(-\frac{1}{\omega \cdot C \cdot R}\right)\right)$$

$$v_C(t) = \frac{1}{\omega \cdot C \cdot \sqrt{\dfrac{(R \cdot \omega \cdot C)^2 + 1}{(\omega \cdot C)^2}}} \cdot V_{max} \cdot sen\left(\omega \cdot t - arctg\left(-\frac{1}{\omega \cdot C \cdot R}\right) - \frac{\pi}{2}\right)$$

$$v_C(t) = \frac{1}{\sqrt{(R \cdot \omega \cdot C)^2 + 1}} \cdot V_{max} \cdot sen\left(\omega \cdot t - arctg\left(-\frac{1}{\omega \cdot C \cdot R}\right) - \frac{\pi}{2}\right)$$

Estas ecuaciones se pueden plantear con cierta facilidad en una hoja de cálculo y así obtener las gráficas de corriente e intensidad.

Análisis cualitativo de un circuito RC

Las expresiones anteriores obtenidas describen el voltaje en R y en C.

$$v_R(t) = \frac{R \cdot \omega \cdot C}{\sqrt{(R \cdot \omega \cdot C)^2 + 1}} \cdot V_{max} \cdot sen\left(\omega \cdot t - arctg\left(-\frac{1}{\omega \cdot C \cdot R}\right)\right)$$

$$v_C(t) = \frac{1}{\sqrt{(R \cdot \omega \cdot C)^2 + 1}} \cdot V_{max} \cdot sen\left(\omega \cdot t - arctg\left(-\frac{1}{\omega \cdot C \cdot R}\right) - \frac{\pi}{2}\right)$$

Es interesante analizar qué pasa en un circuito RC *en los extremos*. Se trata de exagerar el comportamiento del circuito RC, llevando las expresiones a los límites, para que de esta forma el análisis aun siendo grosero, sea útil por ser más cualitativo.

1. Si $R \cdot \omega \cdot C \gg 1$, entonces las expresiones anteriores se convierten en las siguientes.

$$v_R(t) = \frac{R \cdot \omega \cdot C}{R \cdot \omega \cdot C} \cdot V_{max} \cdot sen\left(\omega \cdot t - arctg\left(-\frac{1}{\omega \cdot C \cdot R}\right)\right) = V_{max} \cdot sen(\omega \cdot t)$$

$$v_C(t) = \frac{1}{R \cdot \omega \cdot C} \cdot V_{max} \cdot sen\left(\omega \cdot t - arctg\left(-\frac{1}{\omega \cdot C \cdot R}\right) - \frac{\pi}{2}\right) = 0$$

Es decir, toda la caída tensión se produce en la resistencia y nada en el condensador. Es decir, el condensador y su efecto son despreciables frente a la resistencia en términos de voltaje.

¿Cuándo se da que $R \cdot \omega \cdot C \gg 1$? En este caso merece la pena escribir la impedancia de una forma distinta.

$$módulo\ de\ Z = \sqrt{R^2 + \frac{1}{(\omega \cdot C)^2}}$$

y por tanto, la expresión queda

$$R \gg \frac{1}{\omega \cdot C}$$

Si R es muy grande es lógico que predomine sobre el condensador. Pero ¿cuándo se da lo contrario? Pues cuando $\omega \cdot C$ es muy grande (y así su inversa es muy pequeña) y esa situación se da cuando la frecuencia es muy elevada o cuando el condensador es muy grande. Cuidado porque puede parecer que una frecuencia de 1000 Hz es mucho, pero es que el condensador suele ser del orden micras, y por tanto, su producto puede seguir siendo muy bajo. Además, no olvidemos que no es alto o bajo en términos absolutos, sino frente a R, que suele ser del orden de miles de ohmios.

Nota. ¿Cuándo es algo mucho más grande que otra cosa? ¿cinco veces más es suficiente? ¿diez veces más? Este criterio depende de cada diseñador.

2. Si $R \cdot \omega \cdot C \ll 1$, entonces las expresiones anteriores se convierten en las siguientes.

$$v_R(t) = \frac{R \cdot \omega \cdot C}{1} \cdot V_{max} \cdot sen\left(\omega \cdot t - arctg\left(-\frac{1}{\omega \cdot C \cdot R}\right)\right) = 0$$

$$v_C(t) = \frac{1}{1} \cdot V_{max} \cdot sen\left(\omega \cdot t - arctg(-\infty) - \frac{\pi}{2}\right) = V_{max} \cdot sen(\omega \cdot t)$$

Este caso es el complementario del anterior: toda la caída de tensión se produce en el condensador, y nada en la resistencia. Si no hay caída de tensión en la resistencia eso quiere decir que la corriente es nula. Esta situación es consistente con lo que ocurre en el condensador, ya que si aquí la tensión es igual a la tensión en la entrada es porque el condensador se comporta como un circuito abierto, y por tanto, en el circuito RC no circula corriente.

¿Cuándo se da que $R \cdot \omega \cdot C \ll 1$? En este caso de nuevo merece la pena escribir la impedancia de una forma distinta.

$$Módulo\ de\ Z = \sqrt{R^2 + \frac{1}{(\omega \cdot C)^2}}$$

y por tanto, la expresión queda

$$R \ll \frac{1}{\omega \cdot C}$$

Si R es muy pequeña es lógico que predomine el condensador sobre ella. Pero ¿cuándo se da lo contrario? Pues cuando $\omega \cdot C$ es muy pequeño (y por debajo de 1 a ser posible), y esta situación se da principalmente cuando la frecuencia es muy baja. Es decir, si la señal de entrada es de una frecuencia muy baja, entonces toda ella llegará a la salida. Una señal de frecuencia 0 Hz no es otra cosa que una señal de corriente continua, y un condensador alimentado en corriente continua se comporta como un circuito abierto, es decir, lo dicho es consistente con lo obtenido anteriormente.

El análisis anterior para los puntos 1 y 2 es muy grosero ya que manipula aisladamente a R, ω y C, pero no hay que olvidar que por un lado hay una multiplicación $\omega \cdot C$ y que, por otro lado, dicho valor se compara con R, y por tanto, no se trata de comparaciones absolutas, sino relativas.

3.4.2. Análisis de un circuito RL (resistencia y bobina)

El circuito de la Figura 3.15 puede ser resuelto analíticamente.

Tenemos un circuito con los siguientes valores:

$R = 1$ kΩ

$L = 10$ mH

$v_i(t) = 5 \cdot \text{sen}(2000 \cdot \pi \, t)$

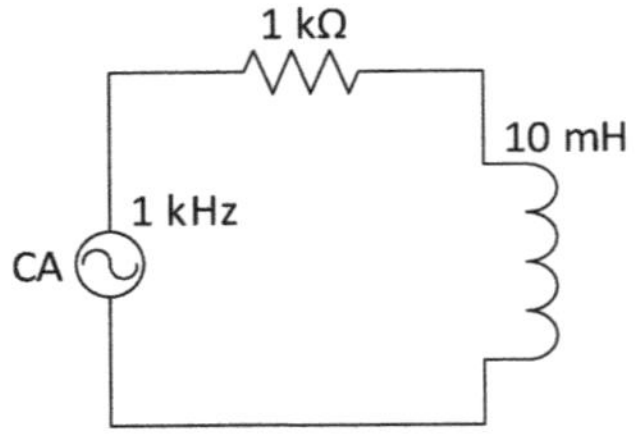

Figura 3.15. Circuito RL

Impedancia total

La impedancia será:

$$Z = R + X_L \cdot j = (M, \theta) = M \cdot e^{j \cdot \theta}$$

donde

$$M = \sqrt{R^2 + X_L^2},$$

y

$$\theta = arctg\left(\frac{X_L}{R}\right)$$

Si $X_L = j \cdot \omega \cdot L$

$$M = \sqrt{(\omega \cdot L)^2 + R^2}$$

$$\theta = arctg\left(\frac{\omega \cdot L}{R}\right)$$

Sustituyendo

$$Z = 1000 + 62{,}832 \cdot j = (1001{,}97, 0{,}063 \, rd) = 1001{,}97 \cdot e^{j \cdot 0{,}063} \, \Omega$$

Cálculo de la intensidad

$$i(t) = \frac{v(t)}{Z} = \frac{5 \cdot sen(2 \cdot \pi \cdot 1000 \cdot t)}{1001{,}97 \cdot e^{j \cdot 0{,}063}} = \frac{5 \cdot e^{j \cdot 2 \cdot \pi \cdot 1000 \cdot t}}{1001{,}97 \cdot e^{j \cdot 0{,}063}}$$

$$i(t) = 0{,}00499 \cdot sen(2 \cdot \pi \cdot 1000 \cdot t - 0{,}063) \, \text{mA}$$

Cálculo de tensiones

$$v_r(t) = R \cdot i(t) = 4{,}99 \cdot sen(2 \cdot \pi \cdot 1000 \cdot t - 0{,}063) \, \text{V}$$

$$v_L(t) = X_L \cdot i(t) = 62{,}832 \cdot e^{j\frac{\pi}{2}} \cdot 0{,}00499 \cdot e^{j(2 \cdot \pi \cdot 1000 \cdot t - 0{,}063)}$$

$$= 62{,}832 \cdot e^{j\frac{\pi}{2}} \cdot 0{,}00499 \cdot e^{j(2 \cdot \pi \cdot 1000 \cdot t - 0{,}063)}$$

$$= 0{,}314 \cdot e^{j\left(2 \cdot \pi \cdot 1000 \cdot t - 0{,}063 + \frac{\pi}{2}\right)}$$

$$v_L(t) = 0{,}314 \cdot sen(2 \cdot \pi \cdot 1000 \cdot t + 1{,}51) \, \text{V}$$

El circuito RL también se puede simular en Falstad. La primera señal de la Figura 3.16 es la entrada, la segunda y la tercera son las tensiones en la resistencia y en la bobina, respectivamente.

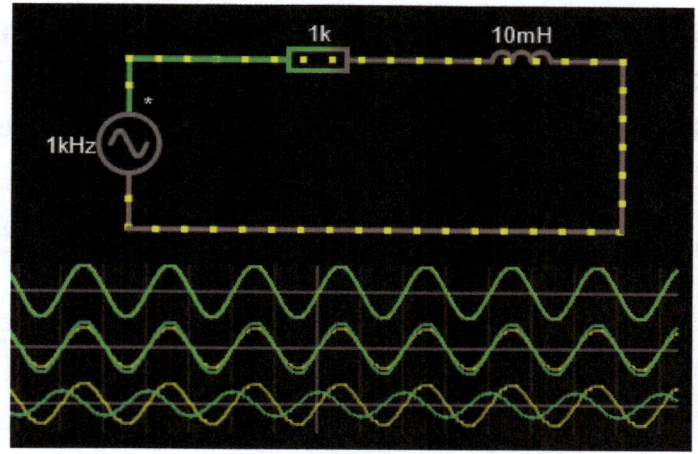

Figura 3.16. Simulación del circuito RL

De nuevo se puede plantear la solución para cualquier circuito RL.

$$Z_{TOT} = R + X_L \cdot j = (M, \theta) = M \cdot e^{j \cdot \theta}$$

donde

$$M = \sqrt{R^2 + X_L^2},$$

y

$$\theta = arctg\left(\frac{X_L}{R}\right)$$

Si

$$X_L = j \cdot \omega \cdot L, \qquad M = \sqrt{(\omega \cdot L)^2 + R^2}, \qquad \theta = arctg\left(\frac{\omega \cdot L}{R}\right)$$

$$i(t) = \frac{v(t)}{Z_{tot}} = \frac{V_{max} \cdot sen(\omega \cdot t)}{\sqrt{(\omega \cdot L)^2 + R^2} \cdot e^{j \cdot arctg\left(\frac{\omega \cdot L}{R}\right)}} = \frac{V_{max} \cdot e^{j \cdot \omega \cdot t}}{\sqrt{(\omega \cdot L)^2 + R^2} \cdot e^{j \cdot arctg\left(\frac{\omega \cdot L}{R}\right)}}$$

$$i(t) = \frac{V_{max}}{\sqrt{(\omega \cdot L)^2 + R^2}} \cdot sen\left(\omega \cdot t - arctg\left(\frac{\omega \cdot L}{R}\right)\right)$$

$$v_R(t) = \frac{R}{\sqrt{(\omega \cdot L)^2 + R^2}} \cdot V_{max} \cdot sen\left(\omega \cdot t - arctg\left(\frac{\omega \cdot L}{R}\right)\right)$$

$$v_L(t) = \frac{\omega \cdot L}{\sqrt{(\omega \cdot L)^2 + R^2}} \cdot V_{max} \cdot sen\left(\omega \cdot t - arctg\left(\frac{\omega \cdot L}{R}\right) + \frac{\pi}{2}\right)$$

3.4.3. Análisis de circuito RLC (resistencia, bobina y condensador)

El circuito de la Figura 3.17 puede ser resuelto analíticamente. Tenemos un circuito con los siguientes valores

$R = 1 \ k\Omega$

$L = 10 \ mH, C = 1 \ \mu F$

$v_i(t) = 5 \cdot sen(2000 \cdot \pi \cdot t)$

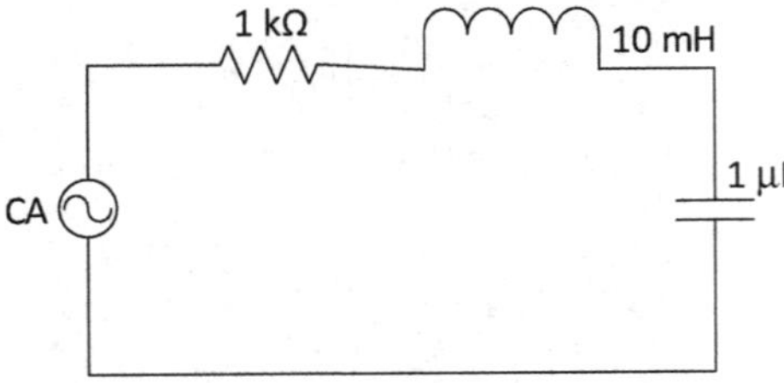

Figura 3.17. Circuito RLC

Impedancia total

La impedancia será:

$$Z = R + X_{TOT} \cdot j = (M, \theta) = M \cdot e^{j \cdot \theta}$$

donde

$$M = \sqrt{R^2 + X_{TOT}^2}$$

y

$$\theta = arctg\left(\frac{X_{TOT}}{R}\right)$$

Si

$$X_L = j \cdot \omega \cdot L = 62{,}83 \cdot j \; \Omega \quad y \quad X_C = -j\frac{1}{\omega \cdot C} = -159{,}15 \cdot j \; \Omega$$

$$X_{TOT} = X_L + X_C = j \cdot \left(\omega \cdot L - \frac{1}{\omega \cdot C}\right) = -96{,}32 \cdot j \; \Omega$$

$$M = \sqrt{\left(\omega \cdot L - \frac{1}{\omega \cdot C}\right)^2 + R^2}$$

$$\theta = arctg\left(\frac{\left(\omega \cdot L - \frac{1}{\omega \cdot C}\right)}{R}\right)$$

Sustituyendo

$$Z = 1000 - 96{,}32 \cdot j = 1004{,}63 \cdot e^{-j \cdot 0{,}096} \; \Omega$$

Cálculo de la intensidad

$$i(t) = \frac{v(t)}{Z} = \frac{5 \cdot sen(2 \cdot \pi \cdot 1000 \cdot t)}{1004{,}63 \cdot e^{-j \cdot 0{,}096}} = \frac{5 \cdot e^{j \cdot 2 \cdot \pi \cdot 1000 \cdot t}}{1004{,}63 \cdot e^{-j \cdot 0{,}096}}$$

$$i(t) = 4{,}97 \cdot sen(2 \cdot \pi \cdot 1000 \cdot t + 0{,}096) \; mA$$

Cálculo de tensiones

$$v_r(t) = R \cdot i(t) = 4{,}97 \cdot sen(2 \cdot \pi \cdot 1000 \cdot t + 0{,}096) \; V$$

$$v_L(t) = X_L \cdot i(t) = 62{,}83 \cdot e^{j\frac{\pi}{2}} \cdot 0{,}00497 \cdot e^{j \cdot (2 \cdot \pi \cdot 1000 \cdot t + 0{,}096)}$$

$$= 0{,}312 \cdot sen(2 \cdot \pi \cdot 1000 \cdot t + 1{,}67) \; V$$

$$v_C(t) = X_C \cdot i(t) = 159,15 \cdot e^{-j\frac{\pi}{2}} \cdot 0,00497 \cdot e^{j \cdot (2 \cdot \pi \cdot 1000 \cdot t + 0,096)} =$$

$$= 0,791 \cdot sen(2 \cdot \pi \cdot 1000 \cdot t - 1,47)\ V$$

La simulación en Falstad nos ofrece las gráficas de la Figura 3.18, que nos indican que lo calculado coincide con lo simulado: entrada, tensiones en la resistencia, el condensador y la bobina, son las gráficas de izquierda a derecha, respectivamente.

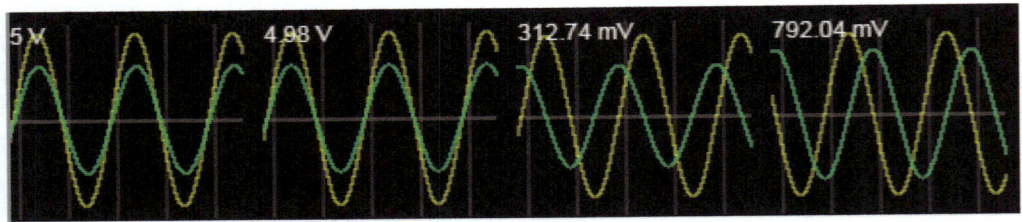

Figura 3.18. Simulación del circuito RLC

De nuevo y para cualquier valor de R, L, C y f.

$$Z = R + X_{TOT} \cdot j = (M,\theta) = M \cdot e^{j \cdot \theta}$$

$$M = \sqrt{\left(\omega \cdot L - \frac{1}{\omega \cdot C}\right)^2 + R^2},$$

$$\theta = arctg\left(\frac{\left(\omega \cdot L - \frac{1}{\omega \cdot C}\right)}{R}\right)$$

$$i(t) = \frac{v(t)}{Z_{tot}} = \frac{V_{max} \cdot e^{j\omega \cdot t}}{\sqrt{\left(\omega \cdot L - \frac{1}{\omega \cdot C}\right)^2 + R^2} \cdot e^{j \cdot \left(arctg\left(\frac{\left(\omega \cdot L - \frac{1}{\omega \cdot C}\right)}{R}\right)\right)}} =$$

$$= \frac{V_{max}}{\sqrt{\left(\omega \cdot L - \frac{1}{\omega \cdot C}\right)^2 + R^2}} \cdot sen\left(\omega \cdot t - arctg\left(\frac{\left(\omega \cdot L - \frac{1}{\omega \cdot C}\right)}{R}\right)\right)$$

$$v_R(t) = \frac{V_{max} \cdot R}{\sqrt{\left(\omega \cdot L - \frac{1}{\omega \cdot C}\right)^2 + R^2}} \cdot sen\left(\omega \cdot t - arctg\left(\frac{\left(\omega \cdot L - \frac{1}{\omega \cdot C}\right)}{R}\right)\right)$$

$$v_L(t) = \frac{V_{max} \cdot \omega \cdot L}{\sqrt{\left(\omega \cdot L - \frac{1}{\omega \cdot C}\right)^2 + R^2}} \cdot sen\left(\omega \cdot t - arctg\left(\frac{\left(\omega \cdot L - \frac{1}{\omega \cdot C}\right)}{R}\right) + \frac{\pi}{2}\right)$$

$$v_C(t) = \frac{V_{max}}{\omega \cdot C \cdot \sqrt{\left(\omega \cdot L - \frac{1}{\omega \cdot C}\right)^2 + R^2}} \cdot sen\left(\omega \cdot t - arctg\left(\frac{\left(\omega \cdot L - \frac{1}{\omega \cdot C}\right)}{R}\right) - \frac{\pi}{2}\right)$$

3.5. INDICADORES DE CIRCUITOS BÁSICOS DE CORRIENTE ALTERNA

Antes hemos visto que una señal sinusoidal variable en el tiempo tiene asociados valores constantes como V_{max}, V_{rms}, etc., que le representan, que son *indicadores*. Por ejemplo, para informar de la economía de un país se usa el PIB o el índice BigMac, o también se usa el IPC. Muchos de estos indicadores están bien argumentados y sintetizados, pero también tienen un punto arbitrario. Lo que los hace importantes es que se usen, es decir, no son tanto indicadores teóricos, como prácticos.

Del mismo modo en los circuitos RC, RL y RLC existen indicadores que informan de forma genérica del comportamiento o propiedades del mismo.

3.5.1. Frecuencia de corte (*cut-off frequency*)

Se ha visto anteriormente que en un circuito RC la reactancia capacitiva depende de la frecuencia de entrada, y del el voltaje o tensión en el condensador, también depende de la frecuencia. La frecuencia de corte —*cut-off frequency*— es indicadora de esa evolución.

La frecuencia de corte, f_c, se define como aquella frecuencia en que la entrada se reduce en cerca de un 30% respecto de su valor original (reducción de $(1 - \sqrt{2})/2 = 29,28\%$), o también como la frecuencia en la que la salida mantiene un $\sqrt{2}/2$ de su valor original (una caída de 3 dB en su amplitud en escala logarítmica), o también (y muy importante, como se verá más adelante) como aquella frecuencia que hace que la señal original quede reducida al 50% de su potencia. Que los valores elegidos para su definición sean 50 % y 70 % es algo tan arbitrario como importante.

Partiendo de las ecuaciones obtenidas antes para un circuito RC, se puede establecer lo siguiente.

$$v_C(t) = \frac{1}{\sqrt{(R \cdot \omega \cdot C)^2 + 1}} \cdot V_{max} \cdot sen\left(\omega \cdot t - arctg\left(-\frac{1}{\omega \cdot C \cdot R}\right) - \frac{\pi}{2}\right)$$

por tanto,

$$si\ v_C(t) = \frac{\sqrt{2}}{2} \cdot V_{max},$$

entonces

$$\sqrt{(R \cdot \omega \cdot C)^2 + 1} = \frac{2}{\sqrt{2}}, (R \cdot \omega \cdot C)^2 = 1$$

Finalmente

$$f_c = \frac{1}{2 \cdot \pi \cdot R \cdot C}, en\ Hz$$

Para esta frecuencia el desfase es de

$$\theta = \frac{\pi}{4}\ rad$$

que expresados en tiempo sería

$$t_d = \frac{T}{8}\ s$$

Por ejemplo, para un circuito con $R = 1\ k\Omega$ y $C = 1\ \mu F$ ¿cuál sería la frecuencia de corte?

$$f_c = \frac{1}{2 \cdot \pi \cdot R \cdot C}\ (en\ Hz)$$

$$f_c = \frac{1}{2 \cdot \pi \cdot 1000 \cdot 0,000001} = 160\ Hz, aproximadamente$$

La frecuencia de corte no es exclusiva de un circuito RC, lo es de cualquier circuito en el que la entrada se encuentre reducida en la salida por efecto de la frecuencia. Eso sí, las expresiones anteriores solo son válidas para un circuito RC.

La gráfica superior de la Figura 3.19 muestra, mediante una simulación Falstad, que para $R = 1$ kΩ, $C = 1$ μF y una entrada sinusoidal de 160 Hz ($f = f_c$) y 5 V_{max}, resulta que el voltaje máximo de salida es de 3.5 V, es decir, aproximadamente, el 70 %.

La gráfica inferior de la Figura 3.19 muestra que para 1600 Hz ($f = 10 \cdot f_c$), la salida es más o menos el 10 % de la entrada, por lo que la reducción o filtrado ha sido muy fuerte.

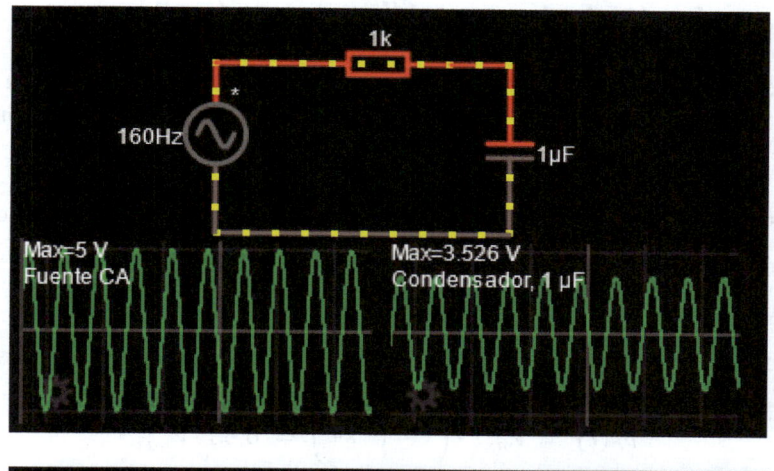

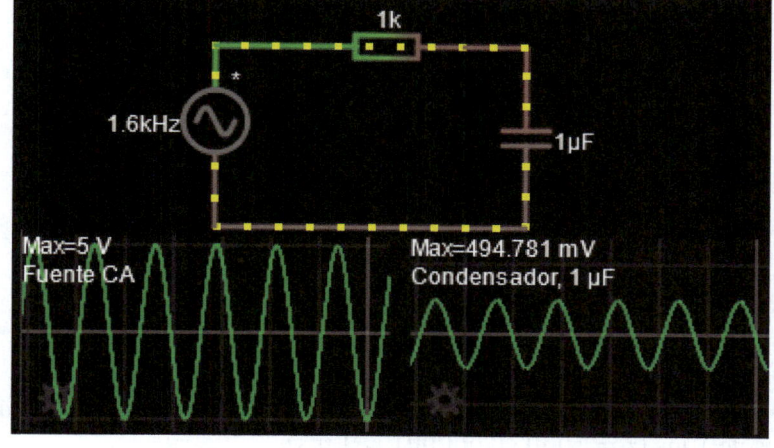

Figura 3.19. Efecto de la frecuencia de corte en un circuito RC

Más adelante veremos que un circuito RC es un filtro que reduce (filtra) las señales de alta frecuencia. La utilidad de la f_c es que podemos predecir (calcular) que la reducción de una entrada de frecuencia cinco veces la f_c es del 80 %, y que para diez veces la f_c, la reducción o filtrado es del 90 %.

Si

$$f = 10 \cdot fc$$

entonces

$$V_o = 0,1 \cdot V_i, \quad \text{(reducción del 90 \%)}$$

3.5.2. Constante de tiempo (*time constant*)

Como ya se ha visto en el Capítulo 1, un condensador se carga y se descarga desde 0 V hasta el límite de un circuito RC. Esta carga sigue un comportamiento exponencial saturado en el tiempo. Es decir, tarda un tiempo en cargarse y descargarse.

La constante de tiempo, τ, se define como el tiempo que tarda el condensador en alcanzar el 63 % del valor final $(1 - e^{-1})$.

$$\tau = R \cdot C$$

De forma detallada y partiendo de la expresión de la carga de un condensador, para $t = \tau$:

$$v_C(t) = V_{max} \cdot \left(1 - e^{-\frac{t}{R \cdot C}}\right) = 0,63 \cdot V_{max}$$

$$0,63 = \left(1 - e^{-\frac{t}{R \cdot C}}\right)$$

$$e^{-\frac{t}{R \cdot C}} = 1 - 0,63$$

$$-\frac{t}{R \cdot C} = \ln 0,37$$

$$-t = -1 \cdot (R \cdot C)$$

y por tanto,

$$\tau = R \cdot C$$

Para $R = 1\ \text{k}\Omega$, $C = 1\ \mu\text{F}$ y una señal entrada cuadrada de 50 Hz y 5 V_{max} la constante de tiempo es de 1 ms ($\tau = 1000 \cdot 0,000001 = 1\ ms$).

La Figura 3.20 muestra que como la excursión de la señal de salida es de 10 V (va desde –5 V hasta + 5 V), entonces el 63 % de la señal está, aproximadamente, a 1,3 V (–5 V + 6,3 V = 1,3 V) y la gráfica derecha de la Figura 3.20 muestra que ese valor se da, aproximadamente, a *dos cuadrados* del eje temporal X. Como cada cuadrado es de 500 μs, entonces el valor experimental de la constante de tiempo es de 1 ms.

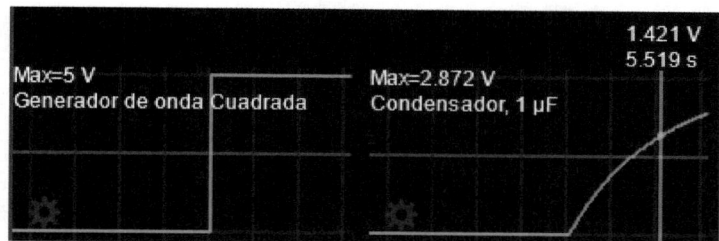

Figura 3.20. Constante de tiempo en un circuito RC

De nuevo la constante de tiempo no es exclusiva de un circuito RC, pero el cálculo anterior sí lo es.

La constante de tiempo es útil para predecir cuánto tarda en cargarse un condensador. Así en $2 \cdot \tau$ segundos, el condensador se carga al 85% aproximadamente, en tres constantes de tiempo se carga al 95 % de su valor final, y en cinco constantes de tiempo supera el 99 % de carga, es decir, se puede considerar cargado.

En el circuito anterior el condensador está cargado en 5 ms y por tanto, y si el objetivo es cargar el condensador, la frecuencia de entrada no debe superar los 100 Hz. De hecho, si la entrada es de 1 kHz, el comportamiento es el de la Figura 3.21.

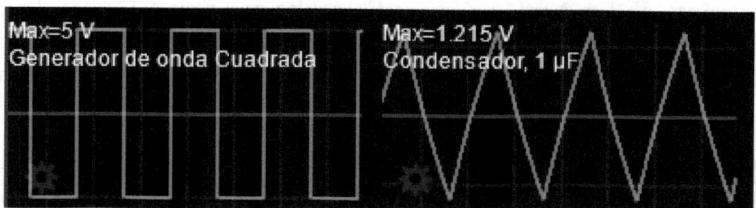

Figura 3.21. Simulación de un RC con entrada cuadrada de 1 kHz

3.5.3. Frecuencia de resonancia en un circuito RLC

Anteriormente se ha visto que el desfase introducido por la bobina ($\pi/2$ rad) y el condensador ($-\pi/2$ rad) son contrarios. De esta forma y para un circuito RLC, si existiera una frecuencia en la que los módulos de ambas reactancias fueran iguales, entonces la reactancia total sería cero, y por tanto, la impedancia total sería R. En este caso, siendo mínima la impedancia, la corriente sería máxima, y con ella lo sería la potencia del circuito. A esta frecuencia, ω_0, y f_0, se la denomina *frecuencia de resonancia*.

Matemáticamente y partiendo de la impedancia de un circuito RLC se puede llegar a los siguientes resultados.

$$Z = R + X_{TOT} \cdot j = M \cdot e^{j \cdot \theta}$$

$$M = \sqrt{\left(\omega \cdot L - \frac{1}{\omega \cdot C}\right)^2 + R^2}$$

$$\theta = arctg\left(\frac{\left(\omega \cdot L - \frac{1}{\omega \cdot C}\right)}{R}\right)$$

Si

$$\omega \cdot L = \frac{1}{\omega \cdot C}$$

de donde

$$\omega^2 = \frac{1}{L \cdot C}$$

y por tanto

$$\omega_0 = \frac{1}{\sqrt{L \cdot C}}$$

y

$$f_0 = \frac{1}{2 \cdot \pi \cdot \sqrt{L \cdot C}}$$

Para un circuito de $L = 1$ mH y $C = 1$ µF, resulta que f_0 es 5033 Hz. Para el circuito de la Figura 3.22 se ve su comportamiento mediante simulación en Falstad. La caída en la resistencia (simulación a la derecha) es de 5 V_{max}, es decir, la propia entrada.

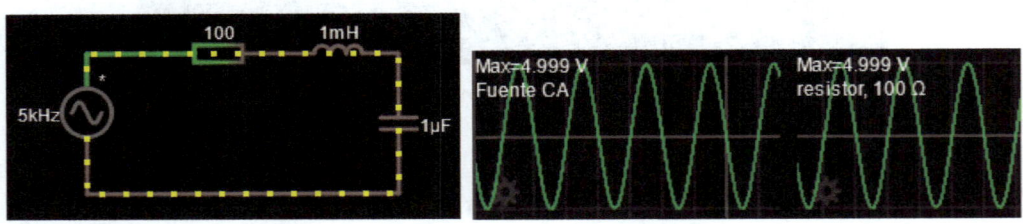

Figura 3.22. Simulación de un circuito RLC

Si obtenemos la simulación de los comportamientos en el condensador y la bobina vemos que las señales en la bobina y el condensador son iguales en módulo, pero opuestas en fase (ver la primera parte de la Figura 3.23). Las gráficas inferiores de la Figura 3.23 son V-I. La última es la de resistencia y se observa que la relación entre V e I es lineal, mientras que las otras dos no lo son y al simular en tiempo real se ve que cada circunferencia se recorre en sentido inverso a la otra, es decir, se anulan.

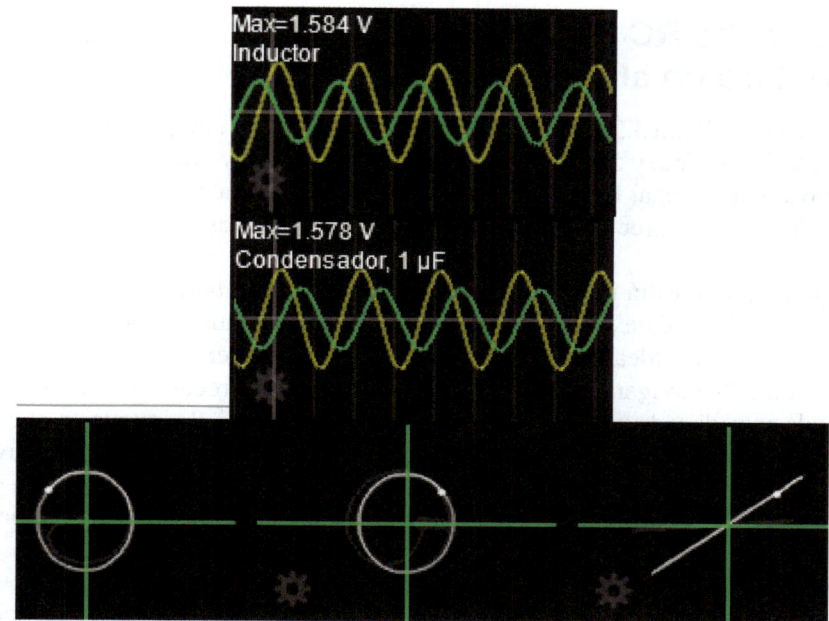

Figura 3.23. Simulación de un circuito RLC con curvas V-I

3.6. CIRCUITOS ÚTILES EN CORRIENTE ALTERNA

Las señales alternas son útiles de por sí, y así las usamos en un computador, cliente principal de este libro, en casa o en la fábrica. Los equipos están diseñados para ser conectados directamente a la tensión de entrada que llega por la red eléctrica y el enchufe, por ejemplo, a un ordenador, etc.

Una compañía eléctrica cobra por ofrecer una señal de 220 V eficaces y 50 Hz, aunque claro, ese valor exacto es imposible, y así hay un cierto margen de error. Una de las cosas que suele pasar es que a la señal original e ideal se le superponen otras espurias y no deseadas, que están ahí para nuestra desgracia (y la de la compañía eléctrica). Es lo que se llama *ruido* y no se puede evitar (por definición), y por tanto, solo queda eliminarlo (o aguantarse). Este ruido puede ser muy peligroso (sobre todo en equipos sofisticados y por tanto, más caros), y de él se sabe que es de carácter aleatorio en su valor eficaz y que es, en general, de alta frecuencia.

Así pues, la pregunta sería ¿es posible diseñar un circuito que elimine o reduzca ese ruido? En el punto anterior hemos aprendido a reducir un tipo de señal, mientras otras señales se mantienen intactas utilizando un circuito RC, que ahora se presenta como una solución óptima al problema del ruido.

3.6.1. Circuito RC como filtro paso bajo o filtro de altas frecuencias

Imaginemos (ver Figura 3.24) que necesitamos alimentar un equipo con una señal sinusoidal de 4 V de máxima y 50 Hz (por no usar una de 220 V) y que el equipo no funciona bien. Al observar la señal con un osciloscopio vemos que la señal de entrada no es la esperada, sino que se aprecia un ruido en ella ¿cómo podemos eliminar el ruido?

La Figura 3.24 muestra una señal de 50 Hz y 5 V_{max}, pero también muestra una señal de 1000 Hz y 1 V_{max}. Esta última es el ruido que aparece, aunque no lo deseemos. La señal de ruido ha sido idealizada para poder realizar el experimento. Idealizar supone decir algo como "supongamos que el ruido es de una sola frecuencia, varias veces superior a la de entrada y de un tamaño inferior al de la entrada". Por supuesto que el ruido es una mezcla de señales de distintas frecuencias, que cambian todo el rato, y cuyo valor máximo es desconocido y cambiante. Pero por algo hay que empezar, y aunque suponer o idealizar es correr un riesgo, es un riesgo controlado, y además el Principio de Superposición (ver Apartado 2.7.1) ayuda mucho.

La cuestión es: al añadir un condensador C en paralelo (circuito de la derecha de la Figura 3.24), ¿ha mejorado la *salida*? ¿se ha reducido el ruido que se había sumado a la entrada?

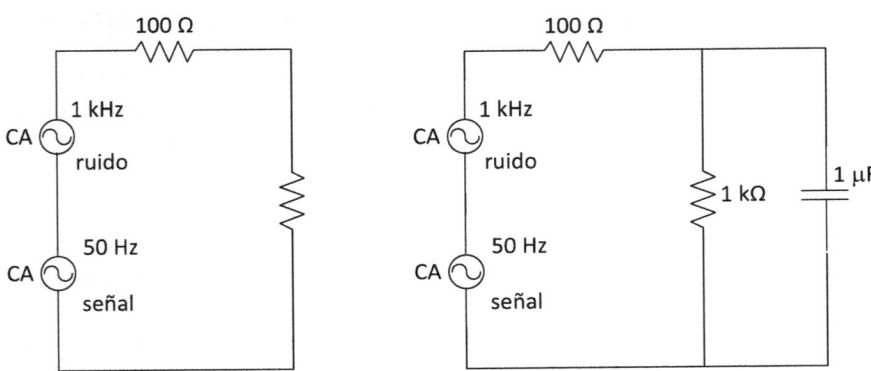

Figura 3.24. Circuito con ruido y circuito RC con filtro de ruido por paso bajo

Vamos a analizar el comportamiento de un circuito RC desde la perspectiva de un filtro. El comportamiento de un filtro consiste en reducir y filtrar la señal de entrada en la salida. Este análisis se puede hacer analíticamente, experimentalmente o mediante simulación.

Analíticamente

La Figura 3.25 es un circuito RC donde R es 1 kΩ y la entrada es una sinusoidal de 1 kHz. El condensador tiene una capacidad variable. Se desea reducir la amplitud de entrada en un 70 %, es decir, la tensión de salida en el condensador no debe superar el 30 % de la amplitud de entrada.

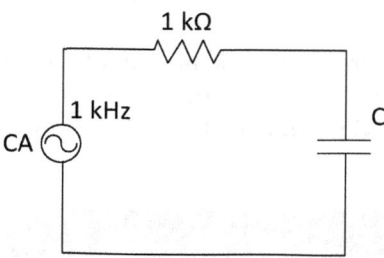

Figura 3.25. Circuito RC

Si tomamos la expresión general de un circuito RC e identificamos la tensión en el condensador como la tensión de salida, entonces

$$v_C(t) = \frac{1}{\omega \cdot C \cdot \sqrt{\dfrac{(R \cdot \omega \cdot C)^2 + 1}{(\omega \cdot C)^2}}} \cdot V_{max} \cdot sen\left(\omega \cdot t - arctg\left(-\frac{1}{\omega \cdot C \cdot R}\right) - \frac{\pi}{2}\right)$$

Si la salida no debe superar el 30 % de la entrada, siendo el filtrado del 70 %, entonces, atendiendo solo al valor máximo o módulo resulta

$$v_o(t) = 0,3 \cdot V_{max} = \frac{1}{\sqrt{\dfrac{(R \cdot \omega \cdot C)^2 + 1}{(\omega \cdot C)^2}} \cdot \omega \cdot C} \cdot V_{max}$$

Por tanto

$$0,3 = \frac{1}{\sqrt{\dfrac{(R \cdot \omega \cdot C)^2 + 1}{(\omega \cdot C)^2}} \cdot \omega \cdot C}$$

$$(0,3 \cdot \omega \cdot C)^2 = \frac{(\omega \cdot C)^2}{(R \cdot \omega \cdot C + 1)^2}$$

de donde

$$(\omega \cdot C)^2 = 0,00001$$

que despejando queda

$$C = 0,5 \ \mu F$$

Lo mismo se puede hacer para otros valores de filtrado, aunque queda una pregunta. Si el filtrado ha sido del 70 % para 1 kHz, ¿la señal de 50 Hz ha sido afectada?

Antes de responder a esta pregunta podemos simular el circuito anterior. La Figura 3.26 muestra que la salida es de 1,5 V, que frente a los 5 V de la entrada supone que el filtrado ha sido del 70 % aproximadamente (1,5/5 V $\cong$ 0,3).

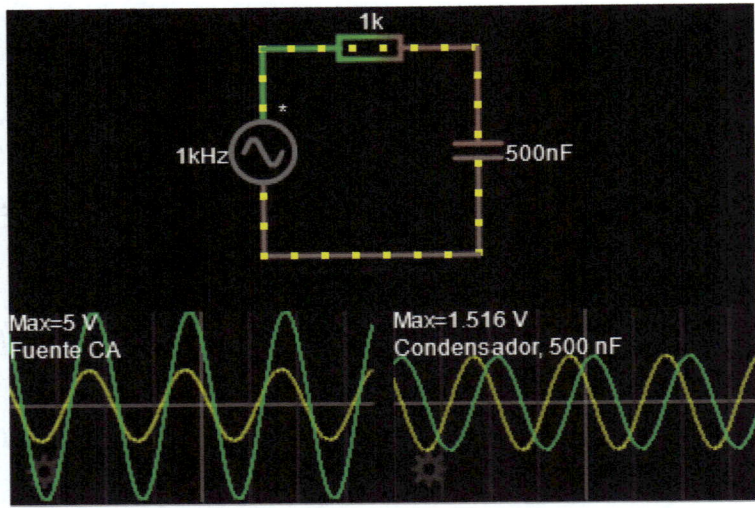

Figura 3.26. Circuito RC como filtro

El razonamiento cualitativo es el siguiente:

- R y C están en serie, y por tanto, la impedancia total es la suma de ambas;

- la impedancia de R no depende de f, pero la de C, sí;

- así pues, R se mantiene y X_C baja si f sube (o X_C sube si f baja);

- y toda vez que la entrada es la misma en amplitud, entonces la caída en C será mayor o menor según sea f, mientras que en R caerá el resto de la tensión.

- Como la salida está en C, si f es alta habrá menos tensión en la salida y más en R, y si f es baja habrá más tensión en C y menos en R.

El simulador Falstad permite utilizar un generador de corriente alterna de frecuencia variable. En la Figura 3.27 vemos que según aumenta la frecuencia, la salida disminuye, es decir el filtrado aumenta.

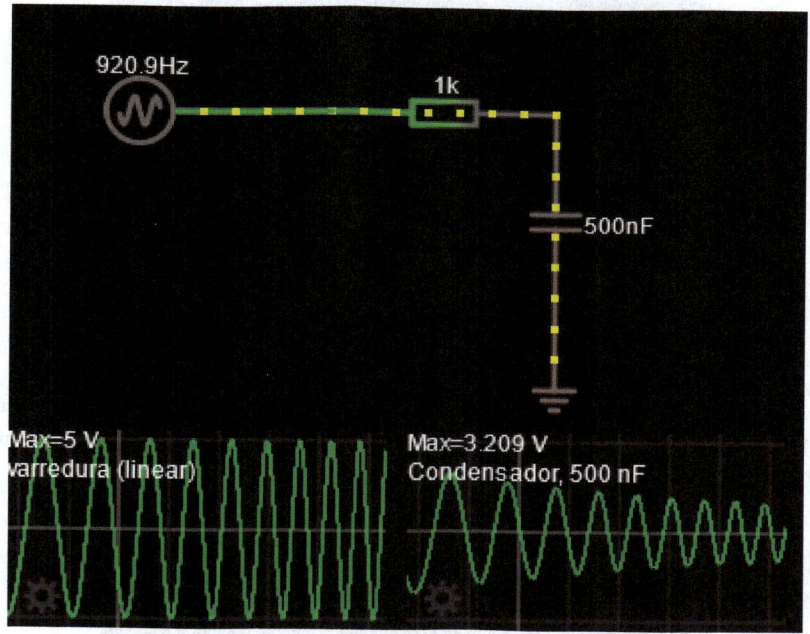

Figura 3.27. Circuito RC con señal de entrada de frecuencia variable

Según se puede observar en la Figura 3.27 queda claro el porqué del nombre de *filtro paso bajo* ya que el circuito RC *deja pasar* las señales de frecuencia baja. O también se puede decir que es un *filtro de frecuencias altas* ya que filtra o reduce con más intensidad las señales de mayor frecuencia.

Planteemos ahora la simulación de la Figura 3.28. La corriente alterna de entrada es de 220 V_{rms} (311 V_{max}) y 50 Hz (se corresponde con la señal eléctrica doméstica), mientras que el ruido es arbitrariamente de 50 V_{max} y 1 kHz.

En la Figura 3.28 se ve que la salida presenta una oscilación no deseada asociada al ruido de la entrada.

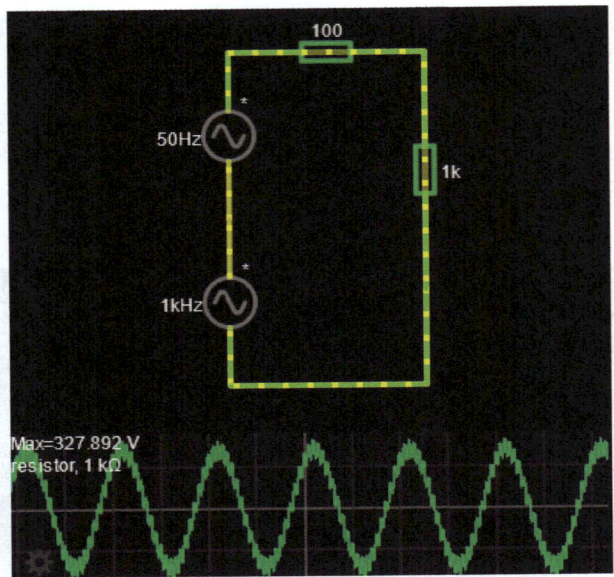

Figura 3.28. Circuito con ruido

En la Figura 3.29 vemos que se ha añadido en paralelo un condensador de 10 µF para que filtre el ruido. Se ve que el efecto es considerable, pero todavía hay una cierta oscilación en la salida.

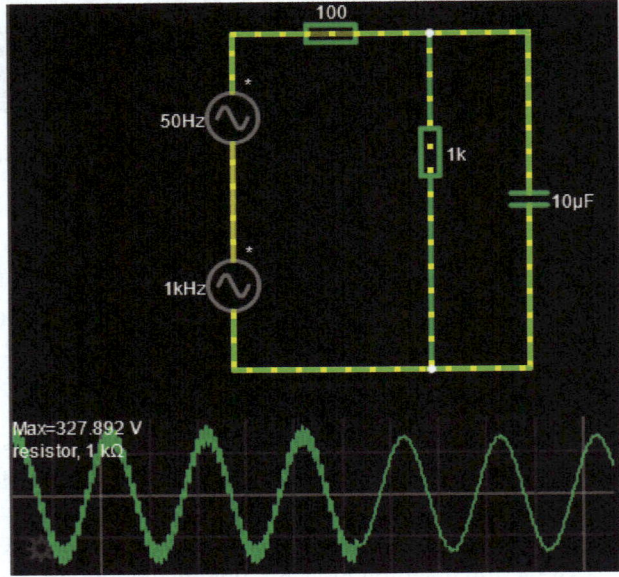

Figura 3.29. Circuito con ruido filtrado con condensador

Si se desea filtrar más la señal ¿qué se debe hacer? Pues simplemente aumentar la capacidad del condensador. En la Figura 3.30 se puede ver el efecto de un condensador de 50 µF.

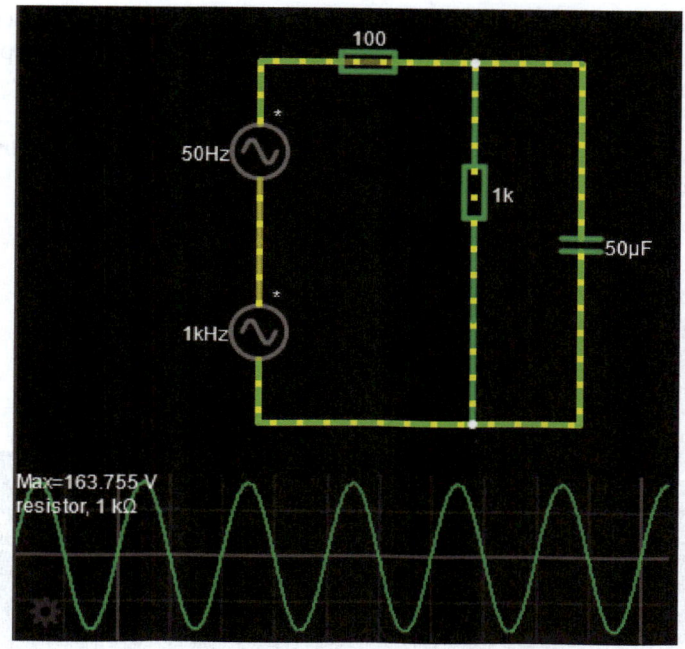

Figura 3.30. Circuito con ruido filtrado con condensador de 50 µF

Parece evidente que lo siguiente es seguir aumentando la capacidad del condensador, pero sería correcto si el filtro por condensador solo afectara al ruido y no a la entrada original. ¿Qué contrapartidas tiene un filtro?

La primera contrapartida se puede ver en la gráfica de la Figura 3.30: la tensión de salida se ha reducido de 311 V_{max} a 163 V_{max}, más o menos el 50 %. Es decir, ahora nuestro ordenador no recibe casi ruido, pero la señal se ha debilitado mucho.

Además, la Figura 3.31 muestra la corriente en tres situaciones:

- sin filtro,
- con filtro de 10 µF y
- con filtro de 50 µF.

La imagen de la derecha corresponde a la corriente en el condensador, y la de la izquierda, en la resistencia. En la evolución se ve cómo la corriente desciende en la resistencia según aumenta la capacidad del condensador, es decir, la señal de salida casi no tiene ruido, pero su corriente ha descendido y con ella su potencia.

Debemos recordar que, al aumentar C disminuye la reactancia del condensador y, por tanto, y como se mantiene la resistencia, R, la corriente *prefiere* ir por la rama del condensador en mayor medida que por la de la resistencia.

Lo que sí se ve con claridad en las imágenes es que el condensador *atrae* la corriente de alta frecuencia.

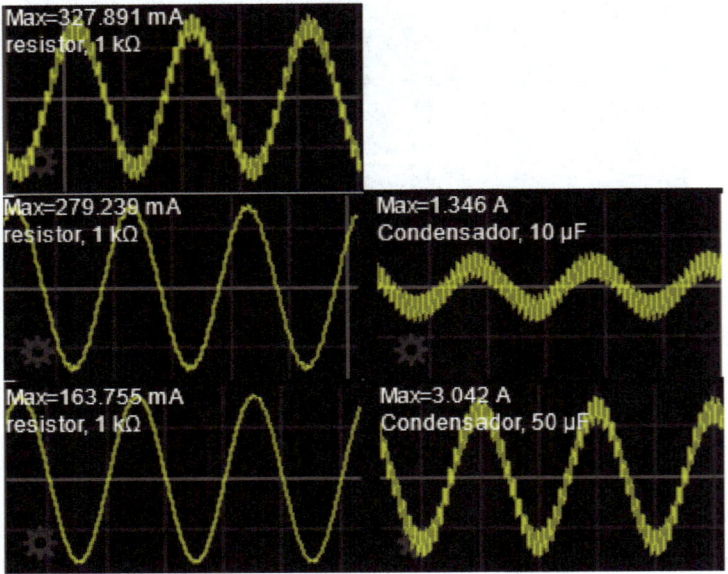

Figura 3.31. Simulación Falstad para análisis de corriente

Por último, Falstad permite añadir una fuente de ruido al circuito. Es decir, no caracterizamos nosotros el ruido, sino que lo hace Falstad.

La Figura 3.32 muestra el circuito, seguido de las simulaciones de la corriente para acabar con la tensión. En primer lugar, está la señal de entrada, luego la de salida y por último, la señal en el condensador; en la primera fila se muestra la corriente y en la segunda, la tensión. Se observa también que, aunque el voltaje en R y en C es el mismo (como es lógico), la corriente no lo es, lo que permite entender mejor el funcionamiento del filtro.

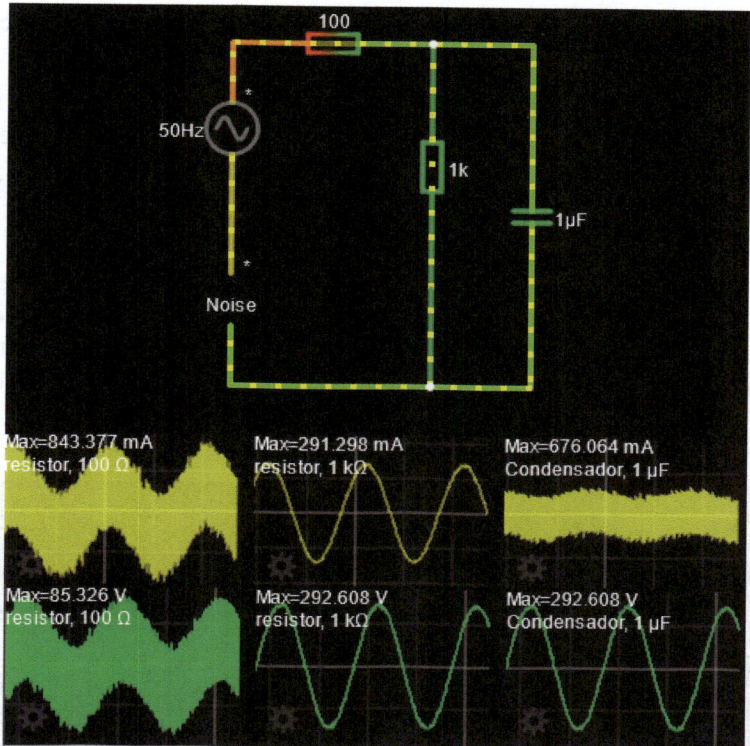

Figura 3.32. Simulación Falstad con generador de ruido

Por supuesto, además de mediante simulación se pueden obtener los mismos resultados analíticamente. De hecho, el trabajo pendiente consiste en caracterizar el comportamiento del filtro en función de f, R y C y ver cómo evoluciona el porcentaje de filtrado (linealmente o no, de forma saturada, etc.) en función de los parámetros anteriores.

3.6.2. Circuito CR como filtro paso alto o filtro de bajas frecuencias

Un circuito CR es un circuito RC con los dispositivos intercambiados de posición: primero el condensador y luego la resistencia.

En todo caso, y toda vez que la salida está *al final* del circuito, el razonamiento cualitativo es muy sencillo y similar al del circuito RC:

- R y C están serie y por tanto, la impedancia total es la suma de ambas;
- La impedancia de R no depende de f, pero la de C, sí;

- así pues, R se mantiene y X_C baja si f sube (o sube X_C si f baja), al contrario de lo que sucedía en un RC;

- toda vez que la entrada es la misma en amplitud, entonces la caída en C será mayor o menor según sea f, mientras que en R caerá el resto de la tensión.

- Como la salida está en R, si f es alta habrá más tensión en la salida y menos en C, y si f es baja habrá menos tensión en la salida y más en C.

La Figura 3.33 muestra la simulación de un circuito CR con una fuente de frecuencia variable (la salida y la entrada simultáneamente). Se observa que al disminuir la frecuencia la tensión de salida baja, justo lo contrario que para el RC. Es decir, este es un circuito de paso alto (pasan a la salida las señales de alta frecuencia) o filtro de bajas frecuencias (no pasan a la salida las bajas frecuencias).

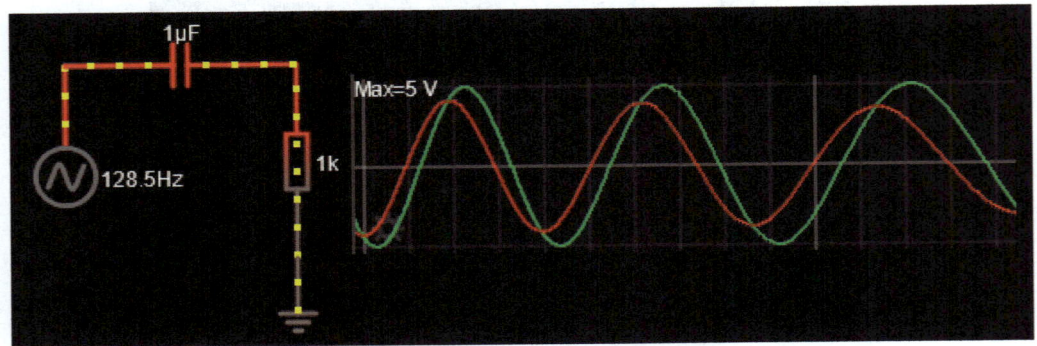

Figura 3.33. Simulación Falstad de un circuito CR

3.6.3. Circuito LC resonante

Antes hemos visto el comportamiento de los circuitos RL, RC y RLC, pero no hemos visto el circuito LC (Figura 3.34).

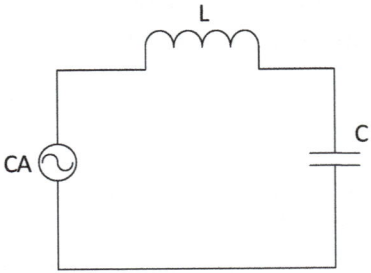

Figura 3.34. Circuito LC

Analíticamente la impedancia total es

$$Z = X_{TOT} \cdot j = j \cdot \omega \cdot L - \frac{j}{\omega \cdot C} = (M, \theta) = M \cdot e^{j \cdot \theta}$$

$$M = \sqrt{\left(\omega \cdot L - \frac{1}{\omega \cdot C}\right)^2} = \omega \cdot L - \frac{1}{\omega \cdot C}$$

La impedancia total será únicamente reactancia y esta reactancia será capacitiva o inductiva según cuál de las dos sea mayor en función de f, C y L.

Si $\omega \cdot L > \dfrac{1}{\omega \cdot C}$, entonces $\theta = \dfrac{\pi}{2}$ rad $= 90°$

Si $\omega \cdot L < \dfrac{1}{\omega \cdot C}$, entonces $\theta = -\dfrac{\pi}{2}$ rad $= -90°$

Si $\omega \cdot L = \dfrac{1}{\omega \cdot C}$, entonces $\theta = 0$ rad

El caso especial que nos interesa es el último cuando X_C y X_L son iguales, esto es, cuando la impedancia total es 0 ya que X_C y X_L se anulan entre sí. En esta circunstancia el circuito es resonante y la frecuencia correspondiente se llama *frecuencia resonante*.

Si

$$\omega \cdot L = \frac{1}{\omega \cdot C}$$

$$2 \cdot \pi \cdot f \cdot L = \frac{1}{2 \cdot \pi \cdot f \cdot C}$$

$$f = \frac{1}{2 \cdot \pi \cdot \sqrt{L \cdot C}}$$

Por ejemplo, para $C = 1$ μF y $L = 1$ mH la frecuencia resonante sería:

$$f = \frac{1}{2 \cdot \pi \cdot \sqrt{L \cdot C}} = 5032{,}92 \text{ Hz}$$

En este caso la impedancia total es 0 y la corriente es máxima, es más es, infinita idealmente. En la Figura 3.35 se ve un circuito cuya frecuencia de entrada es casi la resonante (5 kHz), su simulación muestra una tensión y una corriente altísimas.

Utilizando este comportamiento se puede diseñar un oscilador, y este es un circuito útil en computación y en otros ámbitos.

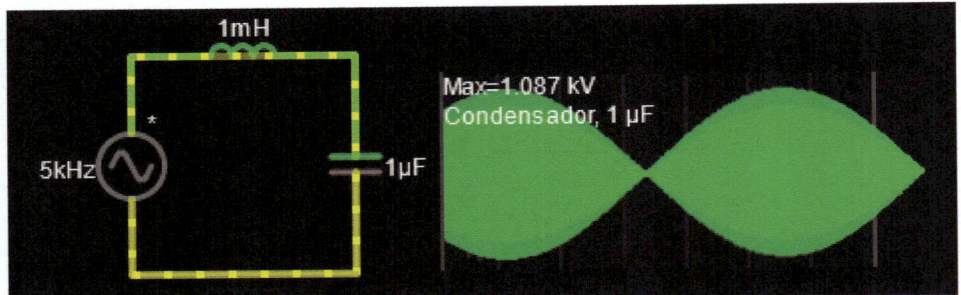

Figura 3.35. Circuito LC casi resonante

El circuito de la Figura 3.36 tiene dos comportamientos gracias al conmutador. En primer lugar, se carga el condensador, y una vez cargado el circuito se compone solo de L y C.

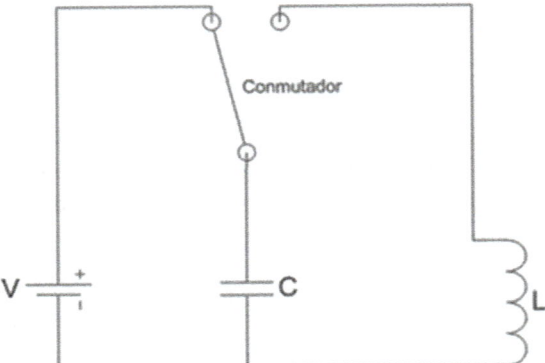

Figura 3.36. Circuito LC casi resonante

Conceptualmente, una vez cargado el condensador durante un tiempo, este se descarga y su energía es almacenada en el inductor, momento en el que se da el comportamiento inverso: la energía del inductor pasa al condensador. Este proceso se repite en el tiempo y la energía se conserva.

La Figura 3.37 nos muestra la simulación es Falstad del circuito LC resonante. En Falstad se puede asignar una tensión inicial al condensador, y por tanto, no es necesario incluir el conmutador. La simulación muestra que la señal oscila entre + 1 V y –1 V (el condensador se cargó con 1 V) y la frecuencia de oscilación es la resonante, casi 5032 Hz.

Una aplicación de un circuito LC se puede encontrar en una computadora, ya que en ella es necesario un reloj, que no es otra cosa que un oscilador de onda cuadrada, que no es exactamente el presentado en la Figura 3.37, pero se podría basar en él. Es, por tanto, un circuito muy útil.

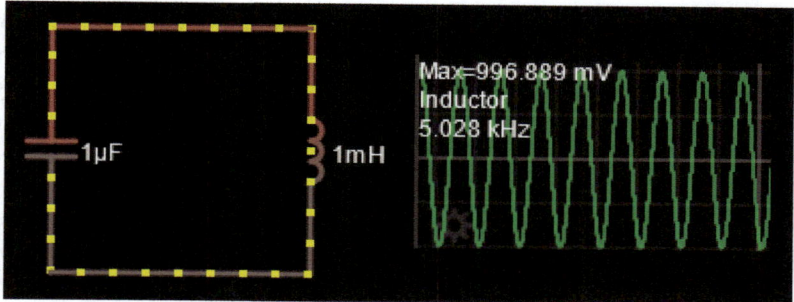

Figura 3.37. Circuito LC oscilador

Otra utilidad de este circuito, alejada de la computación, es en las pegatinas anti-rrobo. Una vez cargada la pegatina, esta está continuamente generando una señal que es detectada por el arco de seguridad de salida, siempre y cuando no haya sido descargada antes, claro.

3.6.4. Circuitos inútiles o espurios

En los puntos anteriores se han descrito distintos circuitos que utilizando condensadores y bobinas son útiles dentro de la computación. Sin embargo, los condensadores y bobinas no siempre aparecen por mano del diseñador, sino que a veces son comportamientos espurios o parásitos. Estos condensadores e inductores parásitos aparecen, como el ruido, y simplemente podemos entender el problema y tratar de minimizarlo, pero en absoluto eliminarlo. Por ejemplo, toda pista de una tarjeta electrónica tiene asociada una inductancia por el simple hecho de que la corriente circula por ella (autoinducción) o si las pistas de alimentación (V_{cc} y tierra) de una tarjeta electrónica están próximas entre sí, entonces hay una capacidad parásita entre ambas pistas (ver Figura 3.38). La cuestión es qué ocurre por causa de esos comportamientos parásitos.

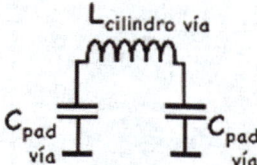

Figura 3.38. Inductancia y capacitancia parásitas asociadas a una vía. Fuente: Cemdal. Publicado en REE, enero 2014.

Sabemos que un condensador se carga exponencialmente en el tiempo con un voltaje. Así, si por una pista circula una corriente y esta pista tiene asociada un condensador parásito, entonces parte de esa corriente irá hacia el condensador hasta cargarlo. Un comportamiento similar se produce con la autoinducción y en este caso se almacena corriente.

Lo anterior puede no ser muy preocupante si el circuito es analógico, pero puede serlo si el circuito es digital. En este tipo de circuitos las señales son 0 y 1,0 V y 5 V (o 3,3 V, etc.) y los cambios entre valores son idealmente instantáneos. Así pues, por las pistas de la tarjeta electrónica digital solo hay 0 V y 5 V con cambios bruscos entre ambos.

Esos cambios bruscos tienen una pendiente ideal infinita y por tanto, los efectos en un inductor pueden ser fatales. Es verdad que los cambios no son instantáneos ya que los circuitos reales no son ideales, y por tanto, sus efectos no son dramáticos, pero sí pueden ser fatales para el funcionamiento de un circuito digital. Y una computadora no es otra cosa que un circuito digital, y en general, funcionan bien gracias al esfuerzo de los diseñadores.

Además, y siguiendo con los comportamientos espurios, un inductor o bobina no consta solo de inductancia, sino que también tiene asociada una resistencia inevitable al construirla. Esto es una razón más para evitar el uso de inductores en circuitos.

Por ejemplo, la Figura 3.39 muestra la simulación de un circuito que se comporta como un filtro paso bajo: según aumenta la frecuencia de entrada, disminuye la salida. Pero el circuito es un circuito LR que funciona, pero ¿por qué no se usa? Funciona porque al fin y al cabo una bobina o inductor se comporta de forma contraria o simétrica al condensador: si aumenta la frecuencia aumenta la reactancia y por tanto, en la salida R habrá menos tensión. Sin embargo, y por lo dicho anteriormente, este circuito no se utiliza.

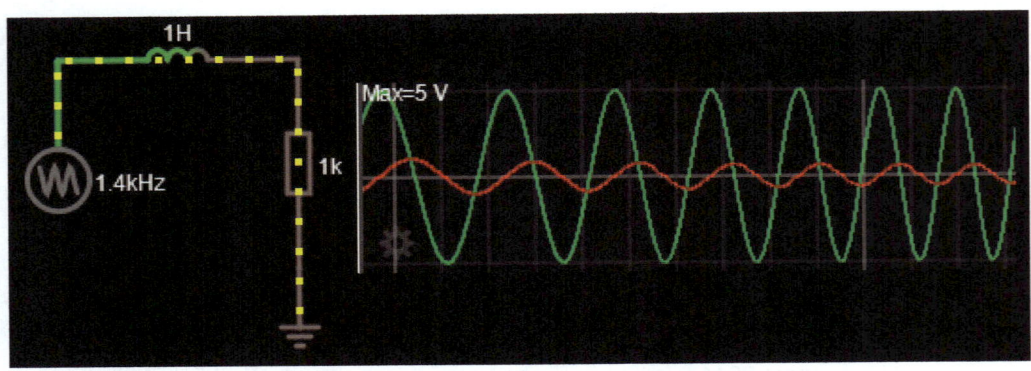

Figura 3.39. Simulación Falstad de un circuito LR

EJERCICIOS RESUELTOS

3.1. Para un circuito RC y una entrada sinusoidal $vi(t) = 5 \cdot sen(2 \cdot \pi \cdot 1000 \cdot t)$, calcular $v_r(t), v_C(t), i(t)$ y Z_{eq}, si $C = 1\ \mu F$ y $R = 470\ \Omega$.

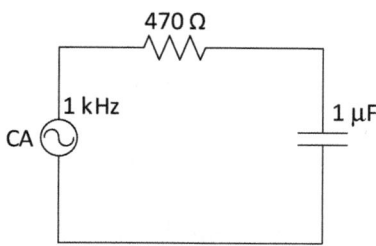

Solución

Impedancia total

$$R = 470\ \Omega$$

y

$$X_C = -\frac{1}{2 \cdot \pi \cdot 1000 \cdot 0{,}000001} j = -159{,}15\, j\ \Omega = 159{,}15 \cdot e^{-j \cdot \frac{\pi}{2}}$$

como

$$Z = R + X_C \cdot j = (M, \theta) = M \cdot e^{j \cdot \theta},$$

donde

$$M = \sqrt{R^2 + X_C^2}$$

$$\theta = arctg\left(\frac{X_C}{R}\right)$$

$$M = \sqrt{\frac{(R \cdot \omega \cdot C)^2 + 1}{(\omega \cdot C)^2}} \qquad \theta = arctg\left(-\frac{1}{\omega \cdot C \cdot R}\right)$$

Sustituyendo

$$Z = 496{,}22 \cdot e^{-j \cdot 0{,}326}\ \Omega$$

Cálculo de la intensidad

$$i(t) = \frac{v(t)}{Z} = \frac{5 \cdot e^{j \cdot 2 \cdot \pi \cdot 1000 \cdot t}}{496,22 \cdot e^{-j \cdot 0,326}} = 0,010 \cdot e^{j(2 \cdot \pi \cdot 1000 \cdot t + \cdot 0,326)}$$

$$i(t) = 10 \cdot sen(2 \cdot \pi \cdot 1000 \cdot t + 0,326)\ mA$$

Cálculo de tensiones

$$v_r(t) = R \cdot i(t) = 470 \cdot 0,01 \cdot e^{j(2 \cdot \pi \cdot 1000 \cdot t + 0,326)} = 4,7 \cdot sen(2 \cdot \pi \cdot 1000 \cdot t + 0,326)\ V$$

$$v_C(t) = X_C \cdot i(t) = 159,15 \cdot e^{-j\frac{\pi}{2}} \cdot 0,01 \cdot e^{j(2 \cdot \pi \cdot 1000 \cdot t + 0,326)} =$$

$$= 1,59 \cdot e^{j(2 \cdot \pi \cdot 1000 \cdot t - 1,245)} = 1,59 \cdot sen(2 \cdot \pi \cdot 1000 \cdot t - 1,245)\ V$$

$$V_{rms} = V_{ef} = \frac{1,59}{\sqrt{2}} = 1,12\ V$$

$$Retardo = \frac{1\ ms \cdot 1,245}{2 \cdot \pi} = 0,2\ ms$$

La figura muestra las señales de entrada y de salida del circuito anterior. Se ve que los resultados experimentales concuerdan con los analíticos.

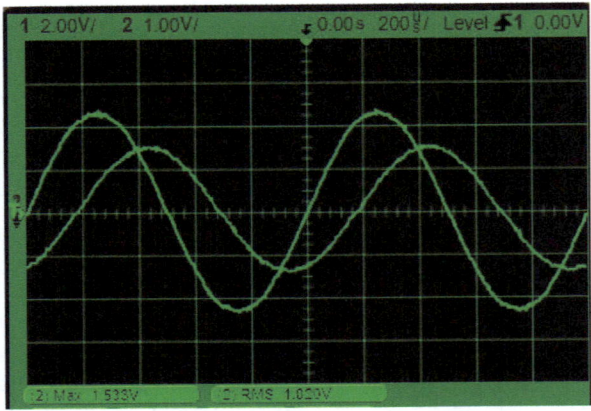

3.2. Para un circuito RC y una entrada sinusoidal $vi(t) = 5 \cdot sen(2 \cdot \pi \cdot 150 \cdot t)$, calcular $v_r(t)$, $v_C(t)$, $i(t)$ y Z_{eq}, si $C = 1\ \mu F$ y $R = 5\ k\Omega$.

Solución

Impedancia total

$$R = 5000 \ \Omega$$

y

$$X_C = -\frac{1}{2 \cdot \pi \cdot 150 \cdot 0{,}000001} j = 1061{,}03 \cdot e^{-j\frac{\pi}{2}} \ \Omega$$

$$Z = 5111{,}34 \cdot e^{-j \cdot 0{,}21} \ \Omega$$

Cálculo de la intensidad

$$i(t) = \frac{v(t)}{Z} = \frac{5 \cdot e^{j \cdot 2 \cdot \pi \cdot 150 \cdot t}}{5111{,}34 \cdot e^{-j \cdot 0{,}21}} = 0{,}000978 \cdot e^{j(2 \cdot \pi \cdot 150 \cdot t + \cdot 0{,}21)} =$$

$$i(t) = 0{,}978 \cdot sen(2 \cdot \pi \cdot 150 \cdot t + 0{,}21) \ \text{mA}$$

Cálculo de tensiones

$$v_r(t) = R \cdot i(t) = 4{,}891 \cdot sen(2 \cdot \pi \cdot 150 \cdot t + 0{,}21) \ \text{V}$$

$$v_C(t) = X_C \cdot i(t) = 1{,}038 \cdot e^{j(2 \cdot \pi \cdot 150 \cdot t - 1{,}36)} = 1{,}038 \cdot sen(2 \cdot \pi \cdot 150 \cdot t - 1{,}36) \ \text{V}$$

$$V_{rms} = V_{ef} = \frac{1{,}038}{\sqrt{2}} = 0{,}73 \ \text{V}$$

$$Retardo = \frac{6{,}66 \ ms \cdot 1{,}36}{2 \cdot \pi} = 1{,}44 \ \text{ms}$$

3.3. A la vista de la siguiente imagen, indicar de qué circuito se trata. Incluso si es posible, obtener los valores de los dispositivos del equipo. La señal de mayor tamaño es la entrada (la centrada) y la otra es la salida.

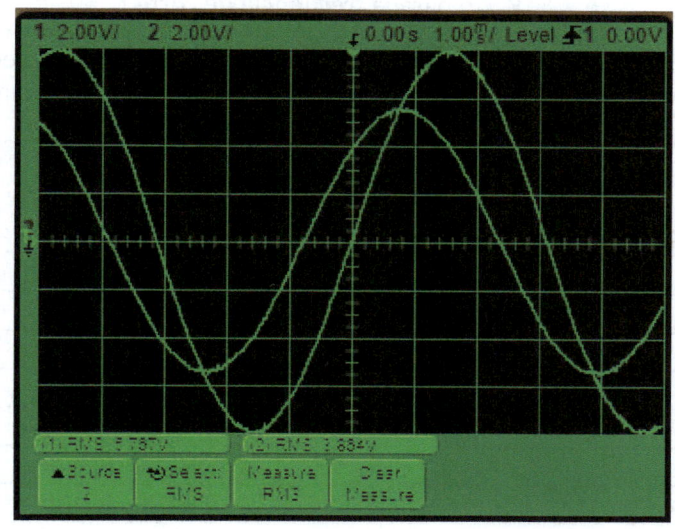

Solución

Toda vez que la salida está adelantada respecto de la entrada el circuito solo puede ser un circuito CR (o un circuito RL).

Observando la gráfica del osciloscopio se puede ver que el valor máximo de la entrada es del orden de 8 V y que el periodo es de unos 6,4 ms y la frecuencia es de unos 160 Hz, así la entrada es

$$v_i(t) = 8 \cdot sen(2 \cdot \pi \cdot 160 \cdot t)$$

Del mismo modo, mirando a la salida se ve que el valor máximo es de unos 5,5 V y que el adelanto es de unos 0,8 ms, es decir 0,84 rad de adelanto, así la salida está en la resistencia

$$v_R(t) = 5,5 \cdot sen(2 \cdot \pi \cdot 160 \cdot t + 0,84)$$

Haciendo algunas estimaciones y cálculos se obtiene:

$$R = 1000 \; \Omega$$

y

$$C = 0,000001 \; F$$

3.4. Según Asís y Mariano la siguiente relación es cierta: para una frecuencia f, varias veces mayor o menor que f_c, el cociente entre ambas frecuencias f_c/f es igual al inverso entre los valores eficaces de la salida para ambas frecuencias, ¿lo es?

Solución

$$\frac{f_c}{f} = \frac{V_{ef}, \text{o para una frecuencia } f \text{ cualquiera}}{V_{ef}, \text{o para la frecuencia de corte } f_c}$$

La tabla siguiente facilita recoger esta información para dos frecuencias de corte distintas. Se pueden obtener los datos matemáticamente o experimentalmente.

$R = 1 \; k\Omega$ $C = 0,1 \; \mu F$ $f_c = 1600 \; Hz$	V_{ef},o para f (V)	V_{ef},o para f_c (V)	$\dfrac{V_{ef},\text{o para } f}{V_{ef},\text{o para } f_c}$	$\dfrac{f_c}{f}$	¿Es correcto?
$f = 100 \; Hz$	4,2	4	1,05	16	NO
$f = 200 \; Hz$	4,2	4	1,05	8	NO
$f = 500 \; Hz$	4	4	1	3,2	NO
$f = 1000 \; Hz$	3,6	4	0,9	1,6	NO
$f = 2000 \; Hz$	2,64	4	0,66	0,8	¿SÍ?
$f = 5000 \; Hz$	1,29	4	0,322	0,32	SÍ
$f = 10000 \; Hz$	0,65	4	0,15	0,16	SÍ

Se observa que para frecuencias f superiores a f_c, la relación sí que se cumple y la variación es lineal, mientras que para frecuencias f inferiores a f_c, la relación no se cumple y no es lineal en ningún caso. Así que Asís y Mariano no tenían razón.

3.5. Dadas las tres curvas mostradas en el osciloscopio para un circuito RC, indicar cuál es $v_i(t)$, $v_r(t)$ y $v_c(t)$. Explicar la respuesta de forma analítica, utilizando para ello expresiones matemáticas.

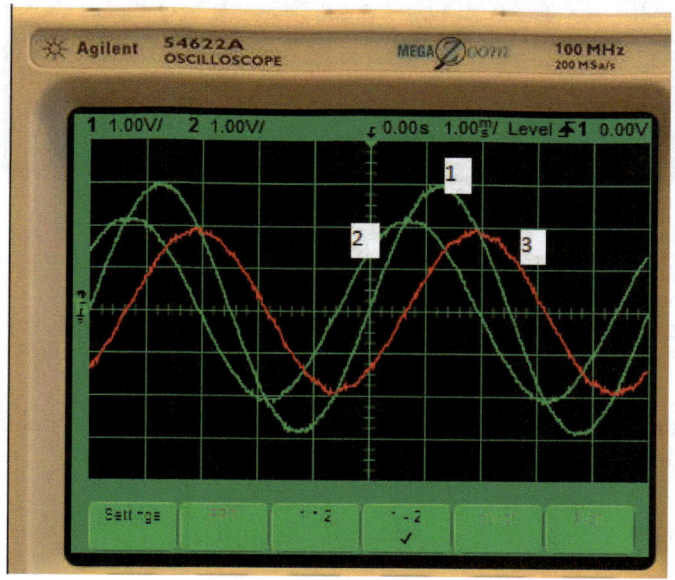

Solución

La curva 1 es la entrada sinusoidal ya que es la mayor, la curva 3 es la tensión en el condensador ya que va atrasada y la curva 2 es la tensión en la resistencia ya que va adelantada.

3.6. El circuito de la figura está formado por una resistencia de 1 kΩ y un condensador de 1 μF. También se muestra la imagen del osciloscopio con toda la información que necesitas para responder a la pregunta ¿cuál es la frecuencia de la señal de entrada? Dar la respuesta y la explicación.

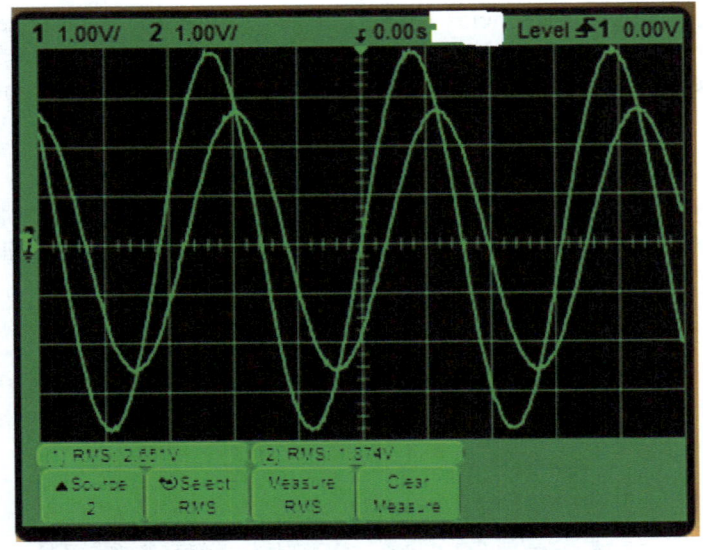

Solución

El valor eficaz de la entrada es 2,651 V y el de la salida es 1,874 V y su cociente es 0,706, es decir, la salida es más o menos el 70 % de la entrada.

Sabemos que esa situación se da cuando la frecuencia de la señal de entrada es la de corte y por tanto, el resultado es 159 Hz.

$$f_c = \frac{1}{2 \cdot \pi \cdot R \cdot C} = 159 \text{ Hz}$$

PROBLEMAS PROPUESTOS

3.1. Para un circuito RC y una entrada sinusoidal $vi(t) = 3 \cdot sen(2 \cdot \pi \cdot 250 \cdot t)$, calcular $v_r(t), v_C(t), i(t)$ y Z_{eq}, si $C = 1\ \mu F$ y $R = 5\ k\Omega$. Dibujar sobre la gráfica adjunta las señales de entrada y de salida.

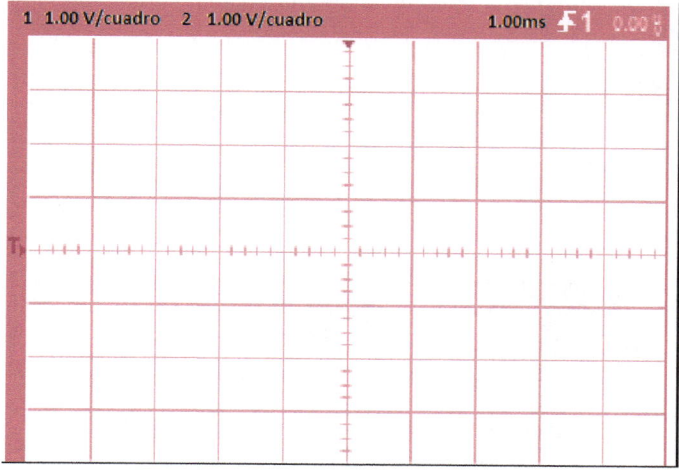

3.2. Para un circuito RC y una entrada sinusoidal $vi(t) = 3 \cdot sen(2 \cdot \pi \cdot 500 \cdot t)$, calcular $vr(t), v_c(t), i(t)$ y Z_{eq}, si $C = 1\ \mu F$ y $R = 1\ k\Omega$. Dibujar sobre la gráfica adjunta las señales de entrada y de salida.

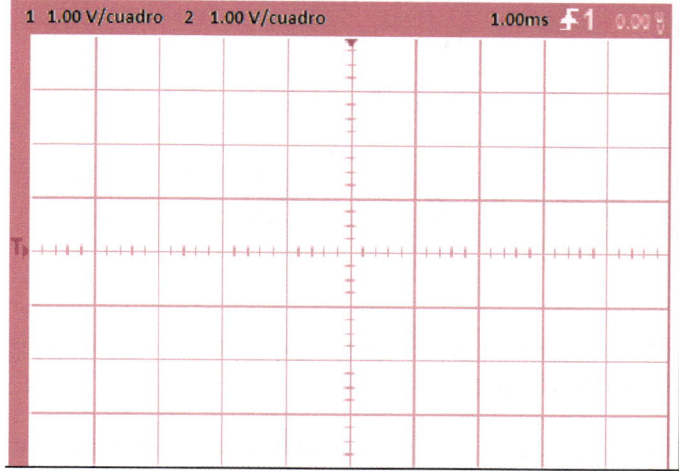

3.3. Atendiendo a las siguientes gráficas, indicar si se trata de un circuito RC o CR. Explicar la elección con los datos numéricos de las gráficas.

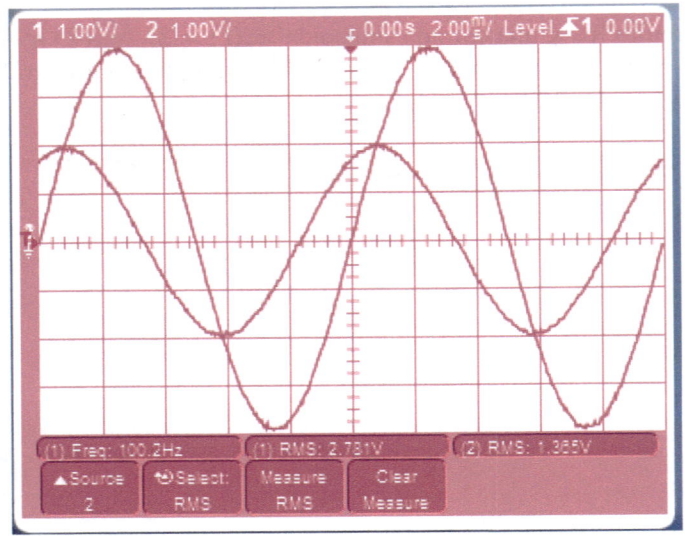

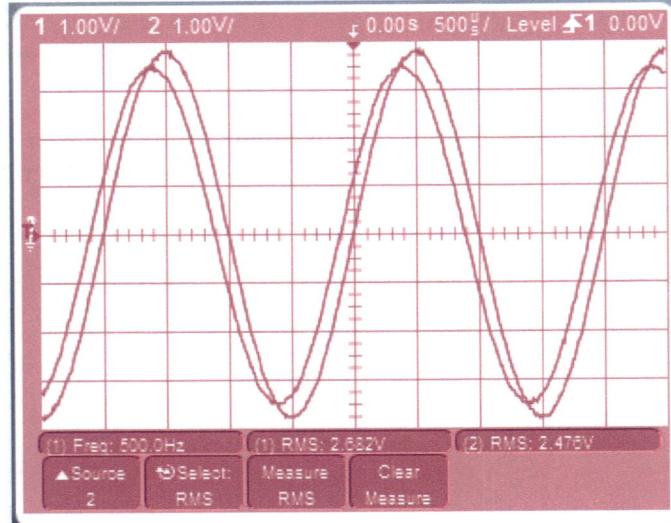

3.4. A cada casilla de la tabla siguiente le tiene que corresponder una gráfica. Escribir en la casilla vacía el número de gráfica asignada.

Nota. El ejercicio puede parecer erróneo porque hay cuatro casillas y tres gráficas, pero no es así.

	Gráfica
$v_i(t) = 3 \cdot \text{sen}(2 \cdot \pi \cdot 160 \cdot t)$ $R = 1\ k\Omega$ $C = 1\ \mu F$	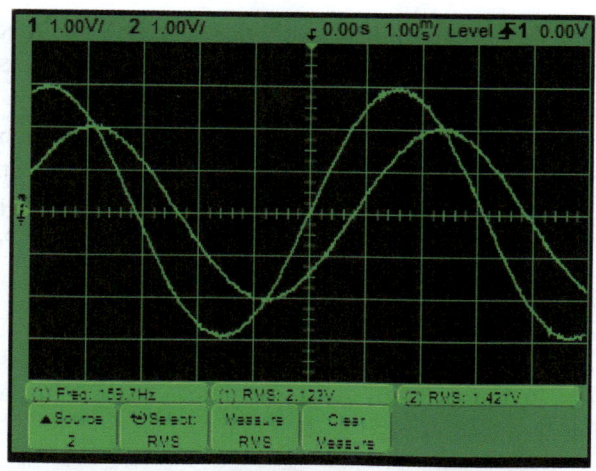
$v_i(t) = 3 \cdot \text{sen}(2 \cdot \pi \cdot 160 \cdot t)$ $R = 1\ k\Omega$ $C = 10\ \mu F$	
$v_i(t) = 3 \cdot \text{sen}(2 \cdot \pi \cdot 1600 \cdot t)$ $R = 1\ k\Omega$ $C = 0,1\ \mu F$	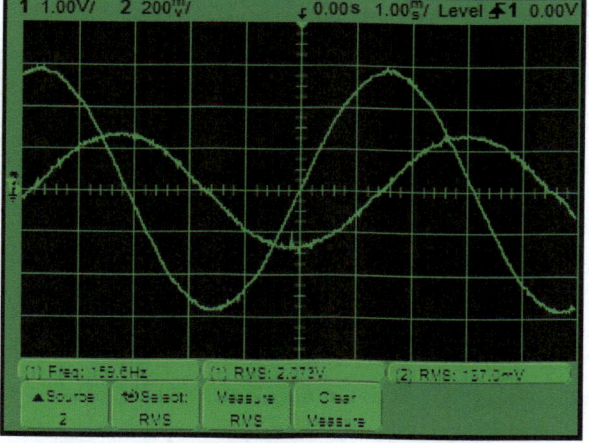
$v_i(t) = 3 \cdot \text{sen}(2 \cdot \pi \cdot 160 \cdot t)$ $R = 10\ k\Omega$ $C = 1\ \mu F$	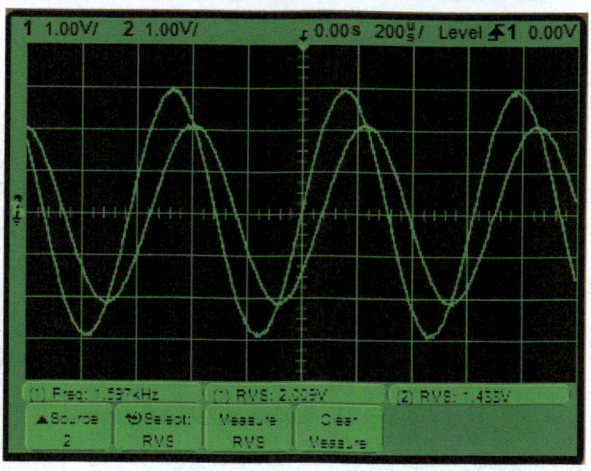

3.5. En un circuito RC los valores de R, C y f afectan al comportamiento de la salida, ya sea al valor de la salida o al del filtrado en la salida. Contestar a las dos preguntas siguientes:

a) ¿Es proporcional o lineal el comportamiento del filtro? ¿Por qué?, o ¿cómo se justifica experimentalmente y matemáticamente?

b) ¿Es comparable en un filtro RC el efecto de aumentar o disminuir R o C con el de aumentar o disminuir la frecuencia? ¿Por qué?, o ¿cómo se justifica experimentalmente y matemáticamente?

3.6. A continuación se pueden ver dos situaciones, cada una de ellas representada por dos imágenes de osciloscopio, ¿qué cree que ha pasado para que después de la primera imagen se produzca la segunda?

Situación 1

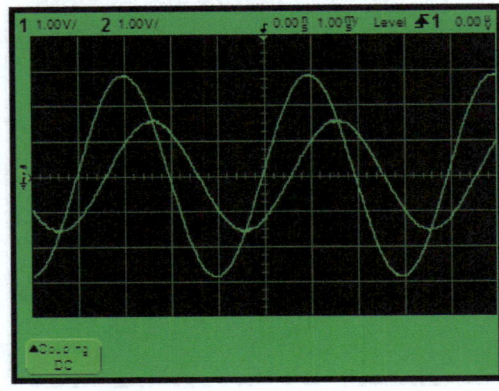 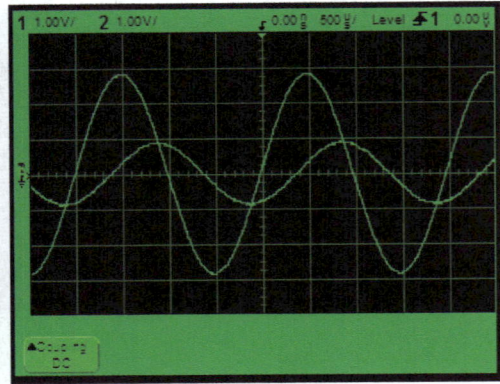

Situación 2

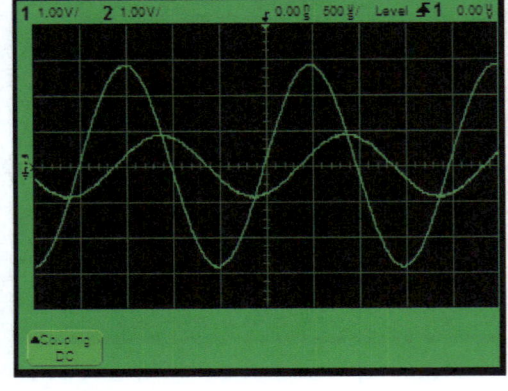 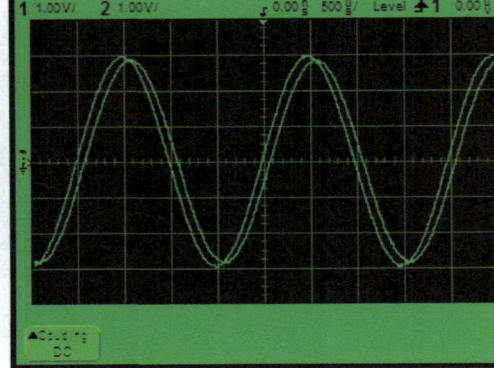

3.7. En un conversor AC/DC se puede elegir entre dos entradas: que la entrada sea sinusoidal o que sea triangular ¿explicar qué elección es la correcta y por qué?

Para montar el experimento en VISIR se pueden utilizar los siguientes datos: la carga es de 1 kΩ, C es de 1 μF y la entrada, sinusoidal o triangular, tiene 7 V de valor máximo y una frecuencia de 400 Hz. El diodo es el del VISIR.

3.8. Dibujar el circuito cuyo comportamiento temporal se muestra en la figura siguiente. La señal de mayor tamaño es la entrada (la centrada) y la otra es la salida.

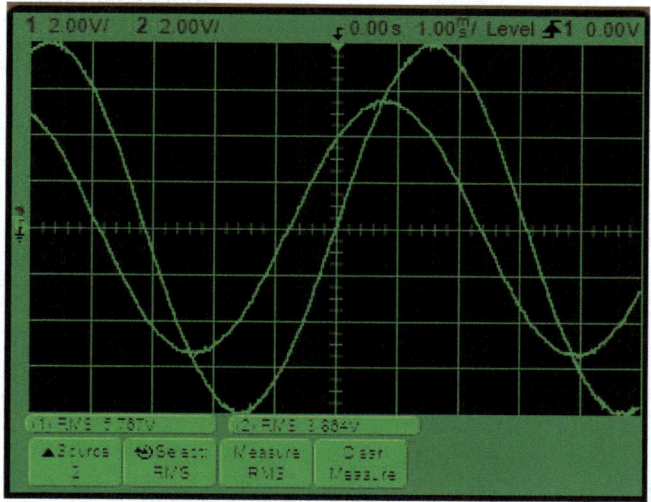

3.9. Si en un filtro RC bajamos la frecuencia de la señal de entrada, ¿qué pasaría en la salida en cuanto al valor eficaz, el porcentaje de filtrado, el desfase y la frecuencia? (comparada con la anterior señal de salida). Marca con una X la opción elegida.

	Aumenta	Se mantiene	Disminuye
Valor eficaz de salida			
Porcentaje de filtrado del circuito			
Desfase de salida			
Frecuencia respecto de la entrada			

3.10. En VISIR hay seis combinaciones posibles de resistencias R y condensadores C (las de la tabla), asigna a cada casilla un valor del 1 al 6. Debes poner un 1 en la combinación que asegura el mayor porcentaje de filtrado en un circuito RC, y un 6 en la que menos. Es probable que en algunos casos haya "empate", si cree que dos combinaciones distintas tienen el mismo porcentaje de filtrado, entonces coloque el mismo número en ambas, y por supuesto, los números ya no serán del 1 al 6, sino del 1 al 4, al 5, etc.

En la segunda tabla es lo mismo, pero para el desfase o retardo: pon un 1 para la combinación que retarda o desfasa más la salida.

	Condensadores		
	0,1 μF	1 μF	10 μF
Resistencias — 1 kΩ			
Resistencias — 10 kΩ			

	Condensadores		
	0,1 μF	1 μF	10 μF
Resistencias — 1 kΩ			
Resistencias — 10 kΩ			

3.11. Viendo la figura que describe la impedancia total de un circuito RC ¿qué desfase tendrá la tensión en el condensador respecto de la entrada? ¿y en la resistencia? ¿qué valor eficaz tendrá la tensión en el condensador y en la resistencia respecto de la tensión máxima de la entrada, V_{max}?

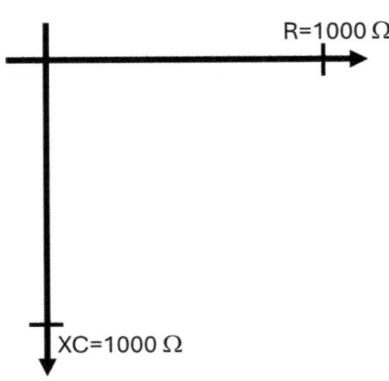

3.12. En los tres esquemas debes explicar qué pasa con el desfase en la tensión en el condensador si aumentan individualmente R, C y f. ¿Puede darse que el desfase cambie sin cambiar el módulo de la resistencia total? ¿qué efecto tiene esto en un circuito RC?

Aumenta R   **Aumenta f**

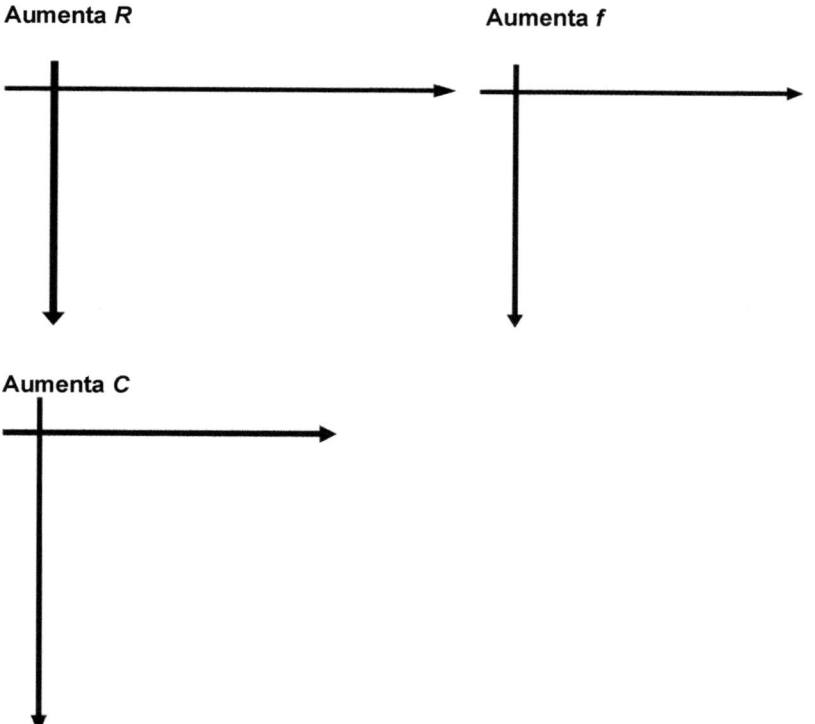

Aumenta C

3.13. En la tabla siguiente solo pueden aparecer los valores indicados de 15,7 % y 1,6 %. Todos los valores se corresponden con el factor de rizado (FR) de un conversor AC/DC de media onda. Completar cada una de las casillas sombreadas, no hacerlo con el resto.

La casilla con un dato es el dato de partida, no se debe cambiar.

		$C = 1\ \mu F$	$C = 10\ \mu F$
$f = 100$ Hz	$R = 1000\ \Omega$		
	$R = 10.000\ \Omega$		
$f = 500$ Hz	$R = 1000\ \Omega$		3,2 %
$f = 1000$ Hz	$R = 1000\ \Omega$		

Capítulo **4**

CIRCUITOS CON DIODOS

4.1. INTRODUCCIÓN

Un circuito eléctrico combina resistencias, condensadores, bobinas, etc., alimentándolos con corriente continua o alterna. Pero, ¿qué es un circuito electrónico?

Un *circuito electrónico* contiene, además de los dispositivos eléctricos anteriores, dispositivos semiconductores como el diodo o el transistor, auténticos protagonistas de la electrónica digital, base de las computadoras. En este capítulo se introducen por primera vez el 0 y el 1, el OFF y el ON, elementos fundamentales de la electrónica digital.

Este capítulo está dedicado al diodo y a los circuitos con diodos. El diodo es un dispositivo algo complejo y su principal característica es su no linealidad. Para describir al diodo, este capítulo lo va a hacer cualitativa y cuantitativamente, utilizando métodos analíticos y simuladores.

Un diodo se fabrica con material semiconductor y su símbolo aparece en la Figura 4.1. Si el material conductor es aquel que en presencia de campo eléctrico da lugar a corriente eléctrica, y el material aislante es aquel que en la misma circunstancia no da lugar a corriente (o es muy débil), entonces el material semiconductor es aquel que conduce o no en función de determinadas condiciones, es decir, puede que conduzca o puede que no. Este comportamiento define al diodo como un dispositivo en el que la corriente solo puede circular en un sentido, bloqueando el paso en el sentido inverso. Por ejemplo, una resistencia permite el paso se corriente de izquierda a derecha y viceversa, y de hecho su símbolo es simétrico, y no lo es así para el diodo.

Figura 4.1. Símbolos del diodo

La resistencia controla de forma lineal el paso de cargas, mientras que el condensador almacenaba la carga, sin embargo, el diodo —gracias al material semiconductor— permite o no el paso de corriente. El comportamiento no es lineal, es justamente no lineal. Hay un cambio brusco: "SÍ conduce", "NO conduce", que a su vez se puede emparejar con el ON-OFF o el 1-0 binario. Toda la electrónica digital y sus aplicaciones descansan sobre el material semiconductor, los diodos y los transistores[1].

---

[1] Puede encontrar información más detallada en el libro *Fundamentos de Electrónica Digital* 2.ª edición, de García Zubia J. et al., Garceta grupo editorial (2023).

Históricamente, los primeros dispositivos semiconductores modernos son los diodos (años 30 del siglo XX en adelante), mientras que los transistores arrancan en los años 50 del siglo XX. Actualmente el transistor es el dispositivo fundamental, pero sin embargo comenzaremos explicando el diodo, ya que es más fácil y es muy útil en algunos circuitos no digitales, aunque sí electrónicos, como los rectificadores y los conversores de corriente continua a corriente alterna. El estudio del diodo nos permitirá abordar con soltura el estudio del transistor.

A la hora de abordar el estudio del diodo, debemos atender a: ¿qué ocurre en un diodo? ¿cómo y por qué ocurre? y ¿para qué vale un diodo? Estos tres puntos serán abordados en este orden a continuación. En este capítulo, como en otros, utilizaremos modelos matemáticos, simulación y experimentos remotos.

4.2. QUÉ HACE UN DIODO

El *diodo*, como la resistencia o el condensador, es un dipolo: tiene dos terminales. En sus dos terminales soporta una tensión y entre sus dos terminales circula (o no) una corriente eléctrica, presentando una resistencia y una caída de potencial. Por tanto, para analizar el comportamiento de un diodo es interesante conocer su curva característica y la curva de transferencia del circuito que integra el diodo.

Además, un diodo tiene una característica fundamental y es que los dos terminales son distintos. Uno de ellos se llama *ánodo* y el otro *cátodo*, y por eso el dibujo de un diodo no es simétrico, sino que tiene dos partes diferenciadas (ver Figura 4.2). Lo mismo ocurre con el diodo que compramos, tiene una banda de color gris metálico o negro que indica dónde está el cátodo. En el caso del diodo led, parte derecha de la Figura 4.2, el terminal largo es el ánodo y el corto es el cátodo.

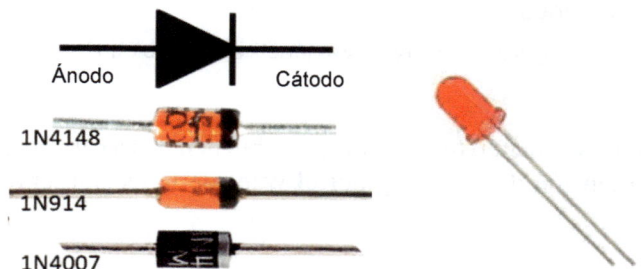

Figura 4.2. Símbolo y tipos de diodo.

Fuente: Binaryu Updates (https://binaryupdates.
com/what-are-different-types-of-diode/)

4.2.1. Curva característica de un diodo

En la curva característica de un diodo se relacionan la tensión en el diodo, V, (entrada) frente a la corriente en el diodo, I, (salida), mientras que en la curva de transferencia se relacionan la tensión de entrada del circuito frente a la tensión de salida del mismo.

La primera curva atiende solo al comportamiento del diodo y solo depende de él: V_{diodo} *versus* I_{diodo}, mientras que la segunda depende del circuito electrónico en sí cuyo comportamiento describe.

La curva característica genérica de un diodo (obtenida para un diodo tipo) aparece en la Figura 4.3.

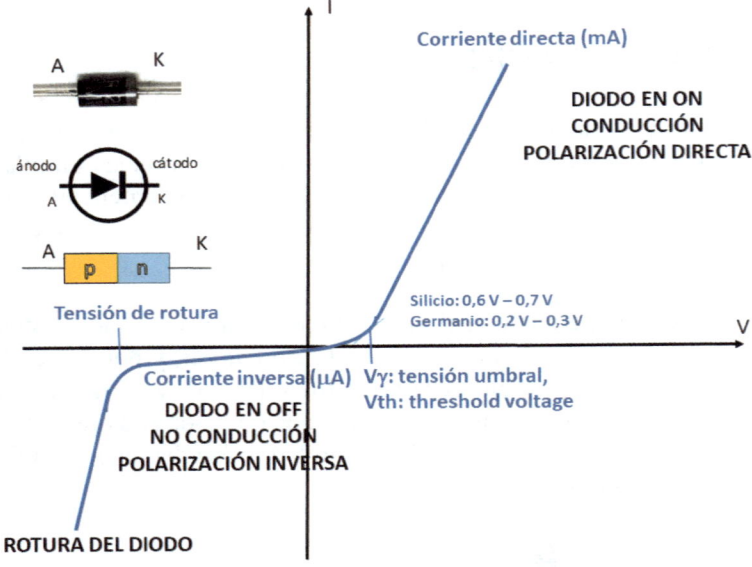

Figura 4.3. Curva característica de un diodo

En la anterior curva característica del diodo se pueden observar sobre todo tres zonas delimitadas por la tensión de entrada y por el valor de la tensión umbralo directa del diodo, V_γ:

1. **Polarización directa/Conduce/ON/1.**

$$\text{Si } V_{\text{diodo}} > V_\gamma$$

entonces

$$I_{\text{diodo}} > 0 \text{ A.}$$

Cuando la tensión en el diodo es mayor que una determinada tensión umbral V_γ, entonces el diodo conduce y por tanto, permite el paso de corriente eléctrica del orden de mA.

2. **Polarización inversa/No Conduce/OFF/0.**

$$\text{Si } V_{\text{diodo}} < V_\gamma, \quad \text{entonces} \quad I_{\text{diodo}} = 0 \text{ A}.$$

Cuando la tensión en el diodo es menor que V_γ entonces el diodo no conduce y por tanto, la intensidad de corriente eléctrica es nula, o mejor dicho es casi nula y de sentido contrario, generalmente del orden de μA.

3. **Rotura.**

Una vez superada una determinada tensión inversa entonces se produce la destrucción del diodo, y aunque la tensión inversa bajara, el diodo no se recuperaría. El circuito *quedaría* inservible. Una situación similar se puede dar en polarización directa, pero es mucho menos común.

La tensión V_γ coincide con la tensión del diodo en la zona de cambio de intensidad, donde la curva toma la forma de un codo (o rodilla, *knee*). Esta tensión es del orden de 0,6 V para el silicio y del orden de 0,3 V para el germanio. Es un parámetro que depende del material, pero también se puede ajustar en la fabricación. Los diodos más populares son de silicio, aunque en origen lo fueron los de germanio.

Además de esta diferencia, el silicio y el germanio se distinguen en la forma de la curva característica (Figura 4.4): las corrientes directa e inversa son mayores en el germanio. Es decir, si la anterior curva es la del silicio, entonces en el primer cuadrante el germanio está a la izquierda de la curva del silicio, y en el tercer cuadrante, el germanio está debajo de la curva del silicio.

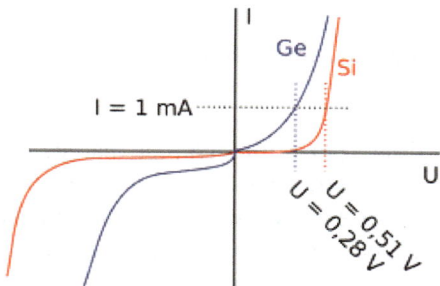

Fuente: Wikipedia Commons (https://commons.wikimedia.org /wiki/File:V-a_characteristic_dio-des_si_ge.svg)

Figura 4.4. Curvas características de diodos de silicio y de germanio. Fuente: Wikipedia Commons

4.2.2. Análisis cualitativo y cuantitativo del diodo: modelos aproximados

Cuando se quiere hacer un análisis cualitativo de un circuito, entonces merece la pena hacer ciertas idealizaciones, es decir, usar modelos sencillos que se *parezcan* al diodo pero que contienen dispositivos básicos como resistencias y pilas. Es decir, vamos a representar el diodo con resistencias y pilas, aunque en realidad no existen en el diodo.

En la Figura 4.5 aparecen los diferentes modelos de diodos. Suelen usarse cuatro y cuanto más exacto y realista es un modelo, más complejo es, y viceversa.

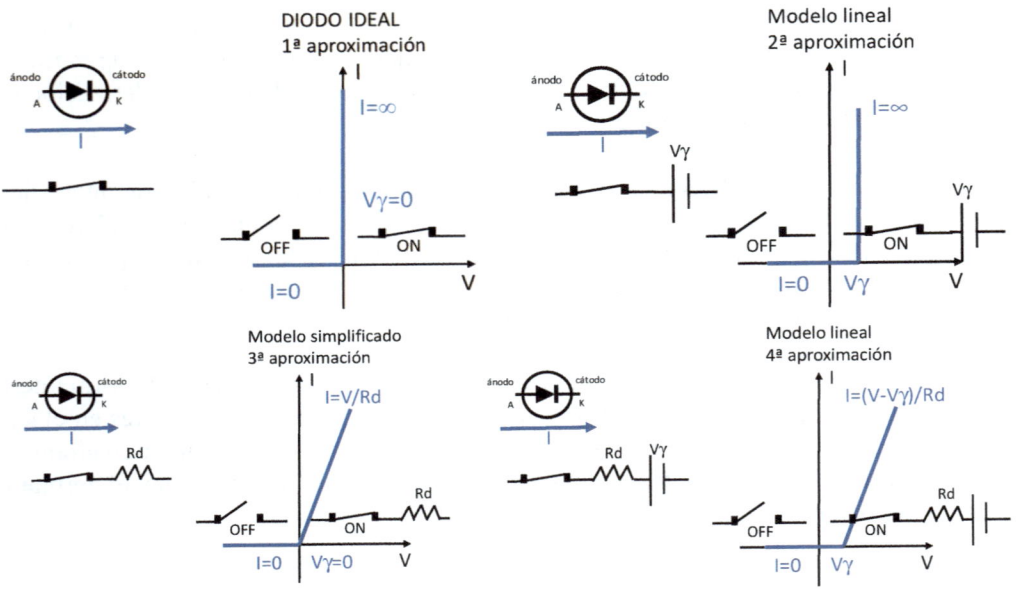

Figura 4.5. Modelos eléctricos aproximados de un diodo

La primera aproximación sería sustituir a un diodo por un interruptor, parece muy *bruta* pero no lo es, de hecho, es la más usada. En este caso un diodo se puede *leer* como sigue: si la tensión es positiva, entonces el interruptor está cerrado y circula corriente (el diodo se comporta como si no estuviera, como si fuera un simple cortocircuito), pero si la tensión es negativa, entonces el interruptor se abre y no circula corriente por el diodo (el diodo *arranca* o desconecta esa parte del circuito). Matemáticamente este modelo no se puede usar ya que la corriente es 0 o ∞.

Una mejora en el modelo incluye una pila orientada contra la tensión de entrada. Esta pila es de 0,6 V para un diodo de silicio (y de 0,3 V para un diodo de germanio). Así si la tensión de entrada es de 5 V, entonces la tensión que queda tras el diodo es de 4,4 V, ya que en el diodo se *pierden* 0,6 V. Esos 0,6 V se pueden expresar como una tensión umbral de *arranque* del diodo llamada V_γ o V_{TH} (*threshold*) y mientras no supere ese valor, el diodo sigue OFF. Por ejemplo, para 5 V, el error es de un 15% aproximadamente (se cree tener 5 V cuando en realidad hay 4,4 V), pero si la tensión es de 2 V entonces la tensión real es de 1,3 V y por tanto, el error supera el 30%. Este análisis nos lleva a elegir un modelo u otro.

Además, a la pila anterior se le puede añadir una resistencia directa, r_d, que modeliza el incremento lineal de la corriente con la tensión de entrada. Esta resistencia es del orden de ohmios, entre 3 Ω y 6 Ω, y su valor es muy bajo, y por tanto, si el circuito objeto de estudio tiene una resistencia de cierto tamaño, entonces se suele prescindir de ella sin cometer un gran error.

El uso de V_γ y r_d permite modelizar matemáticamente al diodo y resolver analíticamente los circuitos correspondientes en dos fases. En la primera fase se supone que el diodo conduce (ON) y en la segunda fase el diodo no conduce (OFF). Mas adelante se verá algún ejemplo de esto.

Para obtener el menor error posible usando un modelo matemático hay que utilizar el modelo de Shockley (Premio Nobel de Física en 1956). Este modelo es muy exacto y parametrizable según sea el material usado y el proceso de fabricación, aunque desgraciadamente es exponencial, y por tanto, difícil de usar ¿te imaginas resolver una ecuación con un modelo como el siguiente?

El modelo matemático de Shockley es el siguiente:

$$I = I_S \cdot (e^{\frac{q \cdot V_D}{n \cdot k \cdot T}} - 1)$$

donde:

I, es la intensidad que atraviesa el diodo.

V_D, es la tensión soportada o aplicada al diodo.

I_S, es la corriente de saturación, del orden de 10^{-12} A (picoamperios) o microamperios, depende del fabricante.

q, es la carga del electrón, $1,6 \times 10^{-19}$ C.

T, es la temperatura expresada en grados kelvin.

k, es la constante de Boltzmann, $1,38 \times 10^{-23}$ J/K.

n, es un coeficiente cuyo valor suele ser de 1 para el germanio y de 2 para el silicio. Es un parámetro de fabricación.

En el modelo de Shockley:

1. **Polarización inversa.**

   Si V_D es un valor negativo, entonces la expresión aproximada queda:

   $$I = -I_S$$

2. **Polarización directa.**

   Si V_D es un valor positivo, entonces la expresión aproximada queda:

   $$I = I_S \cdot e^{\frac{q \cdot V_D}{n \cdot k \cdot T}}$$

Además de los modelos ideales y aproximados, el diseñador debe usar las hojas técnicas (*Data Sheet*) de los fabricantes, ya que muchos de los datos anteriores aparecen en ellas de forma directa o indirecta. Este tipo de documentación es útil y exhaustiva, a veces en exceso, y su lectura y uso es fundamental en el trabajo de diseño. Aun así, es fácil echar en falta en esta documentación la curva característica de un diodo, ya que la información ofrecida depende de cada fabricante.

Antes de seguir hay que hacer dos aclaraciones:

- En el texto se habla continuamente de que *la tensión en el diodo supere V_γ*, pero en realidad la tensión en el diodo es $V_A - V_K$, donde V_A es la tensión en el ánodo y V_K lo es en el cátodo. En los circuitos sencillos (los vistos en este libro) el cátodo suele estar conectado a tierra y por tanto, $V_K = 0$ V, y así cuando se habla de tensión en el diodo, nos referimos a la tensión que hay en el ánodo, V_A, en la parte delantera del diodo. Extender lo dicho hasta ahora a $V_A - V_K$ no es difícil, pero complicaría el texto en exceso sin mucho beneficio.

- En segundo lugar, hay que remarcar que el diodo no sabe de modelos ni conoce a Shockley, es decir, a los diseñadores nos interesa simplificar los problemas, pero esto puede causar otros problemas y nos aleja de la explicación real.

Ejemplo 4.1.

Resolver el circuito de la Figura 4.6 para los tres modelos propuestos. Tomar los datos siguientes:

$V_s = 5$ V

$R = 1$ kΩ

$V\gamma = 0,7$ V

$r_d = 6\ \Omega$

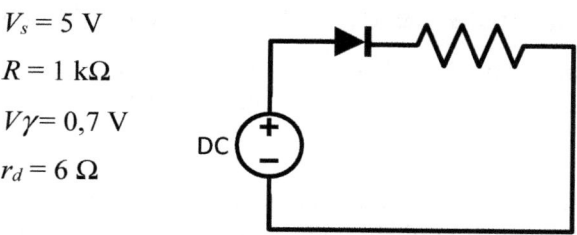

Figura 4.6 Circuito con diodo

Circuitos aproximados

OFF

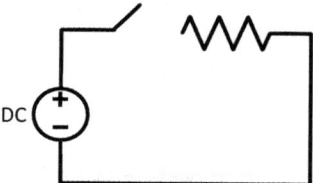

ON

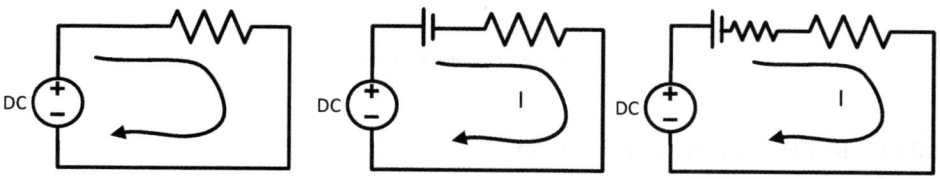

	Modelo 1 (Fig. 4.5) $(V_\gamma = 0$ V y $r_d = 0\ \Omega)$	Modelo 2 (Fig. 4.5) $(V_\gamma = 0,7$ V y $r_d = 0\ \Omega)$	Modelo 4 (Fig. 4.5) $(V_\gamma = 0,7$ V y $r_d = 6\ \Omega)$
Si $V > V_\gamma$ ON	$I = \dfrac{V}{R} = \dfrac{5}{1} = 5$ mA	$I = \dfrac{V - V_\gamma}{R} = \dfrac{5 - 0,7}{1} = 4,3$ mA	$I = \dfrac{V - V_\gamma}{R + r_d} = \dfrac{5 - 0,7}{1,006} = 4,27$ mA
Si $V < V_\gamma$ OFF	$I = 0\ A$	$I = 0\ A$	$I = 0\ A$

Se observa que los resultados obtenidos son muy similares para los tres modelos en este circuito, pero podría ser bien distinto en otros circuitos.

4.2.3. Curva de transferencia de un circuito con diodo

En el punto anterior se ha estudiado el diodo aislado, por separado, pero ahora vamos a estudiar el efecto de este diodo en la tensión de salida, V_o, con respecto a la tensión de entrada, V_i.

Para empezar, hay que situar la tensión de salida, así en el ejemplo anterior, podríamos situar la V_o en la resistencia, aunque también podríamos situarla en el diodo. Recordemos que la curva de transferencia describe al circuito, no al diodo, relacionando las tensiones de entrada y de salida.

Ejemplo 4.2.

Obtener la curva de transferencia del ejemplo de la Figura 4.6. Hacerlo para la salida en la resistencia y para la salida en el diodo. Se pueden graficar por separado o juntas en una sola gráfica (ver las Figuras 4.7 y 4.8).

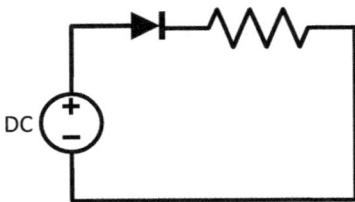

Curva de transferencia en la resistencia

Utilizando el modelo con solo V_γ se obtiene la siguiente tabla.

V_i (V)	−3	−2	−1	0	0,5	0,7	1	1,25	1,5	1,75	2	2,25	2,5	2,75	3
V_o en R (V)	0	0	0	0	0	0	0,3	0,55	0,8	1,05	1,3	1,55	1,8	2,05	2,3

La Figura 4.7 muestra que:

OFF si $V_i < 0,6$ V, entonces $V_o = 0$ V e $I = 0$ mA

ON si $V_i > 0,6$ V, entonces $V_o = V_i$ e $I > 0$ mA

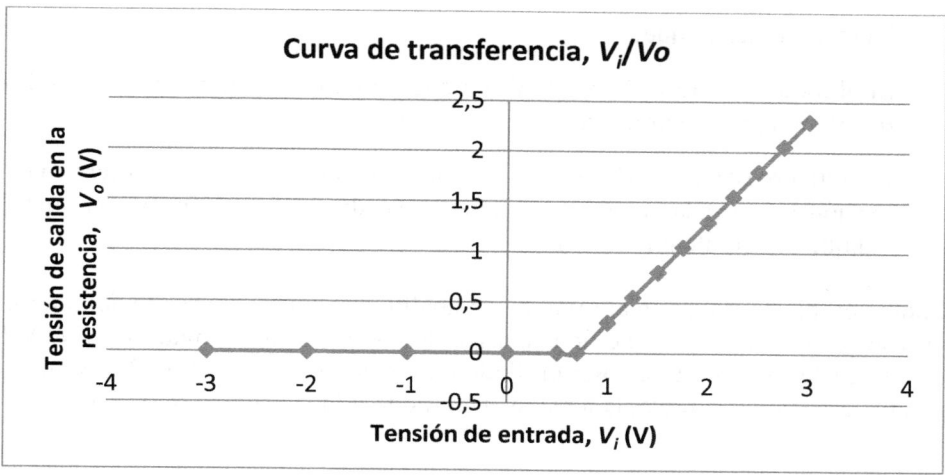

Figura 4.7. Curva de transferencia de la salida del circuito de la Figura 4.6

O lo que es lo mismo y prescindiendo de V_γ:

- Si la entrada es negativa, el diodo está OFF y la salida es 0 V.
- Si la entrada es positiva, el diodo está ON y la salida es igual a la entrada.

Curva de transferencia en el diodo

Utilizando el modelo con solo $V\gamma$ se obtiene la siguiente tabla.

V_i (V)	−3	−2	−1	0	0,5	0,7	1	1,25	1,5	1,75	2	2,25	2,5	2,75	3
V_o en diodo(V)	−3	−2	−1	0	0,5	0,6	0,6	0,6	0,6	0,6	0,6	0,6	0,6	0,6	0,6

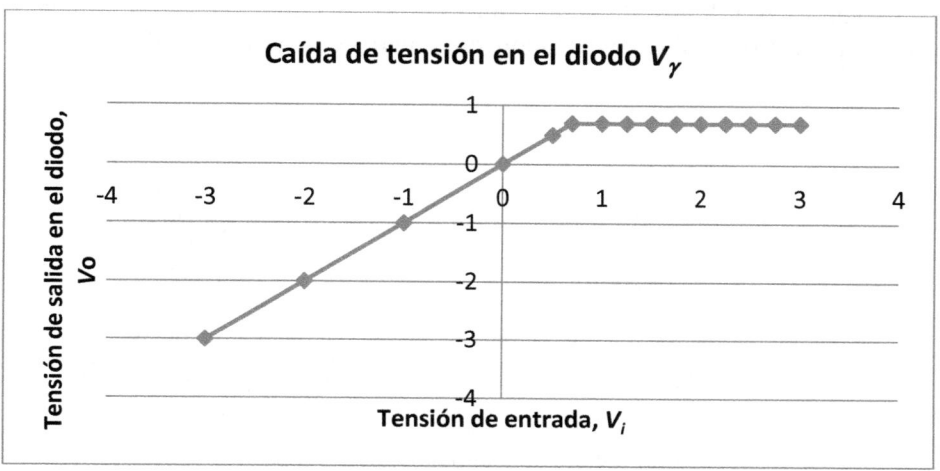

Figura 4.8. Curva de transferencia del diodo del circuito de la Figura 4.6

La Figura 4.8 muestra que:

- Si el diodo está ON ($V_i > 0,6$ V) entonces el diodo soporta en sus terminales 0,6 V, aunque la entrada crezca.

- Si el diodo está OFF ($V_i < 0,6$ V) entonces el diodo soporta en sus terminales la tensión de entrada, y por tanto, puede excederse la tensión inversa máxima, aunque no circule intensidad.

Como complemento a esta aproximación analítica al comportamiento del diodo, sería muy adecuado hacer un sencillo experimento con un diodo normal tipo 1N4007 en el circuito de la Figura 4.6: excitar el diodo con tensiones de −1 V a +2 V y medir la corriente eléctrica que circula, la tensión en el diodo y la tensión en la salida.

4.3. MATERIALES SEMICONDUCTORES

En el punto anterior hemos explicado qué hace un diodo, y hemos aportado alguna indicación de su comportamiento, sin embargo, es necesaria una descripción más detallada y para eso es preciso trabajar a escala atómica.

Los átomos distribuyen sus electrones en órbitas a distinta distancia de su núcleo, todos ellos están atraídos en mayor o menor medida por el núcleo (en la Figura 4.9 se ve la estructura atómica del cobre). Los electrones situados en la última órbita (electrones a partir de ahora) son los responsables en mayor medida de la corriente eléctrica (electrones moviéndose con una dirección en un material) y para ello, deben salir de su órbita, pasando a estar libres. Pasarán entonces de ser electrones de valencia en la órbita de valencia a electrones libres o de conducción fuera de la órbita de valencia.

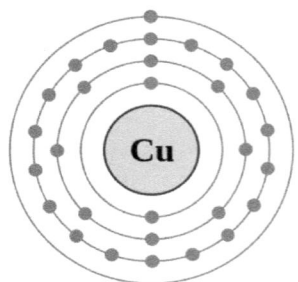

Fuente: Wikipedia:
https://es.wikipedia.org/wiki/
Archivo:Capa_electr%C3%
B3nica_029_Cobre.svg

Figura 4.9. Estructura atómica del cobre

En un material conductor, un metal, por ejemplo, los electrones quedan libres con facilidad ya que están poco atraídos por el núcleo, es decir, un pequeño aporte de energía los libera, por ejemplo, la energía térmica aportada por la temperatura externa puede ser suficiente, o la energía recibida de la luz en forma de fotones. En un material no conductor la situación es la inversa: los electrones se pueden liberar, pero para ello, necesitan un alto aporte de energía.

Un material semiconductor puede comportarse como conductor o como no conductor o aislante, dependiendo de las circunstancias.

Por tanto, un hilo de cobre a temperatura ambiente tiene un gran número de electrones libres que se mueven sin control al haber salido de sus órbitas de valencia. El movimiento de cada uno de ellos se puede observar como corriente eléctrica (desde un punto de vista microscópico), pero seguramente mientras un primer electrón se mueve en una dirección, un segundo electrón se mueve en la dirección opuesta, y por tanto, ambos movimientos se compensan y la corriente eléctrica total es nula desde un punto de vista macroscópico (movimiento browniano). Ahora bien, si ese cable es sometido a un campo eléctrico mediante una pila, entonces los electrones se moverán en una única dirección, dando lugar a una corriente apreciable.

En el caso del oxígeno (o la madera o el calcio) muy pocos de sus átomos tienen electrones libres, y entonces, aunque tengamos una pila en el "aire", sin conectar, simplemente cogida en la mano, no hay corriente eléctrica. Ahora bien, si el campo eléctrico es muy alto, entonces sí circula corriente eléctrica y vemos un rayo que nos puede matar.

Lo interesante es lo que pasa en el silicio, que es el material semiconductor más popular junto con el germanio. En este caso (y en los anteriores) los átomos de silicio se unen para formar cristales mediante enlaces covalentes (u otros enlaces).

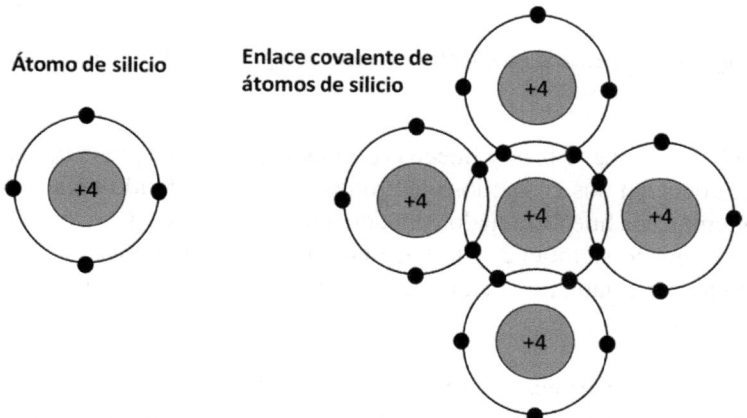

Figura 4.10. Estructura atómica del silicio y enlace covalente

La última órbita del silicio tiene 4 átomos (su valencia es cuatro) y como para estar estable necesitaría tener 8, lo que hace es compartir sus 4 electrones con otros cuatro átomos de silicio y así la tétrada resultante es estable: sus 4 electrones más los otros 4 electrones de silicio son 8, y viceversa, que más o menos es como un titiritero cuando lanza naranjas al aire. Lo anterior se muestra en la Figura 4.10.

A una temperatura de 0 °K esta unión es perfecta y no hay electrones libres, pero en cuanto aparece algo de energía estos enlaces tienden a romperse y por tanto, aparecen electrones libres (que pasan a la zona de conducción), que al liberarse dejan un *hueco* positivo en la órbita de valencia en la que estaban (estos huecos son importantes más adelante).

Esta situación, mostrada en la Figura 4.11, crea un par electrón-hueco: el electrón en la zona o banda de conducción (fuera de la órbita) y el hueco en la órbita o banda de valencia.

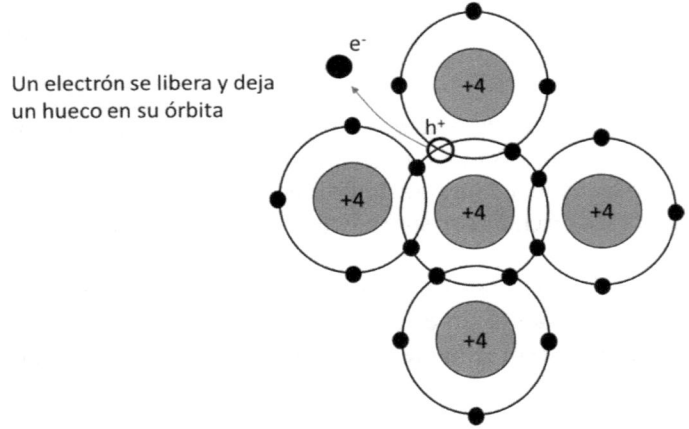

Figura 4.11. Enlace covalente de silicio con par electrón-hueco creado

Si habiendo electrones libres y huecos (portadores), se hace presente un campo eléctrico entonces ocurren dos cosas: los electrones se mueven dando lugar a una corriente eléctrica y además, los huecos dejados pueden atraer electrones de otros enlaces o libres, en cuyo caso el hueco se mueve, y lo hace en una dirección contraria a la del electrón. Este movimiento es estadísticamente menos probable y por tanto, menos significativo que el del electrón.

Toda vez que los electrones negativos se mueven en un sentido y los huecos positivos en el contrario, entonces se puede decir que se crea una corriente de portadores cuya suma es la de los electrones y los huecos, según muestra la Figura 4.12.

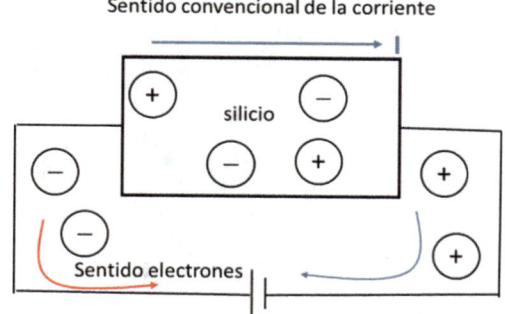

Figura 4.12. Corriente eléctrica en un bloque de silicio

En la corriente total predomina la corriente generada por los electrones frente a la creada por los huecos, pero ambas se suman ya que al tener los huecos carga positiva y moverse en sentido contrario a los electrones, entonces pueden ser vistos como electrones que se mueven como los originales.

Por tanto, vemos que un material semiconductor como el silicio puede conducir o no, dando lugar a un comportamiento no lineal, siempre que se controlen las condiciones de conducción mediante la tensión aplicada para que se rompan o no los enlaces covalentes liberando huecos y electrones, y estos se denominan *portadores intrínsecos*.

4.3.1. Materiales semiconductores N y P

En el desarrollo tecnológico del diodo los fabricantes advirtieron que había una forma de mejorar el material semiconductor añadiéndole ciertas impurezas dando lugar a los materiales semiconductores tipo N y tipo P.

El material tipo N se obtiene dopando el silicio con átomos de arsénico o fósforo. El fósforo tiene 5 electrones en su última órbita y en la estructura de silicio se comporta con un átomo de este material al que le *sobra* un electrón, a estos electrones añadidos se les llama *portadores extrínsecos* ya que no están asociados a un hueco de forma intrínseca. El dopaje ha de ser bajo, ya que si no el silicio deja de serlo para ser otro material. Se añade un 1 átomo de fósforo por cada más o menos 10^8 átomos de silicio; los químicos son capaces de hacerlo.

Ahora en el material N se podrán seguir rompiendo enlaces creando pares electrón-hueco (portadores intrínsecos), pero sobre todo tiene portadores extrínsecos. Por tanto, en el material N los electrones son los portadores mayoritarios, siendo los huecos los minoritarios. En la Figura 4.13 ahora hay dos electrones libres y un hueco libre, dos portadores intrínsecos (1 hueco y 1 electrón) y uno extrínseco (1 electrón).

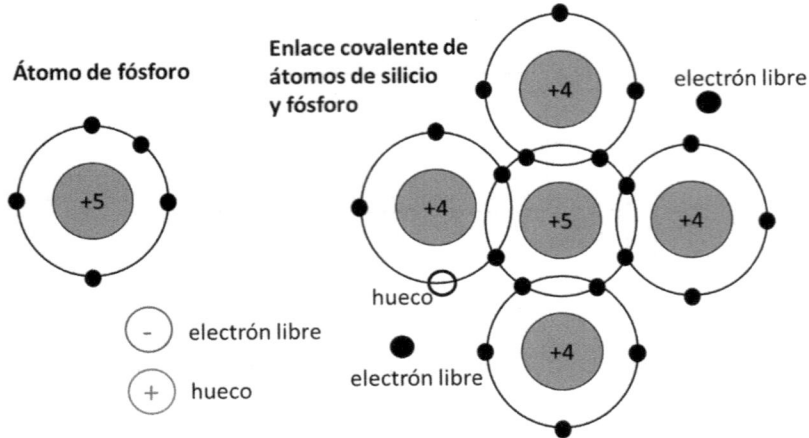

Figura 4.13. Estructura material N con portador extrínseco

Simétricamente existe el material tipo P. En este caso se dopa el silicio con algunos átomos de indio, aluminio o boro con tres electrones en la última órbita, de forma que este material P cuenta con huecos como portadores extrínsecos. Del mismo modo que en el material N, ahora existen portadores mayoritarios (los huecos) y portadores minoritarios (los electrones). En la Figura 4.14 ahora hay dos huecos libres y un electrón libre, dos portadores intrínsecos (1 hueco y 1 electrón) y uno extrínseco (1 hueco).

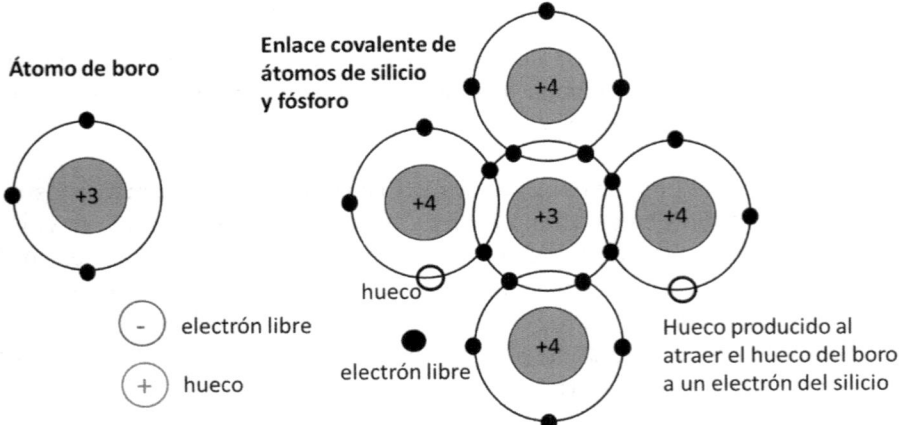

Figura 4.14. Estructura material P con portador extrínseco

Resumiendo, ahora se ha modificado sutilmente la conductividad original del silicio, dando lugar a los materiales N y P. En cada uno de ellos habrá un portador mayoritario (electrón en el N y hueco en el P) y un portador minoritario (hueco en el N y electrón en el P). Es importante que el dopaje sea sutil para conseguir el efecto deseado (aumento de la conductividad) sin modificar mucho la estructura del material ni su característica semiconductora.

En este momento, y en el caso del material N, habrá un buen número de electrones moviéndose de forma desordenada en el material y algunos huecos haciendo lo mismo. No hay que olvidar que los electrones libres disponibles provienen tanto del dopaje como de la rotura de enlaces por efecto de la temperatura, la luz, etc., mientras que los huecos solo provienen de la rotura de enlaces. En el material P la situación es la inversa, muchos huecos libres y algunos electrones.

Si se somete a un material N a un campo eléctrico, entonces ocurren dos cosas:

- Un buen número de electrones libres da lugar a una corriente eléctrica en el sentido contrario de las agujas del reloj (ver Figura 4.15).

- Un pequeño número de huecos da lugar a una corriente eléctrica en el sentido de las agujas del reloj. Ahora bien, toda vez que las cargas son positivas, se puede decir que dicha corriente de huecos puede ser interpretada como una de electrones en el sentido inverso.

- Por tanto, ambas corrientes se pueden sumar, aunque la de electrones es la mayor porcentualmente.

En la Figura 4.15 hay 7 electrones: 5 extrínsecos y 3 intrínsecos por rotura de dos enlaces, y 3 huecos correspondientes a la rotura de los enlaces. El sentido convencional de la corriente es el contrario al de los electrones. Un comportamiento similar se ve en el material P en la parte derecha de la Figura 4.15.

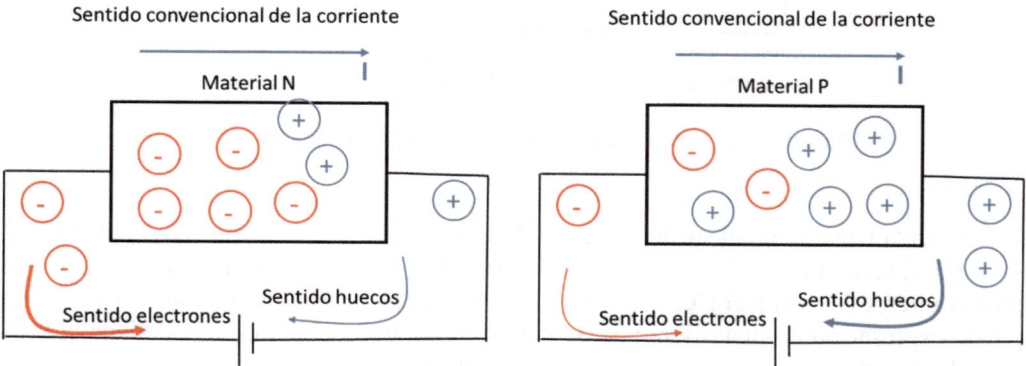

Figura 4.15. Corriente eléctrica en materiales N y P

4.4. EL DIODO

Todo lo anterior toma sentido al crear un diodo (ver Figura 4.16), que no es más que la unión de material P con material N. En esa unión habrá portadores mayoritarios (electrones en N y huecos en P) y portadores minoritarios (huecos en N y electrones en P), fruto del dopaje y de la aparición de pares electrón-hueco por la rotura de enlaces.

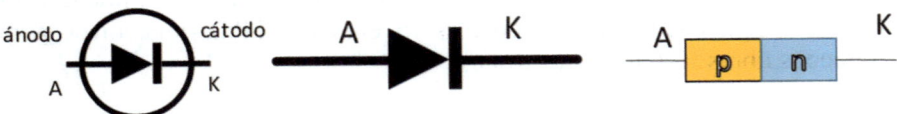

Figura 4.16. Símbolo de un diodo

Al unir P y N se crea el diodo pero ¿qué ocurre en su interior? ¿cómo se controla la conducción o no del mismo?

La Figura 4.17 muestra qué ocurre al unir ambos materiales. El material P tiene huecos abundantes y el N tiene electrones libres, y por tanto, al juntarse ambos portadores mayoritarios se recombinan: los electrones *caen* en los huecos ¿se da este proceso hasta la total recombinación?

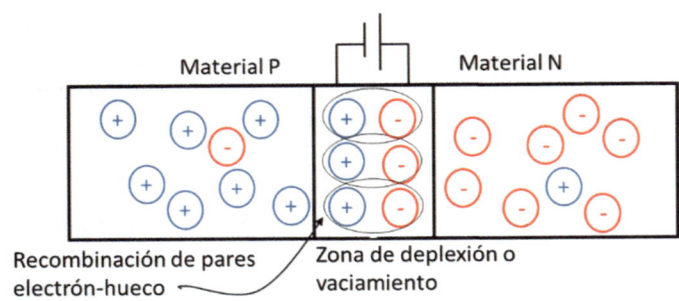

Figura 4.17. Unión PN con zona de deplexión y tensión umbral

No, cada vez que un electrón cae en un hueco entonces ocurren dos cosas: la parte P se carga negativamente (necesita el hueco perdido), mientras que la parte N se carga positivamente (necesita el electrón enviado a P). Por tanto, este movimiento de cargas se puede expresar como una diferencia de potencial o campo eléctrico que detiene el proceso de recombinación ya que para que la recombinación siga es necesario que un electrón entre en la zona P, pero esta zona se ha cargado negativamente y por tanto rechazará su entrada, y lo mismo ocurre en la zona N. Es decir, al juntar P y N se recombinan electrones y huecos en la zona de contacto, pero este proceso se detiene en un momento (potencial) dado. Este potencial es la tensión umbral, V_γ, o tensión de *threshold*, V_{TH}. Cuyo valor es del orden de 0,5 V-0,7 V para el silicio y 0,2 V-0,4 V para el germanio. La zona de contacto entre el material P y N, donde los portadores mayoritarios se han agotado, se denomina *zona de vaciamiento* o *agotamiento*, *zona de deplexión*, *zona de transición*, etc., y presenta una barrera de potencial de N a P.

En este momento el diodo está listo para ser controlado mediante su *polarización*. Se llama *polarizar un diodo* a conectarlo a una fuente de tensión, generalmente de corriente continua. Hay dos tipos de polarización:

1. **Polarización directa** (Figura 4.18). Si se conecta el terminal positivo de una pila o batería a la zona P (ánodo) y la negativa a la zona N (cátodo), entonces la barrera de potencial creada en la zona de contacto PN se reduce, hasta el punto que desaparece. Cuando desaparece entonces los electrones de N atraviesan P atraídos por el terminal positivo de la pila, mientras que los huecos hacen lo propio atravesando la zona N. Por consiguiente, aparece una corriente eléctrica como suma del movimiento de los electrones y los huecos. Por supuesto que un aumento de tensión en la batería (polarización directa) produce un aumento de la intensidad de la corriente ya que los portadores son atraídos con mayor intensidad por el campo eléctrico. Si la tensión aumenta la corriente de portadores es mayor por ser más rápido el movimiento, y también por aparecer más portadores intrínsecos debido al aumento de potencial.

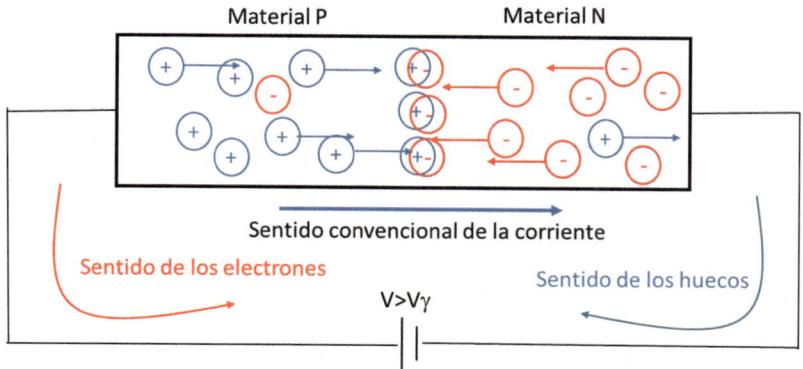

Figura 4.18. Unión PN polarizada directamente

2. **Polarización inversa** (Figura 4.19). En este caso los terminales de la pila están cambiados: el terminal negativo está en P y el positivo, en N. En esta situación

la barrera interna de potencial no solo no desaparece, sino que aumenta, impidiendo la corriente eléctrica de los portadores mayoritarios (electrones que venían de N y huecos, de P). Pero hay que hacer notar que en esta situación los portadores minoritarios toman cierta relevancia ya que los electrones de P (minoritarios) llegan a N atraídos por el terminal positivo, y lo mismo hacen los huecos de N que llegan a P atraídos por el terminal negativo. Este movimiento produce una corriente eléctrica débil (son portadores minoritarios) y dicha corriente tiene un sentido contrario al anterior. Esta corriente puede ser considerada nula, aunque en realidad no lo es. Esta corriente de bajo valor y negativa ha sido observada en los experimentos anteriores y es la llamada I_S del modelo de Shockley, cuyo valor depende de cada tipo de diodo y está expresado en los *Data Sheet* (hojas técnicas) de los fabricantes.

Esta Figura 4.19 necesita una aclaración adicional. Puede parecer que habría una gran corriente en sentido contrario ya que los electrones de N irán hacia el terminal positivo de la pila, es más, la distancia es menor que en el caso anterior. Sin embargo, una vez que estos electrones han llegado a este terminal deben salir energizados del terminal negativo para llegar a la zona P que deben atravesar, sin embargo, no lo consiguen con facilidad ya que el potencial interno de la unión PN ha aumentado mucho y rechazan los electrones. Es decir, los electrones *salen* una única vez y no dan lugar a corriente eléctrica continua apreciable.

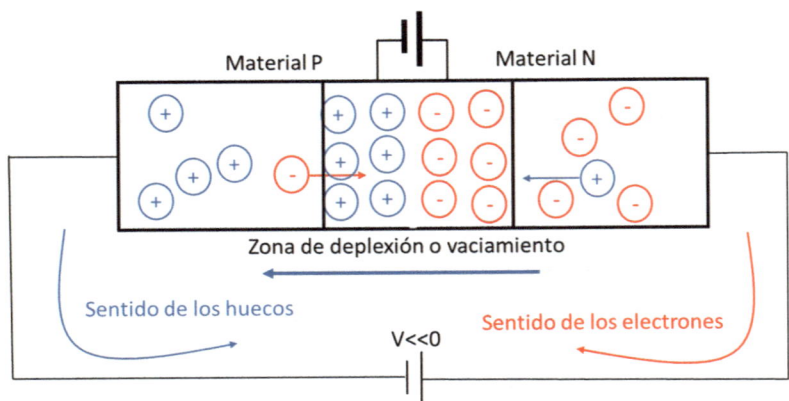

Figura 4.19. Unión PN polarizada inversamente

Un exceso de polarización, tanto directa como inversa (sobre todo esta última), puede conllevar la destrucción del diodo ya que, al aumentar mucho la corriente directa, así como la tensión inversa, el material se ve sometido a tensiones que modifican su estructura cristalina.

Por ejemplo, al pasar a polarización inversa la corriente, esta cambia de sentido y su intensidad es baja. Si la polarización inversa aumenta, entonces la corriente lo hace, pero toda vez que el número de portadores minoritarios es bajo, lo que ocurre es que aumenta su velocidad (la zona de deplexión aumenta en tamaño). Si la polarización aumenta mucho (y mucho depende del fabricante) entonces los portadores minoritarios alcanzan tal velocidad que al chocar con pares electrón-hueco, los rompen, aumentado el número de portadores minoritarios y mayoritarios, y por tanto, aumentando la zona de deplexión (ya que ahí van los mayoritarios), es decir, el proceso se retroalimenta y se descontrola. Se produce un efecto avalancha que dispara la intensidad de la corriente hasta el punto de destruir el diodo. Esta situación se observa en la parte izquierda de la curva característica. Es importante recalcar que, tras esta situación, aunque la polarización inversa disminuya, puede que el diodo no recupere su comportamiento normal.

La temperatura también afecta mucho al material semiconductor, de hecho, si se deja un computador, cámara, móvil a una temperatura muy alta (por ejemplo, un coche al sol), el semiconductor se destruye y aunque luego se *enfríe*, no recupera su funcionamiento original.

Una última cuestión importante es cómo se produce el cambio de polarización directa a inversa, y viceversa. La pregunta más interesante es ¿cuánto tarda en aparecer o desaparecer la corriente tras un cambio de polarización? Es decir, si la polarización pasa *instantáneamente* de +5 V a 0 V ¿cuánto tarda en revertirse o desaparecer la corriente? ¿es instantáneo o casi este cambio? El diodo necesita un tiempo para revertir la corriente, del orden de nanosegundos o microsegundos (dependiendo del fabricante).

Este análisis es importante en circuitos digitales ya que la tensión pasa de 0 V a 5 V, es decir, de 0 a 1, de OFF a ON. Idealmente la entrada tarda 0 segundos en pasar de 0 V a 5 V, pero no es cierto; igual que no es cierto que la corriente aparezca o desaparezca en 0 segundos. Es más, el diodo necesita un tiempo diferente para pasar de polarización inversa a directa, que de directa a inversa.

Cuando un diodo está sin polarizar, se produce una recombinación de portadores mayoritarios en la zona de contacto, y entonces el lado P queda cargado negativamente, mientras el N lo hace positivamente. Esta unión puede ser vista como un condensador (además de como V_γ) y, por tanto, para que se produzca conducción es necesario descargar este condensador. En cuanto aumenta la tensión positiva en P, entonces, los huecos mayoritarios en P son empujados a N, y viceversa con los electrones en N, es decir, el proceso es rápido y en principio basta con que algunos portadores mayoritarios se muevan para que empiece la conducción. La descarga del condensador es rápida.

Cuando un diodo está polarizado directamente, entonces hay mayoría de electrones en P, y hay mayoría de huecos en N ya que se están moviendo dando lugar a una corriente (el terminal positivo de la batería está en P y el negativo está en N). Si en este momento cambia la polarización, entonces todos los portadores que están en N (los huecos) deben *volver*, y viceversa con los electrones y la zona N. Ese cambio de movimiento da lugar a una intensidad de sentido contrario de un valor relativamente alto, pero una vez que los electrones han vuelto a N y los huecos han vuelto a P, entonces la corriente en sentido inverso sigue, pero protagonizada por los portadores minoritarios y por tanto, de mucha menor en intensidad. Es más lento este cambio (de ON a OFF) que el anterior (de OFF a ON). La Figura 4.20 muestra claramente la diferencia entre un cambio y otro.

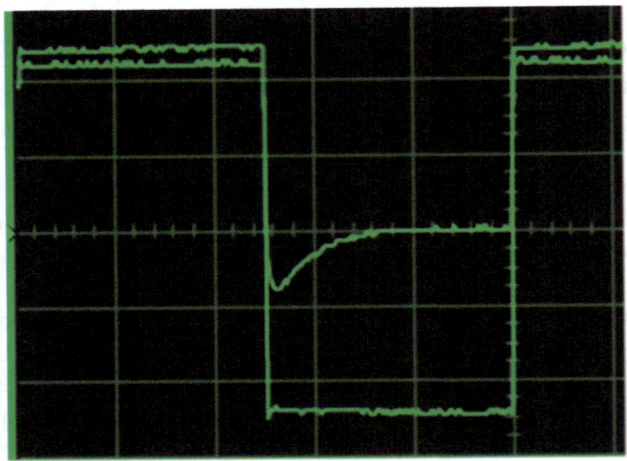

Figura 4.20. Evolución ON-OFF y OFF-ON para un diodo 1N4007 con una señal cuadrada de entrada

Es importante destacar que el "relato" anterior explica de una forma sencilla cómo aparece la corriente eléctrica en un diodo y cómo se controla. Sin embargo, no es una explicación completa del proceso, ya que este es complejo y necesita introducir diferentes elementos (bandas de energía, movimiento de huecos, etc.), aunque es suficiente para entender la naturaleza del semiconductor y la utilidad del diodo.

Ahora ya conocemos experimentalmente el comportamiento de un diodo y se ha explicado cualitativamente dicho comportamiento, queda, por tanto, presentar los distintos tipos de diodo y aprender a utilizarlos en diferentes circuitos.

4.5. TIPOS DE DIODOS

Existen muchos tipos de diodo, todos se basan en la explicación anterior, pero la diversidad de aplicaciones de los mismos ha llevado a diferencias importantes en su comportamiento y diseño. Muchos de estos diodos exceden el ámbito de estas notas, pero otros no.

Los más comunes son los diodos, los diodos led y los diodos Zener, tal y como muestra la Figura 4.21.

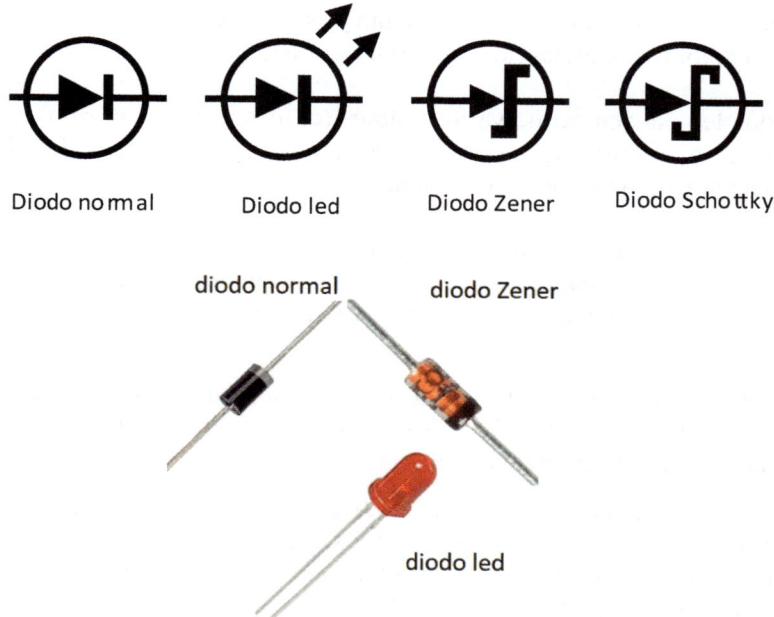

Diodo normal   Diodo led   Diodo Zener   Diodo Schottky

diodo normal   diodo Zener

diodo led

Figura 4.21. Símbolos e imágenes de distintos tipos de diodo

4.5.1. Diodo LED (*Light Emitting Diode*)

Es un diodo (ver Figura 4.22) hecho con un material semiconductor con la característica de emitir luz visible (o no) cuando es polarizado directamente (cuando la corriente circula por él), mientras que, si está polarizado inversamente, entonces ni se enciende ni permite el paso de corriente.

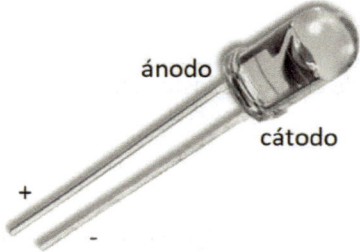

ánodo

cátodo

+

-

Figura 4.22. Imagen de diodo con ánodo y cátodo

El diseño de un led es tal que favorece que los electrones que atraviesan su estructura al estar polarizado directamente se recombinen con los huecos de manera que dicha recombinación libere energía en forma de fotón y por tanto, se emita luz (visible o no). El led se empieza a fabricar en los años sesenta y es muy popular en la industria, y ahora también en el ámbito comercial (televisiones, iluminación, etc.).

Los diodos led pueden ser de varios colores (el más típico es el rojo) e incluso los hay que emiten luz infrarroja y de otros tipos para otras aplicaciones: fotodiodos, sensores de detección, equipos de comunicaciones, etc.

Aunque el comportamiento básico es el mismo (polarizado directamente o polarizado inversamente) y su característica principal es que emite luz (visible, infrarroja, ultravioleta, etc.). Hay dos características de un diodo led que son distintas del diodo normal y son importantes:

- Su *tensión umbral*, V_γ, que es de un valor superior a la de un diodo normal. Suele estar entre 1,5 V y 2 V. Este valor depende del color del diodo led, de su tamaño y de la tecnología de fabricación.

- La *corriente* que atraviesa al diodo, I_{diodo}, debe estar dentro de unos márgenes. Con un valor mínimo para que la luz sea apreciable y visible y con un valor máximo, que si es superado puede conllevar la destrucción del diodo por exceso de corriente (como una bombilla). Este rango suele estar entre 10 mA y 20 mA, y depende de cada diodo led.

Color	Rojo	Naranja	Amarillo	Verde	Azul	Blanco
Tensión umbral	1,8 V-2,2 V	2,1 V-2,2 V	2,1 V-2,4 V	2 V-3,5 V	3,5 V-3,8 V	3,6 V

Estos valores se encuentran descritos en las hojas técnicas de los fabricantes. Cabe destacar que los diodos led son más sensibles que los diodos normales al aumento de temperatura.

En cuanto a la limitación de corriente, este circuito ya se ha estudiado en Capítulo 2.

4.5.2. Diodo Zener

En el caso del led normal, parece lógico decir que se espera que esté ON para emitir luz y así utilizar su principal función. Aunque también es lógico pensar que la situación de OFF es igualmente interesante.

Del mismo modo, pero a la inversa, se puede hablar del diodo Zener (ver Figura 4.23), ya que está pensado para trabajar en polarización inversa, próximo a la zona de avalancha.

Figura 4.23. Imagen y símbolo de diodo Zener

Para empezar, vemos que su aspecto es distinto del diodo normal y del led, y además tiene un símbolo distinto.

En cuanto a su comportamiento, lo interesante o útil de un diodo Zener no es su comportamiento en polarización directa, sino en inversa. En un diodo normal en polarización inversa, el diodo no conduce está OFF, y si esa tensión inversa aumenta hasta superar un límite, entonces se produce el fenómeno de avalancha donde la corriente aumenta bruscamente hasta el punto de destruir el diodo de forma permanente, es decir, es totalmente indeseable acercarse a la zona prohibida de avalancha. La avalancha se da porque la tensión inversa ha aumentado tanto que es capaz de destruir enlaces covalentes, que una vez liberados tienen tanta energía que al chocar con otros enlaces producirán el mismo efecto, que se descontrolará hasta llegar a la avalancha.

Lo que el diodo Zener consigue es controlar dentro de unos límites el fenómeno de avalancha, es decir, permitir que alrededor de una tensión llamada de Zener (V_Z), y dentro de un margen (zona Zener), la corriente crezca mucho, pero no se descontrole hasta la avalancha.

¿Cómo se consigue lo anterior? Pues curiosamente aumentando el nivel de impurezas, es decir, aumentando el dopado. De esta forma la zona de deplexión o de vaciamiento disminuye de tamaño (zona sin portadores libres), y por tanto, el campo eléctrico creado por la tensión inversa aumenta (el campo se puede expresar como el cociente de la tensión entre la distancia) y de esta forma el fenómeno de aumento de la corriente inversa se produce a menor tensión y con menor energía, de manera que el fenómeno es controlable. Este intenso campo eléctrico libera electrones de valencia (y crea huecos) dando lugar a la corriente inversa (va del cátodo al ánodo, de N a P) gracias a los portadores minoritarios de cada zona, y no se produce la avalancha porque el aumento del dopado lo limita.

La gráfica de la Figura 4.24 muestra claramente cuatro situaciones:

- En polarización directa el comportamiento es como el de un diodo normal.

- En polarización inversa, mientras la tensión inversa sea baja e inferior a V_Z, entonces la corriente presente es muy baja, aunque la tensión aumente claramente. Esta corriente de fuga es del orden de μA y su sentido es del cátodo al ánodo, al contrario que en polarización directa.

- En polarización inversa y si la tensión está alrededor de V_Z (dentro de la zona Zener), entonces la corriente inversa es elevada, del orden de mA, y pequeños aumentos de tensión (V) producirán fuertes aumentos de intensidad (I).

- En polarización inversa y fuera del rango de la zona Zener se produce el efecto de avalancha que destruye el diodo.

Pero el tercer punto anterior también puede leerse como sigue: si un diodo Zener forma parte de un circuito y siempre está polarizado inversamente en la zona Zener (la corriente está entre los límites), entonces las variaciones de corriente pueden ser absorbidas por el diodo, sin que este aumento de corriente suponga un aumento de tensión en sus extremos, que se mantendrá alrededor de V_Z. Este comportamiento además se ve poco afectado por la variación de la temperatura.

Lo anterior exige dos cosas: que el diodo esté polarizado inversamente y que la intensidad que lo atraviese esté dentro de la zona Zener. No tiene sentido pensar "como está en inversa entonces entrega siempre 5,1 V". Es necesario que esté en la zona Zener de la polarización inversa, tal y como muestra la Figura 4.24.

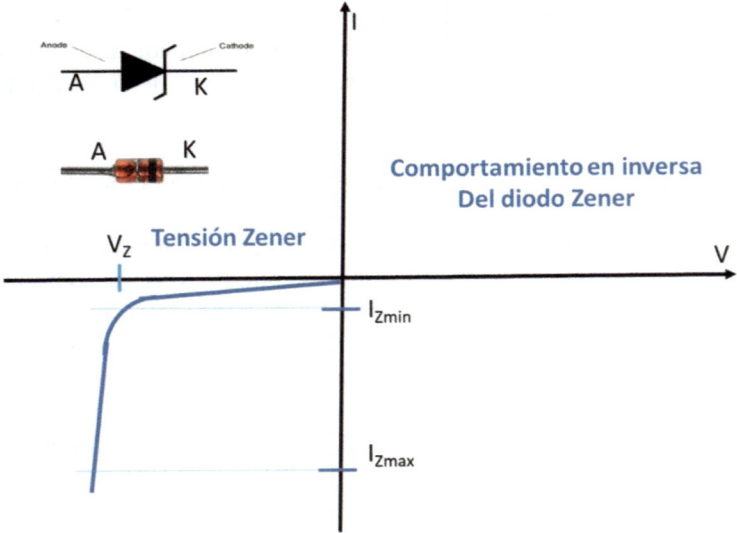

Figura 4.24. Curva característica de un diodo Zener

Para cada diodo esta zona es distinta y ese dato está reflejado en las hojas técnicas de los fabricantes. Existen diodos Zener con distintas tensiones V_Z de 5,1 V, 4,7 V, 4,3 V, 3,9, V, 3,6 V, 3,3 V, etc.

En cuanto al modelo ideal de un diodo Zener, la Figura 4.25 muestra un modelo bastante claro, aunque poco utilizado más allá de la didáctica. Según este modelo, un diodo Zener puede ser visto como un diodo normal (en directa) o como un diodo normal más una pila de valor V_Z (en inversa).

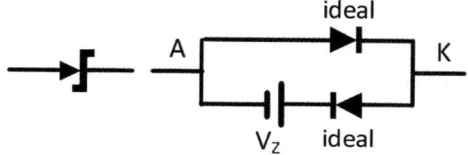

Figura 4.25. Modelo eléctrico de un diodo Zener

A continuación se proporciona la explicación cuantitativa. En la Figura 4.26 (a) se muestra la curva característica de un diodo Zener de 4,7 V y en la Figura 4.26 (b) la imagen de los datos de la correspondiente hoja técnica.

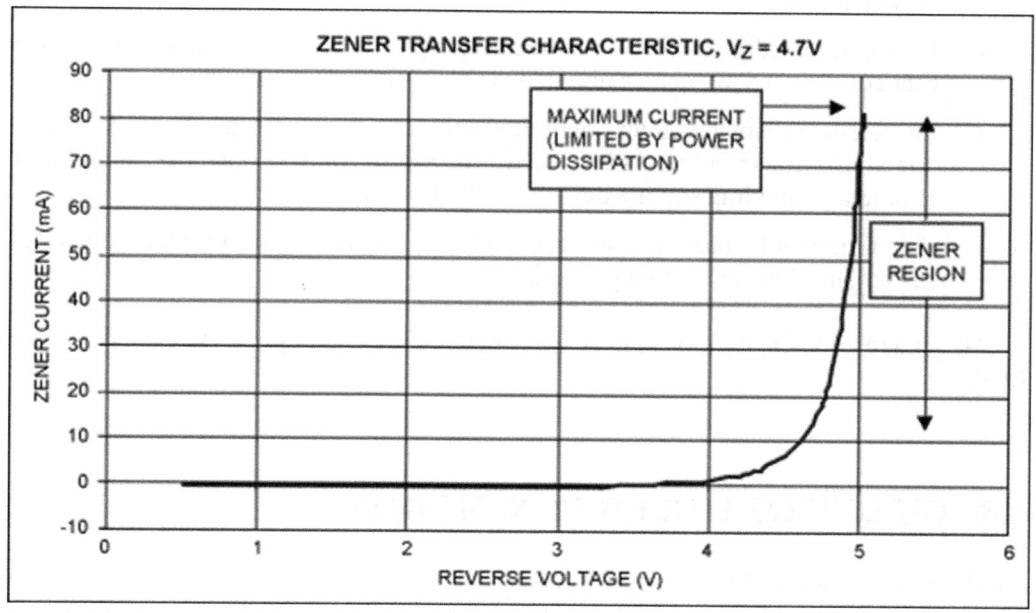

Figura 4.26. (a). Curva de un diodo Zener comercial.

Electrical Characteristics T$_a$ = 25°C unless otherwise noted

Device	V$_Z$ (V) @ I$_Z$ (Note 1)			Test Current I$_Z$ (mA)	Max. Zener Impedance			Leakage Current		Non-Repetitive Peak Reverse Current
	Min.	Typ.	Max.		Z$_Z$ @ I$_Z$ (Ω)	Z$_{ZK}$ @ I$_{ZK}$ (Ω)	I$_{ZK}$ (mA)	I$_R$ (μA)	V$_R$ (V)	I$_{ZSM}$ (mA) (Note 2)
1N4728A	3.135	3.3	3.465	76	10	400	1	100	1	1380
1N4729A	3.42	3.6	3.78	69	10	400	1	100	1	1260
1N4730A	3.705	3.9	4.095	64	9	400	1	50	1	1190
1N4731A	4.085	4.3	4.515	58	9	400	1	10	1	1070
1N4732A	4.465	4.7	4.935	53	8	500	1	10	1	970
1N4733A	4.845	5.1	5.355	49	7	550	1	10	1	890
1N4734A	5.32	5.6	5.88	45	5	600	1	10	2	810

Figura 4.26. (*cont.*) (b) Especificaciones eléctricas de un diodo Zener comercial. Fuente: pdf.datasheetcatalog.net/datasheet_pdf/motorola/1N4678_to_MZ5530B.pdf

Para la gráfica:

- Si la corriente está entre 10 mA y 80 mA, entonces la tensión está alrededor de 4,7 V, es decir, está regulada.

- Para una entrada de 4,7 V la intensidad es de 10 mA y por tanto, la resistencia es de 500 Ω; sin embargo, para 5 V en el límite de la zona Zener, la resistencia es de unos 60 Ω.

- Para la intensidad máxima, la potencia disipada es del orden de 400 mW, que está cerca de 0,5 W, que es uno de los valores de referencia típicos.

- La potencia disipada es una magnitud muy importante en un diodo Zener, ya que al dispararse la intensidad, puede hacerlo también la potencia. Sobrepasar la potencia máxima supone destruir el diodo Zener.

- Este límite en la máxima potencia disipada es un freno para utilizar diodos Zener en circuitos de no baja potencia.

Para una resolución numérica puede verse el circuito de la Figura 4.41 en el Apartado 4.6.4.

4.6. CIRCUITOS ÚTILES CON DIODOS

Los diodos son muy útiles y sus aplicaciones son muy variadas, tanto en el ámbito analógico como en el digital. A continuación se muestran varias de ellas, algunas tan importantes como el conversor AC/DC.

4.6.1. Indicador de *Power ON*

El ejemplo más básico es el uso de un diodo led para indicar si la alimentación es correcta o no (ver Figura 4.27): si lo es, deja pasar la corriente eléctrica y además se ilumina, pero si no lo es (nos hemos equivocado al conectar los cables o el conector), entonces el diodo no se ilumina y además la corriente no circula y por tanto el circuito *no funciona*.

Figura 4.27. Circuito de *power on* con diodo led

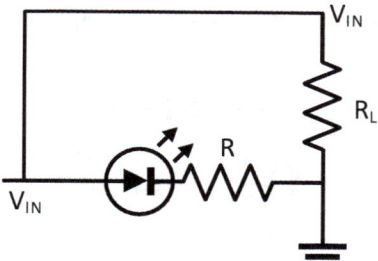

Figura 4.27(*cont.*). Circuito de *power on* con diodo led

En el circuito anterior el valor de la resistencia R debe asegurar una corriente de entre 10 mA y 20 mA (o la corriente indicada por el fabricante). Para una tensión de 5 V es típico usar una resistencia de 330 Ω, lo que supone una corriente de unos 10 mA. Para una alimentación de 3,3 V, la resistencia suele ser de 100 Ω y por tanto, más de 10 mA de corriente. ¿Influye R_L en el comportamiento del led? ¿Se enciende más o menos el led según aumente R_L? Esta pregunta fue respondida en el Capítulo 2 dedicado a la corriente continua e indica que el valor de R_L no afecta ya que está en paralelo.

En algunos casos, se añade un led rojo colocado en paralelo con el anterior, pero orientado inversamente. De este modo, al conectar mal la alimentación, no solo no se enciende el led verde, sino que la luz que se ve es la roja, lo que indica prohibido. En el Capítulo 2 se han presentado otros circuitos útiles con diodos led.

4.6.2. Rectificador de media onda y conversor AC/DC

Uno de los circuitos más populares y seguramente uno de los más indicados para este curso es el conversor de corriente alterna a corriente continua, un conversor CA/CC o AC/DC (por sus siglas en inglés).

Como ya se ha comentado, un ordenador, un móvil, un sistema digital se alimentan con corriente continua; sin embargo, la corriente que llega por el enchufe es corriente alterna (220 V a 50 Hz), y por tanto, antes de usarla (o guardarla en una batería) hay que convertirla a corriente continua. El primer paso de esta conversión es la *rectificación*.

Rectificador

Hay dos tipos de rectificación: de media onda y de onda completa. En ambos casos lo que se busca es que el valor medio o V_{cc} de la señal de salida ya no sea 0 (como corresponde a toda señal alterna básica), lo que gráficamente supone (ver Figura 4.28) que en vez de tener semiciclos positivos y negativos que se anulan, pasemos a tener sólo positivos (o sólo negativos) o que al menos desaparezca uno de los semiciclos.

Rectificar es el efecto espontáneo de un diodo cuando es atravesado por una corriente alterna: pasan los semiciclos positivos o pasan los semiciclos negativos.

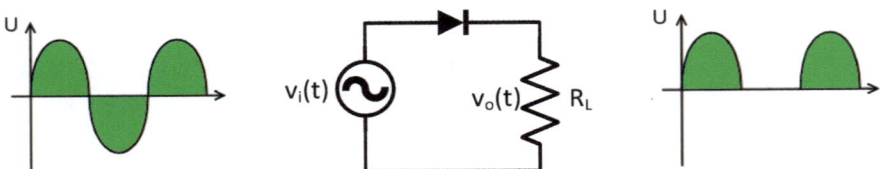

Figura 4.28. Rectificador de media onda. Fuente: https://es.wikipedia.org/wiki/Rectificador

La Figura 4.29 muestra el circuito rectificador de media onda implementado en VISIR.

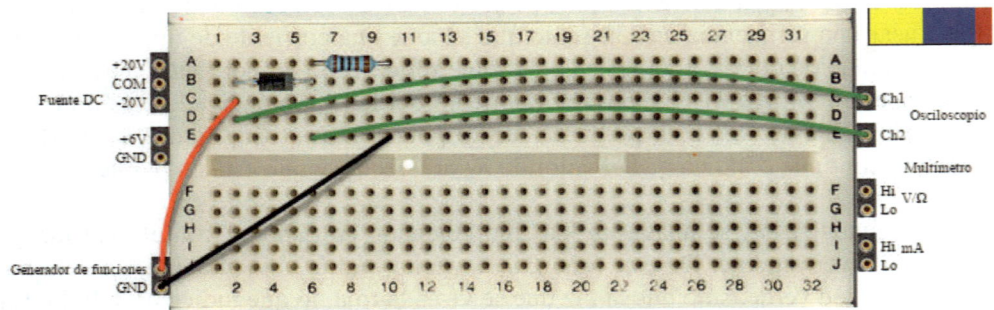

Figura 4.29. Rectificador de media onda en VISIR

En el circuito de la figura 4.29 se introduce una entrada sinusoidal de 1 kHz de 4 V de máxima tensión, y se ve que la salida solo presenta los semiciclos positivos (ver Figura 4.30). La diferencia entre la entrada y la salida es el efecto de la tensión umbral del diodo, de unos 0,7 V.

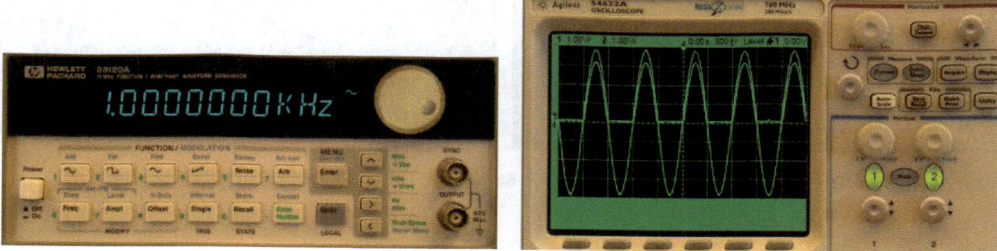

Figura 4.30. Comportamiento del rectificador de media onda

Si damos la vuelta al diodo (ver Figura 4.31), intercambiando ánodo con cátodo, y viceversa, entonces la rectificación ofrece los semiciclos negativos.

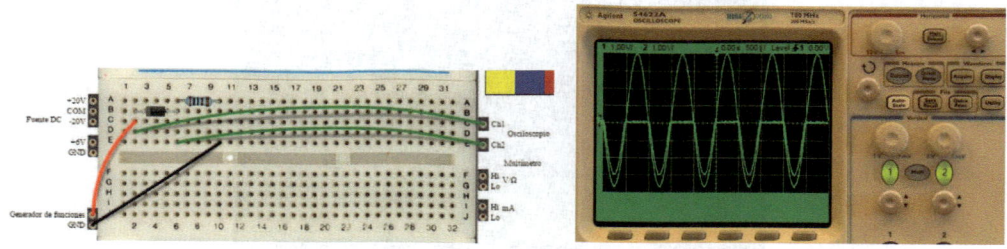

Figura 4.31. Comportamiento del rectificador de media onda para ciclos negativos

En ambos casos, lo importante es que ahora el V_{cc} ha aumentado, ya no es 0, y que el V_{ef} o V_{rms} se ha reducido (la señal se ha reducido).

La Figura 4.31 muestra como V_{cc} y V_{ef} en la entrada son 0,037 V y 2,701 V, respectivamente, y se convierten en la salida en 0,998 V y 1,550 V. Además, se puede ver que la frecuencia de salida se mantiene en 1 kHz (999,3 Hz), esta característica no cambia.

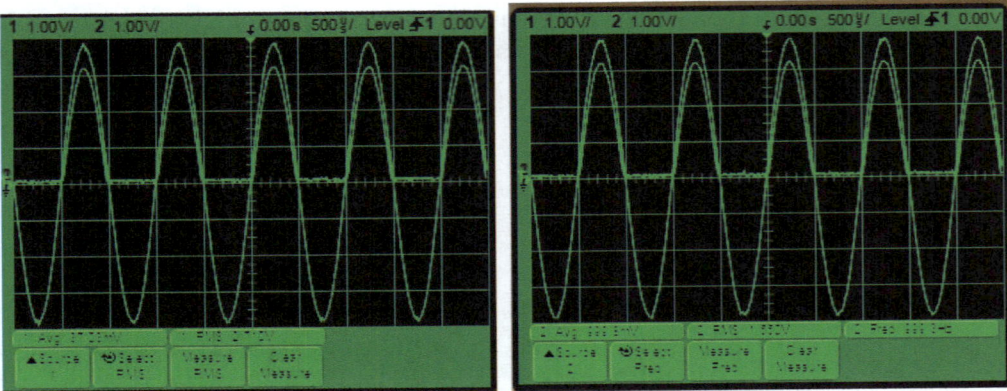

Figura 4.32. Detalle de la entrada y salida de un rectificador de media onda

Un comportamiento similar se observa en la Figura 4.33 con la rectificación de semiciclos negativos.

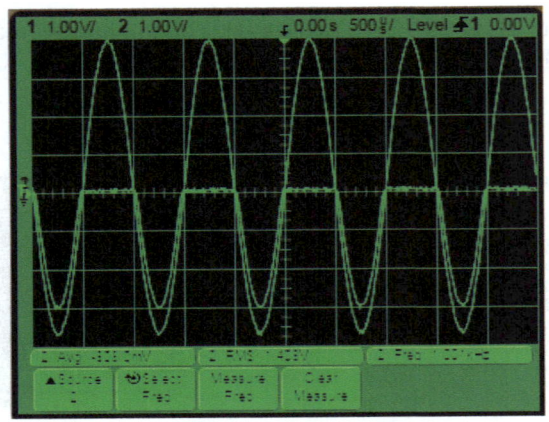

Figura 4.33. Detalle de la salida de un rectificador de media onda para ciclos negativos

Sin entrar en desarrollos analíticos, para un diodo ideal:

$$V_{cc} = \frac{V_{max}}{\pi}$$

y

$$V_{ef} = \frac{V_{max}}{2}$$

$$I_{cc} = \frac{V_{max}}{\pi \cdot R_L}$$

e

$$I_{ef} = \frac{V_{max}}{2 \cdot R_L}$$

donde V_{max} lo es de la salida $V_{(i,max)} - V_\gamma$.

Tras la rectificación es evidente que el valor de V_{cc} ya no es 0 V, pero una señal de continua no solo tiene un valor medio apreciable, sino que además este valor se mantiene en el tiempo, es decir, es necesario *aplanar* la señal rectificada.

Hay que conseguir que cuando el diodo pase a posición OFF, al estar polarizado inversamente, entonces la corriente no desaparezca, sino que se mantenga más o menos continua.

Antes de seguir es necesario hacer un último comentario. Al principio de este apartado se ha hablado del rectificador de onda completa. Este rectificador es el que se usa en diseños industriales básicos. Su esquema es sencillo y su explicación no es muy complicada, pero extendería la explicación innecesariamente.

Conversor AC/DC: Rectificador + Condensador

La solución más sencilla, intuitiva y más utilizada (sobre todo en conversores AC/DC de bajo coste y bajas prestaciones) es usar un simple condensador. Recordemos que un condensador se carga hasta su límite en presencia de corriente (cuando el diodo está ON) y que descarga dicha carga cuando la corriente desaparece (cuando el diodo está OFF).

La Figura 4.34 muestra el circuito en el que simplemente se ha añadido en paralelo a la resistencia de carga un condensador: rectificador + filtro.

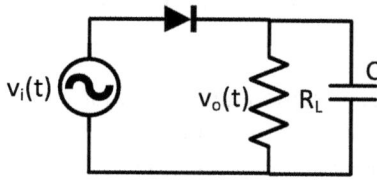

Figura 4.34. Conversor AC/DC con rectificador de media onda y condensador

La Figura 4.35 muestra cómo queda el circuito en VISIR y su salida para un condensador de 1 µF.

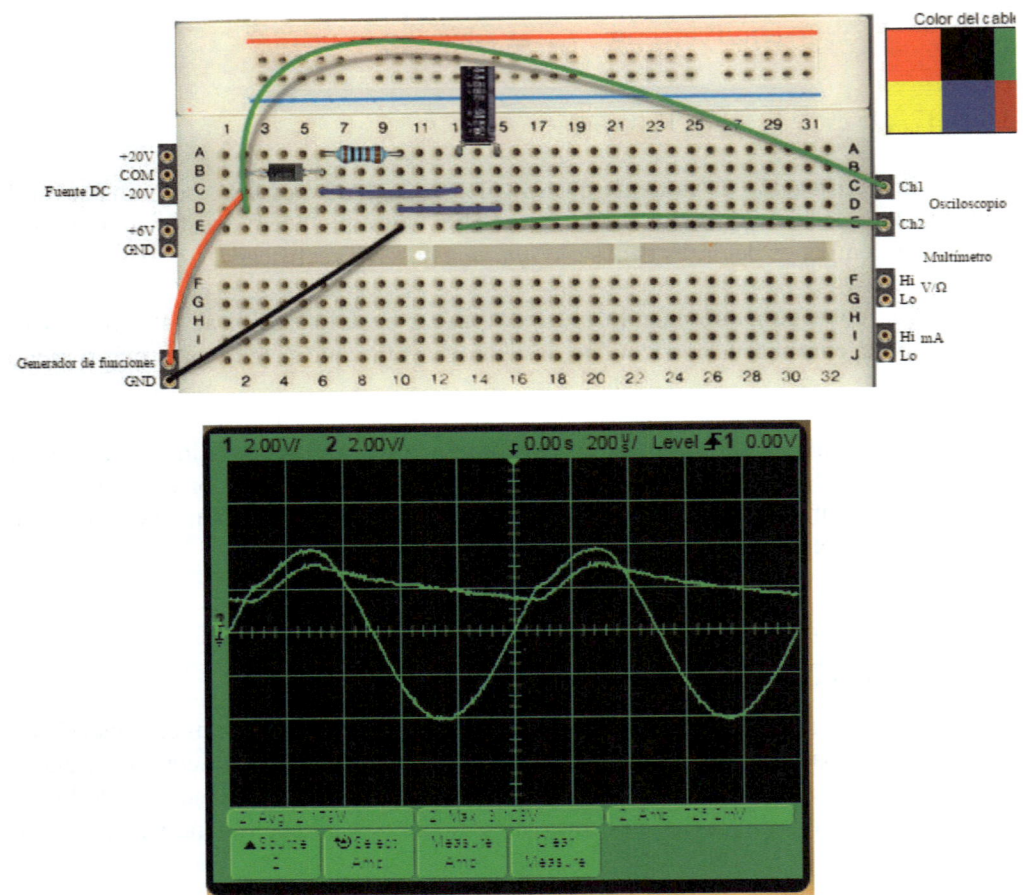

Figura 4.35. Implementación en VISIR de un conversor AC/DC

Ahora se puede decir que la salida es bastante continua o *plana*, ¿cómo hacerla más continua?

Pues parece evidente que, si aumentamos el valor de C, entonces el condensador se carga más y dura más tiempo su descarga a un mayor nivel, es decir, la curva de descarga será más plana. Simplemente se cambiaría el condensador de 1 µF por uno de 10 µF, tal como muestra la Figura 4.36.

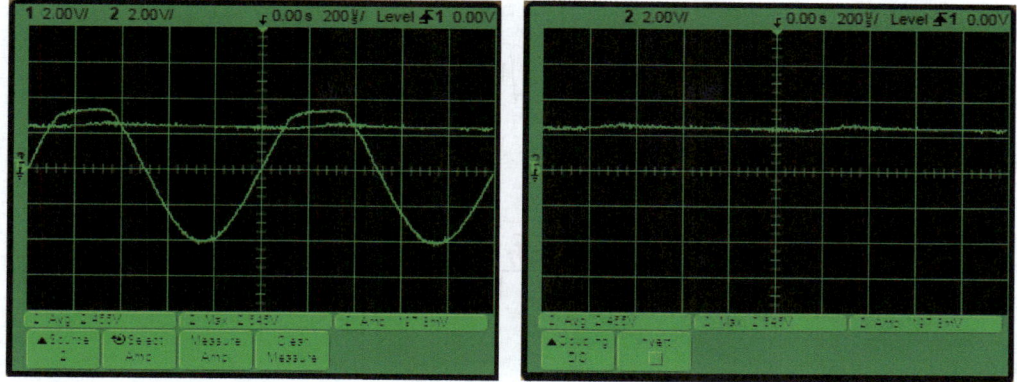

Figura 4.36. Conversor AC/DC con condensador de 10 µF

¿Es continua la señal de la derecha? ¿Podemos decir que se comporta como una tensión de 2,5 V? La respuesta depende del criterio de cada diseñador, pero usando solo la vista se puede decir que si es continua.

Indicadores de calidad de la conversión AC/DC

Una vez visto que el circuito de la Figura 4.34 se comporta como un conversor AC/DC, es momento de sistematizar el planteamiento.

Para medir la calidad del conversor AC/DC se utilizan dos índices:

- el *Factor de Forma* (FF, *Form Factor*), y
- el *Factor de Rizado* (FR, *Ripple Factor*).

El FF relaciona el valor medio de tensión con el valor eficaz de la misma, mientras que el FR también relaciona el valor medio de tensión, pero en este caso con el valor eficaz de la componente alterna.

$$FF = \frac{V_{ef}}{V_{cc}} \quad \%$$

y

$$FR = \frac{V'_{ef}}{V_{cc}} \quad \%$$

y se relacionan

$$FR = \sqrt{FF^2 - 1}$$

y

$$FF = \sqrt{FR^2 + 1}$$

ya que

$$V'_{ef} = \sqrt{V_{ef}^2 - V_{cc}^2}$$

y por tanto

$$\frac{V'_{ef}}{V_{cc}} = FR = \frac{\sqrt{V_{ef}^2 - V_{cc}^2}}{V_{cc}} = \sqrt{\frac{V_{ef}^2 - V_{cc}^2}{V_{cc}^2}} = \sqrt{\frac{V_{ef}^2}{V_{cc}^2} - 1} = \sqrt{FF^2 - 1},$$

y de ahí

$$FR^2 = FF^2 - 1$$

y, finalmente,

$$FF^2 = FR^2 + 1$$

y de aquí

$$FF = \sqrt{FR^2 + 1}$$

Si el FF es de 120 % quiere decir que la señal completa (su valor eficaz) es el 120 % del valor medio, o sea, que indicativamente el 20 % de la señal de salida no es continua.

Si el FR es del 10 %, quiere decir que la variación alterna no supera el 10 % del valor de continua, es decir, que la oscilación es de un 10 %, $V = V_{cc} \pm 10$ %, este 10 % puede ser visto como ruido. El valor ideal de FR es 0 % (la salida no varía), y el de FF es 100 % (el valor medio y el eficaz son el mismo).

En este punto se pueden tomar dos direcciones, no excluyentes. Por un lado, se pueden demostrar analíticamente las expresiones anteriores y desarrollarlas, y por otro, se puede seguir un método más experimental.

En el primer caso y bajo un enfoque matemático para un simple rectificador de media onda sin condensador se ve que el factor de rizado está muy lejos de ser el 0 % ideal, y los mismo para FF y el 100 %.

$$FF = \frac{V_{ef}}{V_{cc}} \%$$

y

$$FR = \frac{V'_{ef}}{V_{cc}} \%,$$

y se relacionan

$$FR = \sqrt{FF^2 - 1}$$

y

$$FF = \sqrt{FR^2 + 1}$$

$$FF = \frac{V_{max}/2}{V_{max}/\pi} = 157\,\%$$

y por tanto

$$FR = \sqrt{FF^2 - 1} = 121\,\%$$

Desde un punto de vista experimental, el osciloscopio nos permite medir los valores eficaces y medios de las tensiones de entrada y de salida. Y lo mismo se puede decir del multímetro o téster. Antes de medir, tiene sentido explicar qué es la *componente alterna*.

En la Figura 4.37, la imagen de la izquierda es la tensión de salida, mientras que la imagen de la derecha solo muestra la componente de alterna.

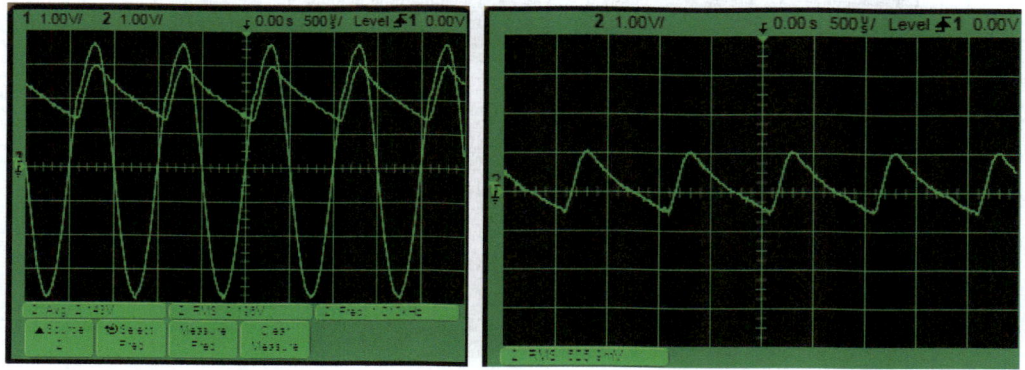

Figura 4.37. Diferencia entre medir DC (izquierda) y AC (derecha) en un osciloscopio

Como se puede ver, esta segunda señal *está centrada* respecto del eje, o mejor, a esta segunda señal simplemente se le ha restado el valor de continua. Para obtener la imagen de la derecha, simplemente hay que seleccionar AC en el modo de la señal de salida (uso del osciloscopio).

La Tabla 4.1 muestra el valor de FF y FR para distintos valores de C, una entrada sinusoidal de 1 kHz y 4 V de tensión máxima y una resistencia R de 1 kΩ. Estos resultados se han obtenido en el laboratorio remoto VISIR.

Tabla 4.1. Medida del Factor de forma y del Factor de rizado en un conversor AC/DC

1 kHz 4 V_{max} 1 kΩ	Salida del osciloscopio de los dos canales en modo DC	Salida del osciloscopio del canal 2 en modo AC	V_{cc}, V_{ef} y V'_{ef}	FF, FR
C=0,1 µF			1,090 V 1,576 V 1,131 V	145 % 103 %
C =1 µF			2,143 V 2,196 V 0,506 V	102 % 24 %
C =10 µF			2,426 V 2,427 V 0,099 V	100 % 4,1 %

De los resultados anteriores se pueden establecer dos conclusiones:

- En primer lugar, el valor de C condiciona claramente la calidad de la salida: a mayor C señal más continua (más cercano a 0 % es FR y más cercano a 100 % es FF).

- Por otro lado, y aunque es más fácil obtener FF, es mejor indicador FR. Por ejemplo, para C = 1 µF, el FF es 102 %, casi su valor ideal, sin embargo, se ve que la salida no es continua, no es plana, y de hecho, FR es del 23 %, es decir, la tensión continua oscila un 23 % respecto del valor 2,1 V de continua.

Analíticamente se puede ver en la Tabla 4.2 que las expresiones anteriores son correctas para este conversor AC/DC.

Tabla 4.2. Expresiones de *FF* y *FR*

	FR medido	*FF* medido	*FF* calculado $FF = \sqrt{FR^2 + 1}$	*FR* calculado $FR = \sqrt{FF^2 - 1}$
C = 0,1 μF	103 % (1,03)	145 % (1,45)	1,44 (144 %)	1,05 (105 %)
C = 1 μF	23,6 % (0,236)	102 % (1,02)	1,06 (106 %)	0,201 (20,1 %)
C = 10 μF	4,1 % (0,041)	100 % (1)	1,00 (100 %)	0 (0 %)

Cabe preguntarse ¿es posible calcular analíticamente el valor del factor de rizado (*FR*), en función de los valores del circuito? Es decir, ¿podemos predecir el rizado de un circuito sin necesidad de montarlo o simularlo? La siguiente expresión es solo válida para un rectificador de media onda.

$$FR = \frac{1}{2 \cdot \sqrt{3} \cdot f \cdot R_L \cdot C}$$

El valor $\sqrt{3}$ $\left(o \sqrt{2} \right)$ depende de la aproximación geométrica que se haga para la señal triangular de carga/descarga.

Para los valores anteriores la expresión del rizado ofrece los valores de la Tabla 4.3.

Tabla 4.3. Valores de *FR* medidos y calculados

f = 1 kHz R_L = 1 kΩ	$FR = \dfrac{1}{2 \cdot \sqrt{3} \cdot f \cdot R_L \cdot C}$	*FR* medido
C = 0,1 μF	2,89 (289 %)	103 %
C = 1 μF	0,289 (28,9 %)	23,6 %
C = 10 μF	0,0289 (2,89 %)	4,1 %

Analizando la Tabla 4.3 se puede ver que si *C* es 1 μF o 10 μF, entonces el cálculo es más o menos correcto, mientras que para *C* = 0,1 F, el cálculo se desvía mucho del valor real. La razón estriba en que la fórmula anterior (no demostrada en este libro) se obtiene al observar que la oscilación es más o menos triangular, y esto es cierto para los dos últimos casos, pero no lo es para el primero, donde la salida no es un diente de sierra, sino que es casi una sinusoidal (ver Tabla 4.1). Esta aproximación no es en absoluto burda, ya que se espera que el conversor cumpla su objetivo, y no sea un mero artificio de cálculo.

Sería interesante repetir el experimento para distintos valores de f y R para ver en qué medida afecta al FR. Los resultados del experimento deberían contrastarse con los resultados de la expresión matemática.

Si bien el FR indica *cuánto continua* es una señal, también es importante plantearse cuánto cuesta obtener la salida, es decir, ¿es eficaz el conversor AC/DC? ¿tiene un buen rendimiento? De una forma más específica: ¿qué relación hay entre la potencia de entrada y la de salida? ¿y entre las potencias rms y de CC de salida?

Matemáticamente:

$$Eficiencia = \frac{P_{o,CC}}{P_{o,rms}}$$

$$Rendimiento = \frac{P_{o,rms}}{P_{i,rms}}$$

Antes de obtener los resultados para el conversor simple AC/DC visto anteriormente, es necesario explicar cómo se pueden obtener las distintas corrientes y tensiones (entrada/salida, rms/DC). Matemáticamente no son fáciles de obtener ya que se basan en modelos matemáticos y aproximaciones, y experimentalmente tampoco es fácil.

El osciloscopio solo mide tensiones, tanto su totalidad, como solo la parte alterna (usando las opciones AC/DC o CA/CC de las medidas), mientras que el tester o multímetro mide tanto la tensión como la corriente, y tanto su totalidad como solo su parte alterna, aunque esto último depende de cada multímetro. Algunos multímetros tienen tres opciones: AC+DC (toda la señal), AC (solo la parte alterna) y DC (solo la parte continua), mientras que otros solo tienen dos opciones: AC o DC.

A esto hay que añadir que el valor de corriente se puede estimar mediante la Ley de Ohm. Así, si el osciloscopio indica que la tensión V_{rms} es de 3 V y la resistencia es de 1 kΩ, entonces la I_{rms} debe ser de 3 mA.

Más allá de los métodos de obtención de los distintos valores, es importante observar los resultados. La Tabla 4.4 muestra los resultados obtenidos en VISIR para un conversor AC/DC de media onda con un filtro de 1 µF y una carga de 1 kΩ. En la tabla O significa medido con el osciloscopio, M, medido con el multímetro y E, valor estimado.

Tabla 4.4. Valores de *FR*, eficiencia y rendimiento de un conversor AC/DC

$V_{rms, i}$ (O/M)	$I_{rms, i}$ (M)	$V_{rms, o}$ (O)	$I_{rms, o}$ (E)	$V_{rms, o}$ (O/M)	$I'_{rms,o}$ (E)	$V_{DC,o}$ (O)	$I_{DC, o}$ (E)
3.41 V 3.37 V	5.31 mA	2.84 V	2.84 mA	0.62 V 0.65 V	0.62 mA	2,7 V	2.76 mA

FR	FF	$P_{rms, i}$	$P_{rms, o}$	PDC, o	η eficiencia	Rendimiento
22 %	103 %	18.11 mW	8.07 mW	7.62 mW	94 %	45 %

Si se repite el experimento para distintos valores de *C*, entonces se obtienen los siguientes resultados en VISIR.

Tabla 4.5. Valores de FR, eficiencia y rendimiento de un conversor AC/DC para distintos C

1000 Hz 16 Vpp	$V_{i,rms}$ (OSCILO)	$I_{i,rms}$ (TESTER)	$V_{o,rms}$ (OSCILO)	$I_{o,rms}$ (ESTIMACION)	$V_{o,cc}$ (OSCILO)	$V'_{o,rms}$ (OSCILO)	$\dfrac{Po,cc}{Po,rms}$	$\dfrac{Po,rms}{Pi,rms}$	FR	FF
Sin C	5,509	2,711	3,321	3,321	2,061	2,595	39%	73,85%	78,1%	161,1%
C=1 µF	5,36	9,454	4,631	4,631	4,511	1,076	95%	42,32%	23,2%	102,7%
C=10 µF	5,288	11,06	5,231	5,231	5,228	0,011	100%	46,79%	0,2%	100,1%
C=0,1 µF	5,509	3,23	3,354	3,354	2,232	2,491	44%	63,22%	74,3%	150,3%

En los datos anteriores se ve que, al aumentar el valor del condensador, el *FR* disminuye, como es lógico, y aumenta la eficiencia (potencia de corriente continua entre potencia eficaz en la salida) ya que al fin y al cabo es similar a *FR*. Sin embargo, esta mejora tiene una contrapartida en el rendimiento ya que baja, es decir, se aprovecha peor la potencia de entrada en la salida, ¿por qué? Pues porque al aumentar *C*, disminuye X_C y por tanto, la corriente se dirige en mayor medida hacia el condensador, reduciéndose la misma en la resistencia de carga y con ella su potencia, aunque la tensión de salida sea la misma. Un razonamiento similar se puede hacer con la frecuencia de la señal de entrada. Como tantas veces, la ganancia en un punto supone la pérdida en otro lo que exige un compromiso de diseño.

Problemas en un conversor AC/DC

En general y hasta ahora parece buena idea aumentar el valor de *C* ya que, con un condensador mayor la salida es más continua. Sin embargo, no es tan fácil y claro. A continuación se enumeran algunas desventajas:

- Pensemos en la corriente total que se reparte entre el filtro (condensador) y la carga (resistencia). Si aumenta *C*, toda vez que $|X_C| = \dfrac{1}{\omega \cdot C}$, entonces disminuye la capacitancia y por tanto, aumenta la demanda de corriente. Esta corriente va al condensador, no a la carga. Es decir, el consumo (la potencia) aumenta si *C* aumenta. Ya tenemos una desventaja.

- Visto lo anterior de otro modo. Si C aumenta entonces la impedancia total (C en paralelo con R) disminuye, ya que disminuye X_C, y por tanto, la demanda total de corriente aumenta.

- Además, toda vez que el diodo pasa de ON a OFF, y viceversa, el condensador está continuamente cargándose y descargándose. Cuanto mayor sea el condensador, el paso de OFF a ON supondrá un cambio brusco en la corriente, un pico en la demanda. Un pico de corriente siempre es fuente de problemas en un circuito, ya que puede que ese pico haga que se supere la potencia máxima admitida por el diodo ($P = V \cdot I$) y además, ese pico se asimila al ruido y este tiene un efecto negativo siempre (ver Figura 4.38). Ya tenemos otra desventaja.

- En la misma línea, al aumentar C, entonces los componentes armónicos de la salida aumentan, lo que afecta incluso a la propia señal de entrada, como se puede ver durante el tiempo de conducción en la tercera fila de la Tabla 4.1 o en las Figura 4.41 y 4.42 (la entrada se *achata*).

- Además, un condensador grande hace que la tensión de salida sea alta (y continua) y por tanto, cuando el diodo esté en OFF la tensión inversa que este soportará será mayor, y puede que incluso supere el valor máximo permitido. La Figura 4.39 muestra como la tensión inversa soportada por el diodo no es −3 V (la del generador) sino casi el doble, del orden de −5 V. Ya tenemos otra desventaja.

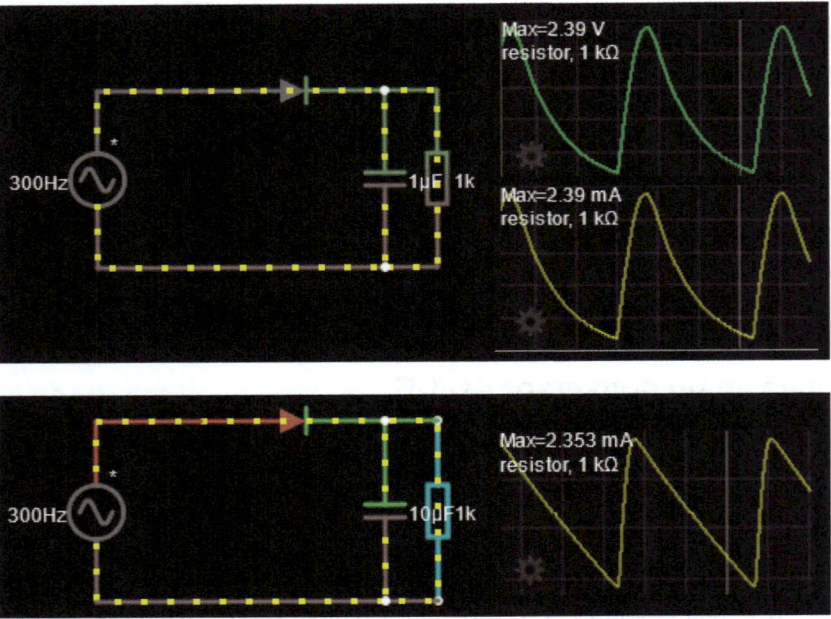

Figura 4.38. Primera gráfica en verde la tensión de salida y en amarillo la intensidad (C = 1 μF). La segunda gráfica en amarillo la corriente (C = 10 μF)

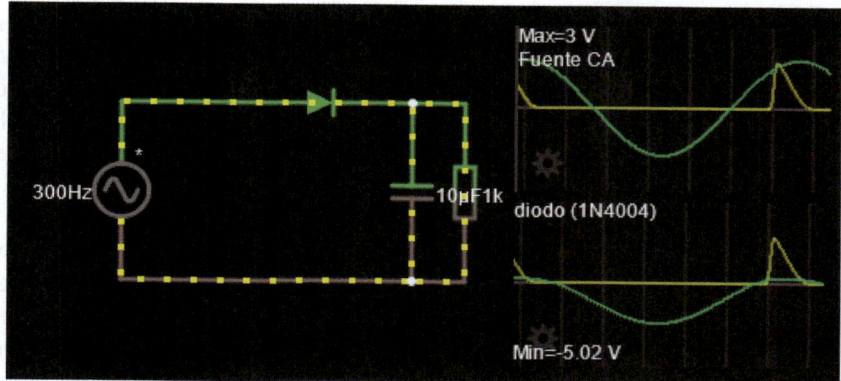

Figura 4.39. Tensión de entrada (primera gráfica) y tensión en el diodo (segunda gráfica).

Es decir, el conversor AC/DC de media onda es un circuito muy sencillo en su planteamiento, pero muy rico en su análisis.

4.6.3. Rectificador de onda completa y conversor AC/DC

La Figura 4.40 muestra un *rectificador de onda completa* mediante puente de diodos. Se llama de onda completa porque en la salida no hay *media onda* como en los circuitos anteriores, sino que la onda está completa y es positiva todo el tiempo. Claramente este circuito es mejor que el anterior ya que no se *pierde* señal, aunque ahora el circuito es más complejo. La entrada es una señal sinusoidal de 4 V_{max} y 1 kHz.

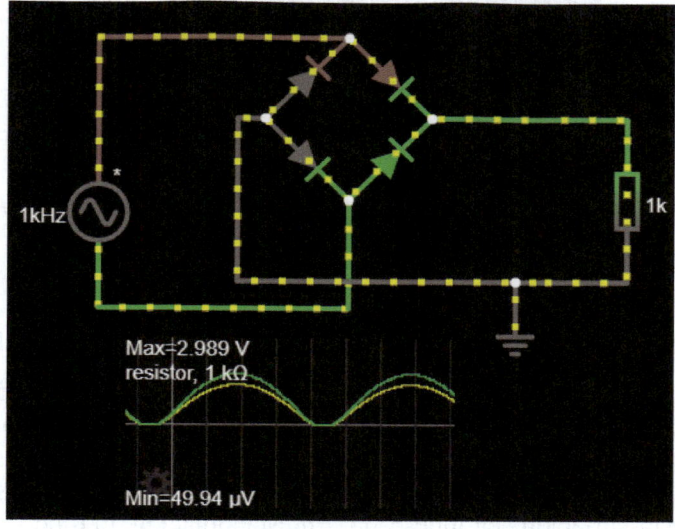

Figura 4.40. Rectificador de onda completa

Si los diodos se nombran D1-D2 (rama superior) y D3-D4 (rama inferior), entonces en los semiciclos positivos de la entrada D2 está ON y por tanto, la corriente atraviesa ese diodo y seguidamente pasa por la resistencia de carga de 1 kΩ para luego llegar hasta el D3, que también está ON y por tanto, la corriente cierra el circuito hasta el terminal negativo de la entrada. En los semiciclos negativos el comportamiento es similar a través de D1 y D4.

En este punto, se utiliza la estrategia del conversor anterior AC/DC: añadir un condensador en paralelo a la resistencia de carga para dar *continuidad* a la tensión de salida. El resultado se puede ver en la Figura 4.41 y muestra que la salida se puede considerar continua (2,7 V-2,8 V). Intuitivamente es claro que el rendimiento de este conversor es mayor que el correspondiente al rectificador de media onda, ya que ahora la onda que llega a la salida está *completa*.

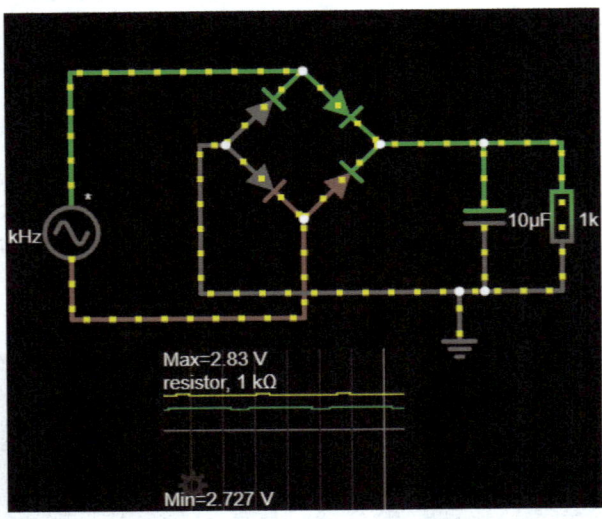

Figura 4.41. Conversor AC/DC basado en rectificador de onda completa y condensador

4.6.4. Regulador de tensión mediante diodo Zener

En muchos casos un circuito se alimenta con una tensión determinada, 5 V por ejemplo, pero distintas circunstancias hacen que ese valor se *mueva* o se desplace de su valor ideal. O puede que sea la resistencia de carga la que varíe por distintas circunstancias, y por tanto, cambie la intensidad en un circuito, y con ella varíe la tensión de salida de manera que esta variación sea indeseada. En esta situación, el diodo Zener es de gran ayuda, y su utilización y explicación es muy sencilla.

Regulación frente a cambios en la fuente de tensión de entrada

En la Figura 4.42 se ve a la perfección que el diodo Zener está polarizado inversamente. También se ve que la alimentación del circuito es de corriente continua, no es de corriente alterna como en el diodo normal. En el circuito hay dos resistencias, siendo R_L la de 1 kΩ.

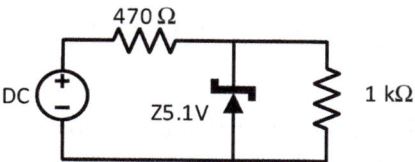

Figura 4.42. Regulación de tensión mediante diodo Zener

Se dispone de una fuente de alimentación de 7,5 V (V_{DC} = 7,5 V) y de una resistencia de carga de 1 kΩ (R_L = 1 kΩ) en la que se quiere disponer de 5V ± 10%, y para ello se diseña un divisor de tensión con una resistencia de 470 Ω. De esta forma, la tensión V_{RL} es de 5,10 V.

Montado el circuito, se observa que hay variaciones en V_{RL} ya que la tensión V_{DC} presenta variaciones o perturbaciones y llega a alcanzar picos de 9 V. Esta desviación de V_{DC} hace que la V_{RL} llegue hasta los 6 V, lo que no se considera aceptable.

La solución pasa por añadir un diodo Zener en paralelo a R_L y polarizado inversamente. De esta forma la tensión de salida se mantendrá en los 5,1 V del diodo comprado. Toda vez que el diodo Zener es de 5,1 V (los hay de diferente voltaje), entonces las variaciones de intensidad serán *absorbidas* por el diodo sin que eso suponga variación de la tensión V_Z y con ella la V_{RL}. La Figura 4.43 muestra el circuito y su medida en VISIR para diferentes de V_{DC}.

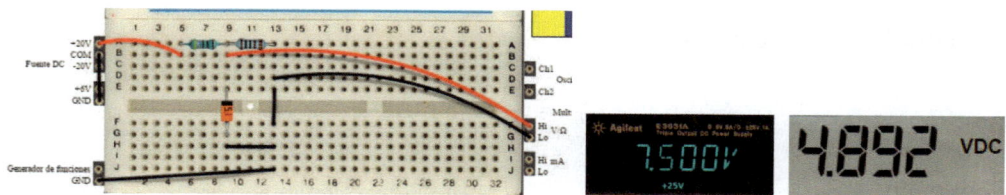

Figura 4.43. Circuito de regulación de tensión en VISIR

La Tabla 4.3 muestra el comportamiento del circuito para distintas tensiones de entrada.

Tabla 4.3. Comportamiento del regulador de tensión para distintas tensiones de entrada

V_i	7,5 V	8 V	10 V	15 V
V_{RL}	4,892 V	4,959 V	5,119 V	5,196 V
I_Z		1,536 mA	5,335 mA	15,83 mA
I_{RL}		5,054 mA	5,145 mA	5,31 mA

En la fila de I_{RL} se puede ver que la corriente casi no varía, ya que la variación de la intensidad total ($I_{RL} + I_Z$) es absorbida por el diodo Zener. La máxima potencia disipada es de 5,1 V· 5,31 mA = 50 mW, muy lejos del límite de 1 W.

Existen valores de tensión de Zener (V_Z de 2 V a 200 V) muy diversos para distintas potencias. Si se supera la potencia máxima soportada por el diodo Zener, entonces este puede destruirse o funcionar incorrectamente. Las potencias más normales son 0,5 W, 1 W y 2 W, que son valores que hacen que los diodos Zener solo se usen en circuitos de baja potencia.

Resolución numérica

En el circuito anterior pensemos en una tensión de entrada de 8 V a 10 V y queremos regularla a 5 V, aproximadamente, en R_L. La resistencia R_L es de 1 kΩ y la R_S es de 0,470 kΩ.

Si $V = 8$ V y queremos que $V_{RL} = 5$ V, entonces, $V = 3$ V

y así

$$I_{total} = \frac{3}{0,47} = 6,4 \text{ mA}$$

Como $V_{RL} = 5$ V, entonces

$$I_{RL} = \frac{5}{1} = 5 \text{ mA}$$

y por tanto,

$$I_Z = 6,4 - 5 = 1,4 \text{ mA}$$

Leyendo la hoja técnica se ve que

$$I_{ZMIN} = 1 \text{ mA}$$

por tanto

$$I_Z > I_{ZMIN}$$

La última frase no es matemática, sino técnica y leída de la Figura 4.25. Ahí se ve que la I_{ZMIN} es de 1 mA y que I_{ZMAX} es de unos 200 mA, ya que la potencia máxima soportada por el diodo Zener de este fabricante es de 1 W ($1/5,1 = 196$ mA).

Si $V = 10$ V y $V_{RL} = 5$ V, entonces, $V_R = 5$ V y, por tanto

$$I_{total} = \frac{5}{0,47} = 11,64 \text{ mA}$$

Como $V_{RL} = 5$ V, entonces

$$I_{RL} = \frac{5}{1} = 5 \text{ mA}$$

y por tanto

$$I_Z = 11,64 - 5 = 6,64 \text{ mA}$$

En la hoja técnica se ve que

$$I_Z < I_{ZMAX} = 200 \text{ mA}$$

Además

$$1,4 \cdot 5 = 7 \text{ mW} < P_Z < 6,64 \cdot 5 = 33 \text{ mW}$$

es decir,

$$P_Z < 1 \text{ W}$$

Resumiendo, el circuito es correcto y la tensión de salida se mantiene alrededor de 5 V si la entrada se desplaza entre 8 V y 10 V.

Si comparamos los resultados numéricos con los experimentales vemos que no coinciden, ya que el punto de partida es que la tensión V_{RL} se mantiene en 5 V, y eso no es verdad de forma experimental. Pero sí es verdad que la tensión de salida se mantiene entre 4,5 V y 5,5 V (5 V ± 10 %).

El razonamiento analítico nos permite calcular o intuir lo que va a pasar experimentalmente. O nos permite entender por qué un circuito no funciona y cómo rediseñarlo para que cumpla los requisitos.

Desde un punto de vista analítico podríamos hacernos la siguiente pregunta ¿hasta qué punto puede variar la tensión de entrada de manera que la salida se mantenga en 5 V ± 10 %?

Si

$$I_{ZMIN} = 1 \text{ mA y } R = 0,47 \text{ k}\Omega$$

$$V_{RL} = 5 \text{ V}$$

$$I_{RL} = 5 \text{ mA}$$

entonces

$$I_{TOTAL} = I_{RL} + I_{ZMIN} = 6 \text{ mA}$$

y por tanto

$$V_{MIN} - 5V = 0,47 \cdot 6$$

$$V_{MIN} = 7,8 \text{ V}$$

Además, si

$$I_{ZMAX} = 200 \text{ mA}$$

y

$$V_{RL} = 5 \text{ V}$$

$$I_{RL} = 5 \text{ mA}$$

entonces

$$I_{TOTAL} = 200 \text{ mA}$$

y por tanto

$$V_{MIN} - 5V = 0,47 \cdot 200 = 105 \text{ V}$$

Analíticamente la respuesta es 7,8 V < V < 105 V, aunque este último límite parece excesivo, y el primero parece sorprendente: antes el circuito funcionaba para 7,5 V, y ahora exige al menos 7,8 V ¿no es peor este circuito que el otro?

Esta pregunta tiene una respuesta doble. Por un lado, este circuito sigue funcionando bien para una entrada de 7,5 V, solo que para esta tensión el Zener no está en su zona de trabajo, pero tampoco hace falta. La segunda respuesta es que, a partir de 7,8 V, el circuito se autorregula gracias al Zener. Quedaría la duda de qué pasa entre 7,5 V y 7,8 V.

Regulación de tensión en un conversor AC/DC

El conversor AC/DC de la Figura 4.34 se puede mejorar utilizando un diodo Zener, en el conversor AC/DC la salida está a 5 V cuando la entrada es una sinusoidal de 1 kHz y 7,5 V de tensión máxima. Sin embargo ¿qué pasa si la tensión pasa a ser de 10 V pico a pico? A la derecha de la Figura 4.44 se ve que la salida pasa a ser de unos 7 V si la entrada es de 10 V.

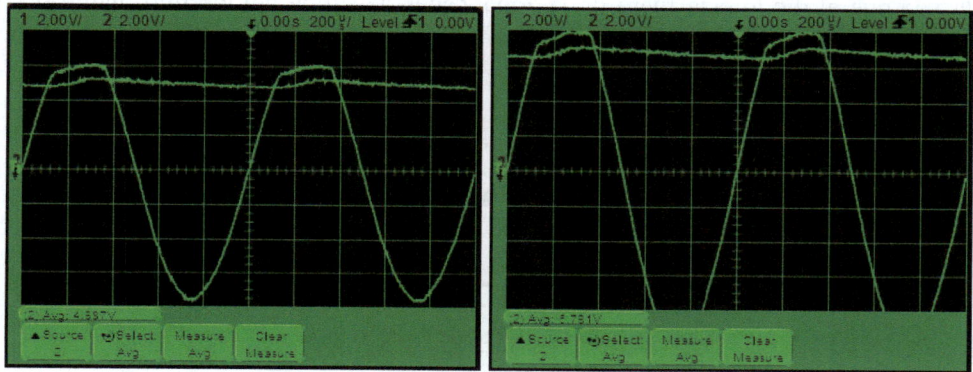

Figura 4.44. Comportamiento del conversor AC/DC para una entrada de 7 V (izquierda) y 10 V (derecha)

La solución pasaría por conectarle en inversa un diodo Zener de 5,1 V en paralelo. La Figura 4.45 muestra que la salida ahora se mantiene en 5 V, más o menos. Y por tanto, la regulación es efectiva.

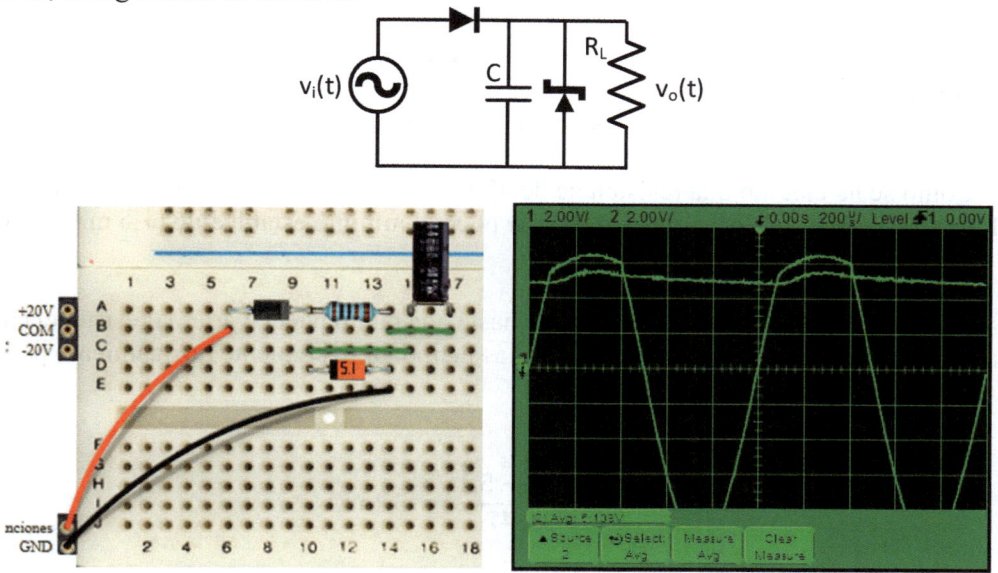

Figura 4.45. Circuito del conversor AC/DC con regulación de tensión mediante Zener

Regulación frente a cambios en las resistencias del circuito

¿Qué pasaría en el circuito de la Figura 4.46 si la resistencia de 470 Ω pasara a ser de 10 kΩ?

Repitiendo el planteamiento anterior, para 8 V de entrada la I_{TOTAL} sería de 0,3 mA (3/10 = 0,3), lo que no asegura ni la corriente mínima en el diodo, ni la I_{RL}. Es decir, toda vez que el diodo está fuera de la zona Zener, la salida del circuito planteado no estaría regulada a 5 V o similar.

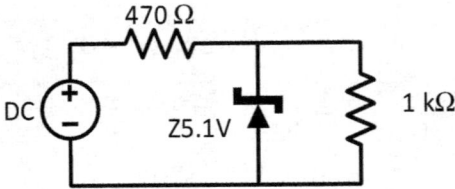

Figura 4.46. Circuito regulador de tensión mediante Zener

Entonces ¿cuál es el valor máximo de R_S que asegura un comportamiento correcto si $V = 8$? En este caso el planteamiento es

$$I_{RS} = I_{ZMIN} + I_{RL} = 6 \text{ mA}$$

y

$$V_{RS} = V_{MIN} - V_{RL} = 8 \text{ V} - 5 \text{ V} = 3 \text{ V}$$

y por tanto

$$R_S < 3/6 = 500 \ \Omega.$$

Como se ha elegido una resistencia de 470 Ω, entonces el circuito funciona casi en el límite. De hecho, la corriente supera por poco el mínimo establecido (1,5 mA frente a 1 mA).

Aunque la situación más común es ver hasta qué punto puede variar la resistencia de carga, R_L, ya que esta sí puede variar con más facilidad. El siguiente razonamiento parte de los 7,5 V originales de alimentación.

Si $V = 7,5$ entonces

$$I_{TOTAL} = \frac{7,5 - 5,1}{0,47} = 5,1 \text{ mA}$$

y además

$$I_{TOTAL} = I_Z + I_{RL}$$

Para, $I_{ZMIN} = 1$ mA resulta que

$$I_{RL} = 5,1 - 1 = 4,1 \text{ mA}$$

y por tanto

$$R_L = \frac{5,1}{4,1} = 1,2 \text{ k}\Omega$$

Si $I_{ZMAX} = 200$ mA, entonces I_{RL} será negativo y, por tanto, no hay límite teórico R_L.

El resultado previo es algo curioso ya que ahora la R_L mínima ha de ser mayor que 1 kΩ, pero a cambio por encima de 1,2 kΩ la tensión de salida se mantiene. Este cambio en R_L viene dado porque hay que derivar un mínimo de 1 mA hacia el diodo Zener y por tanto, hay que subir la R_L para asegurar el 5,1 V.

Casi todas las acciones tienen al menos un aspecto negativo o un coste, así que el diseñador ha de valorar las circunstancias y tomar las decisiones que crea más adecuadas.

Mediante el simulador Falstad en la Figura 4.47 se ve que para 10 kΩ, la tensión de salida sigue en más o menos 5,1 V, y por tanto, la regulación es efectiva.

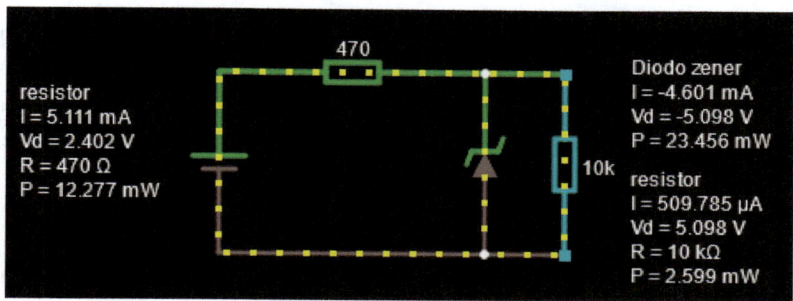

Figura 4.47. Simulación del circuito regulador con cambio en R_L

4.6.5. Circuito para ajustar la tensión

El circuito de la Figura 4.48 parte de una fuente de alimentación de 15 V y necesita obtener 13,8 V para alimentar el grabador de un microcontrolador PIC. El circuito consta de 2 diodos Zener de 5,6 V y de 7,5 V que sumados a los 0,6 V del diodo normal da como resultado 13,7 V, que en la simulación se convierten en 13,9 V. Por supuesto que 13,9 V es una simulación, y que 13,7 V es una simple suposición sobre el papel, pero es un punto de partida para obtener los 13,8 V exigidos. En la parte derecha de la Figura 4.47 se ve que la potencia máxima soportada por el diodo Zener de 7,5 V es de 83,25 mW, lo que está por debajo del máximo de 1 W permitido.

Lo que sí es cierto es que esta no es una manera muy noble de generar una tensión, pero sí es útil.

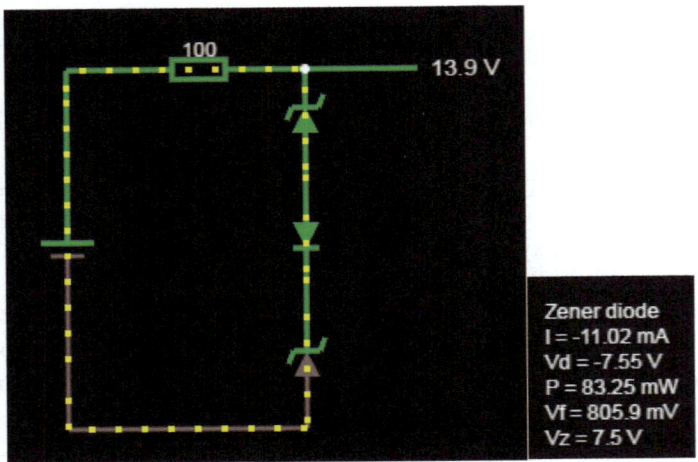

Figura 4.48. Adaptador de tensión de corriente continua de 15 V a 13,8 V

¿Por qué cree que son necesarios los diodos Zener y el diodo normal? Se debe tener en cuenta que al conectar el PIC y su grabador, entonces se producirá una caída de tensión (el equipo actúa como una R_L) y por tanto, ya no habrá 13,9 V, sino otro valor. En este sentido la resistencia de 100 Ω ha de ser vista como la resistencia de salida (o de fuente) de los 15 V de la fuente, y el PIC a conectar sería la R_L.

4.6.6. Implementación de circuitos digitales con diodos

En electrónica digital solo existen los niveles alto y bajo, el 0 y el 1, el ON y el OFF, etc. Todos ellos se convierten en los circuitos en 5 V (V_{CC} o V_{DD}) y 0 V (tierra o GND), o en 3,3 V y 0 V, o en otros niveles de tensión.

La revolución de la electrónica digital tuvo un primer paso con los diodos y la implementación de las puertas digitales. Las puertas digitales básicas son OR, AND y NOT. Los dos siguientes circuitos implementan una puerta OR y una puerta AND, respectivamente.

En la puerta OR de tres entradas de la Figura 4.49 se puede ver que 0 OR 1 OR 0 (0 + 1 + 0) es igual a 1, es decir 5 V (o casi). Y también que 0 OR 0 OR 0 (0 + 0 + 0) es igual a 0 (GND). El circuito *juega* con el valor por defecto entregado por la red de salida conectada a tierra y con la polarización de los diodos.

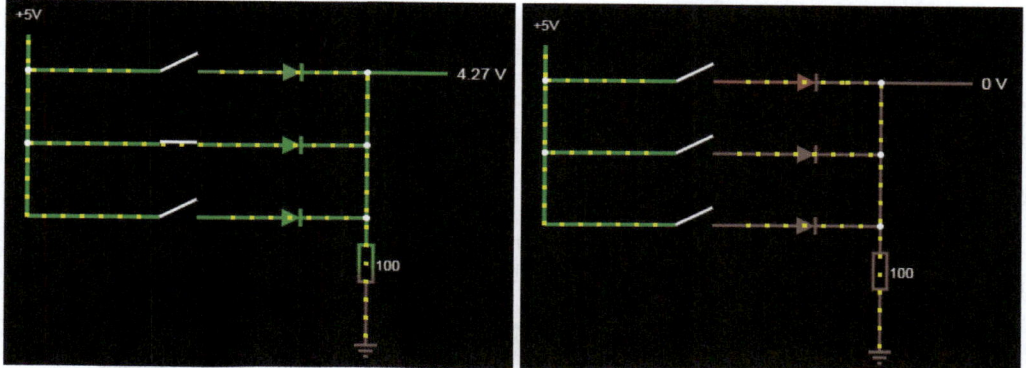

Figura 4.49. Puerta lógica OR mediante diodos

La Figura 4.50 podría ser para una puerta AND ($x \cdot y$ da 1, solo si x e y son 1) se muestran los ejemplos 1 AND 1 AND 1 ($1\cdot1\cdot1$) que da 1 (5 V), y 0 AND 1 AND 0 ($1\cdot0\cdot1$) que da 0 (GND). Aunque hay que remarcar que la salida a 0 no son 0 V, sino unos 0,6 V (la tensión umbral). Es decir, este circuito tiene ciertas extrañezas.

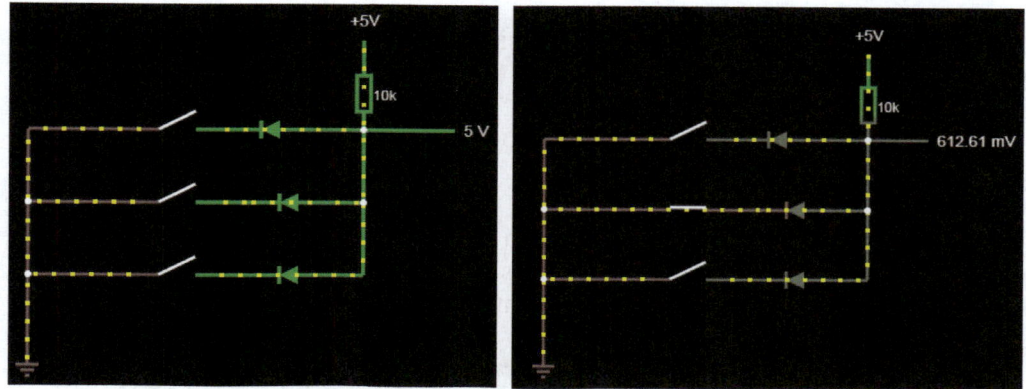

Figura 4.50. Puerta lógica AND mediante diodos

La implementación de la electrónica digital mediante diodos (semiconductores o no) fue superada con rapidez ya que estos circuitos tienen problemas de adaptación de impedancias de entrada y de salida cuando deben conectarse varias puertas lógicas entre sí, y se pasó a usar transistores, primero TTL y luego CMOS, objeto del siguiente capítulo.

EJERCICIOS RESUELTOS

4.1. Diseñar un conversor AC/DC que entregue en la salida −5 V, aproximadamente. La tensión de entrada es de 500 Hz y la carga es de 1000 Ω.

Solución

Simplemente hay que partir de un rectificador de media donde el diodo esté invertido para que esté ON en los semiciclos negativos.

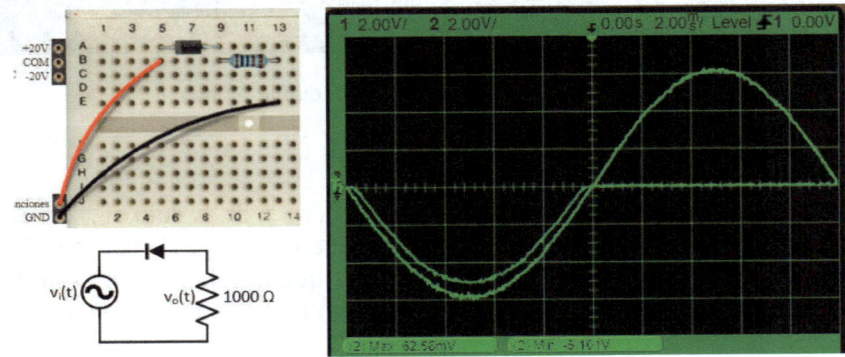

Se puede comprobar que la máxima tensión inversa es de −5 V, cerca del valor esperado.

Una vez rectificada la señal, es necesario añadir un condensador en paralelo con la carga, por ejemplo, de 10 µF.

En la imagen del osciloscopio se ve que la señal de salida no llega a los −5 V, alcanza unos −4 V, luego habrá que aumentar la tensión de entrada para obtener los −5 V en la salida (hasta unos 7,5 V, según el experimento en VISIR).

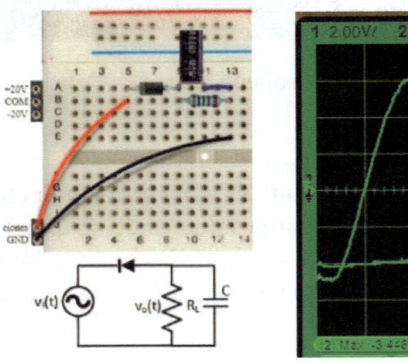
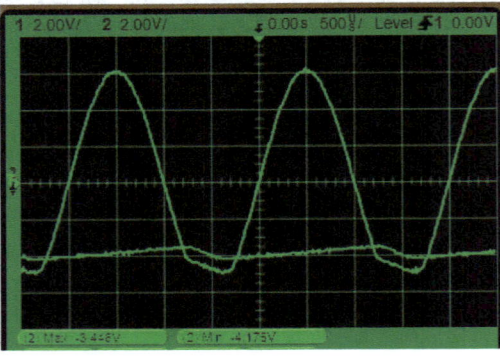

Para obtener el FR hay que medir el valor de corriente continua de salida y el valor eficaz de la componente alterna, es decir, lo que para la salida actual supone:

$$FR = \frac{V'_{rms}}{V_{cc}} = \frac{-0,15}{-3,88} = 3,8\,\% \qquad \text{¿es aceptable?}$$

¿Qué pasaría si la entrada fuera de 50 Hz y no de 500 Hz? ¿habría cambios? Que el 3,8 % sea un valor aceptable depende los requisitos establecidos al comienzo del diseño. Por otro lado, cambiar la frecuencia sabemos que afecta al comportamiento del condensador, y por tanto también afecta al conversor AC/DC en su conjunto. Para saber en qué medida afecta, simplemente habrá que completar un nuevo experimento o simulación.

4.2. Diseñar un circuito que en función de la carga de una batería (del nivel de tensión presente en las bornas de la batería) va iluminando progresivamente distintos diodos led para mostrar el nivel de carga. Utilizar, además de los diodos led, diodos Zener y resistencias. Por ejemplo, suponer que la batería de entrada está entre 10 V y 14 V, entonces se iluminan los diodos led rojo, verde y azul en función de la tensión (V): 10 V, 12 V y 14 V o más, respectivamente. Estos valores son simples indicadores.

Solución

El circuito muestra una primera aproximación a la solución. La tensión de entrada es de 12 V y por tanto, se activan los dos primeros leds, y no el azul.

La tensión Zener para el diodo rojo debe ser más o menos de 10 V $- V_{led}$, si la tensión umbral del led rojo es de 2 V, entonces la tensión Zener debe ser de unos 8 V. Y así para el resto de los diodos según sea su tensión umbral.

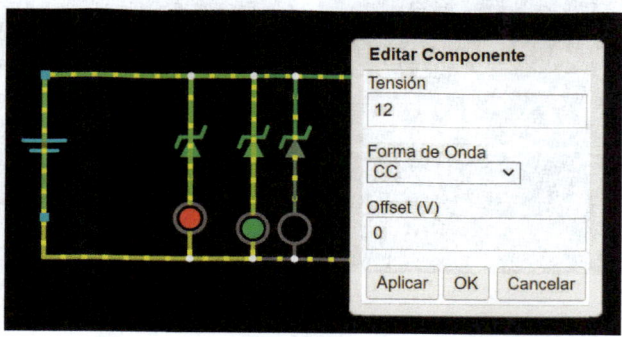

Sin embargo, este circuito tiene un problema ya que la corriente es muy alta en los leds activos. Para limitarlas habría que añadir resistencias en serie de distintos valores. La simulación nos indica que los valores de las resistencias deben estar entre los 10 Ω y los 150 Ω.

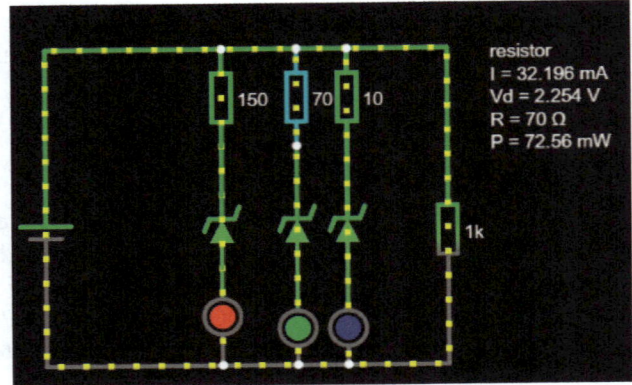

4.3. Implementar una puerta lógica inversora o inversor lógico (convierte 0 V en 5 V, y viceversa) mediante diodos.

Solución

El circuito es similar a los anteriores: si la entrada está a 0 (interruptor abierto), la salida está a 1 (5 V); y si la entrada está a 1 (interruptor cerrado) la salida está a 0 (casi 0 V, 0,6 V, la tensión del diodo).

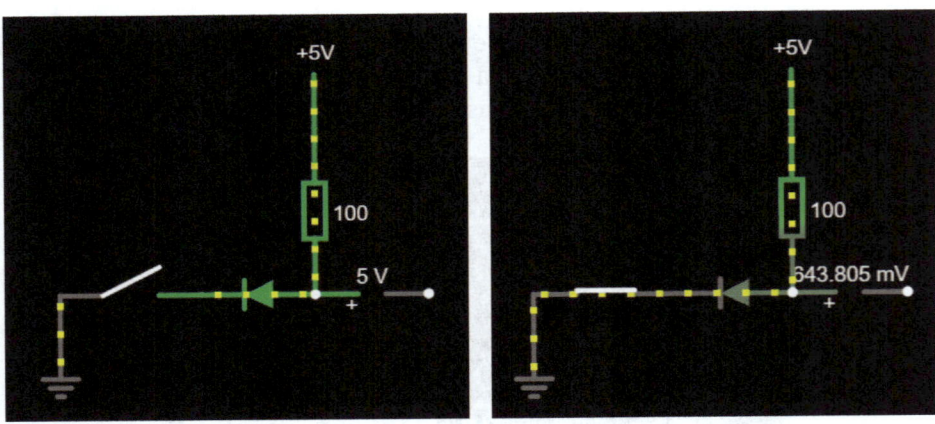

4.4. ¿Explicar qué hace el circuito de la figura? Probarlo en Falstad y luego explicar su comportamiento.

Solución

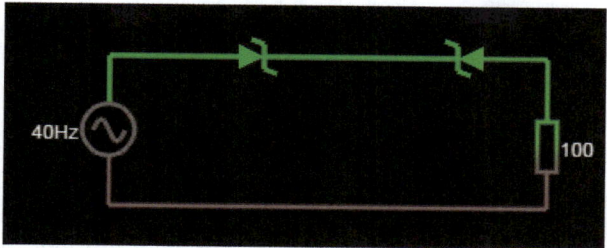

La simulación del circuito nos muestra el siguiente resultado. En la imagen se comprueba que el voltaje de salida tiene una zona muerta, es decir, para una banda de voltaje de entrada, el voltaje de salida es 0 V, y fuera de esa banda la salida *sigue* a la entrada.

En este último caso la salida es la entrada menos la tensión Zener del diodo, en este caso 5,6 V. Para que esto sea cierto, es necesario que el diodo Zener esté correctamente polarizado

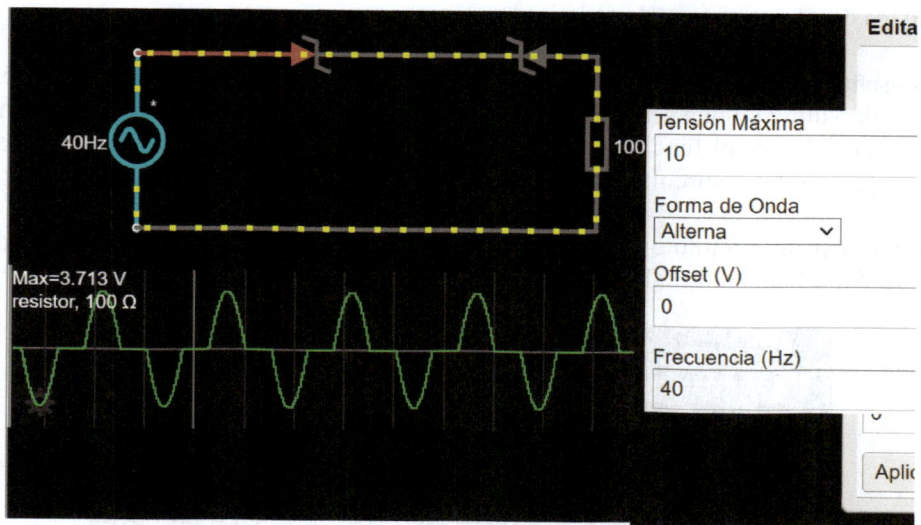

PROBLEMAS PROPUESTOS

4.1. Obtener la curva característica del diodo en VISIR.

4.2. Estudiar la variación de V_y en función de la tensión de entrada.

4.3. Estudiar cómo obtener el valor de la resistencia directa, r_d.

4.4. Dada la curva característica obtenida en VISIR para el diodo intentar ajustar los valores del modelo de Shockley para ver cuánto se ajusta.

4.5. Comprobar experimentalmente las expresiones de V_{cc} y V_{ef} en función de V_{max} para una señal rectificada.

4.6. Estudiar cómo afectan los valores de R_L y f en un conversor AC/DC. Estudiar si multiplicar uno por 10 y dividir el otro por 10 tiene un efecto cancelador.

4.7. Estudiar cómo afecta a la demanda de corriente en un conversor AC/DC según aumenta su eficacia con el aumento de C. Inventar un indicador para esa nueva situación.

4.8. Obtener en VISIR la curva característica de un diodo Zener polarizado inversamente, es decir, en su zona de trabajo.

4.9. Diseñar un circuito que convierta una señal de corriente continua de 5 V asociada a una R de 100 Ω en una señal de 3,3 V. Regular la tensión mediante un diodo Zener y estudiar con detalle el funcionamiento del circuito. Resolver el diseño analíticamente, pero luego simular el circuito obtenido.

4.10. Diseñar un circuito que convierta la señal de entrada de la izquierda en la de la derecha. Simplemente la salida está *bajada* unos 2,5 V.

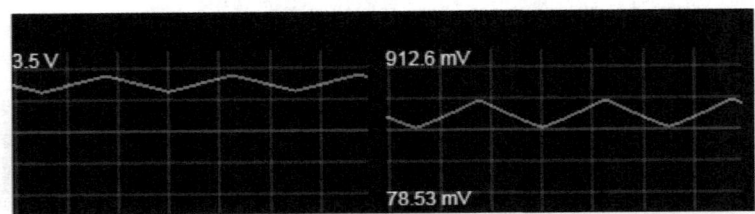

4.11. Implementar la función lógica $A + \bar{A} \cdot B$ mediante diodos y ver qué problemas se plantean. Simular el circuito.

4.12. Dadas las siguientes gráficas numeradas y la tabla adjunta asigna en cada celda el número correspondiente. Se debe tener en cuenta que no a todas las gráficas le corresponde una celda, y que no a todas las celdas le corresponde una gráfica. Además de los números, se debe asignar a cada eje de las gráficas utilizadas las señales de los ejes X e Y, por ejemplo, V_i, V_o, V_{diodo}, I_D, etc.

Curva característica de un diodo. Curva Ideal	Curva característica de un diodo. Curva con V_γ	Curva característica de un diodo. Curva con V_γ y r_d

Curva característica de un diodo. Curva Ideal	Curva característica de un diodo. Curva con V_γ	Curva característica de un diodo. Curva con V_γ y r_d

Curva de transferencia de un rectificador. Curva Ideal	Curva de transferencia de un rectificador. Curva con V_γ	Curva de transferencia de un rectificador. Curva con V_γ y r_d.

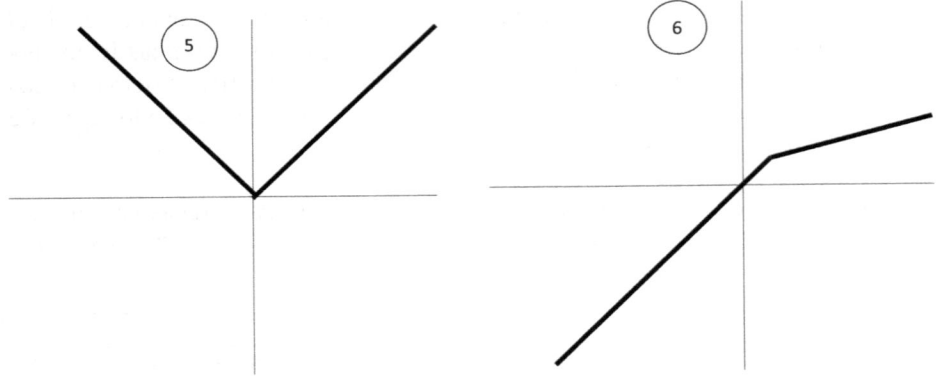

Capítulo **5**

TECNOLOGÍA Y LÓGICA MOS

5.1. INTRODUCCIÓN

Hasta ahora hemos trabajado fundamentalmente con señales analógicas. Si una señal es analógica entre 0 V y 5 V, quiere decir que la entrada y la salida pueden tomar cualquier valor de estos, siendo todos igual de relevantes. Sin embargo, un ordenador es una máquina digital, es un circuito digital sofisticado. Si una señal es digital, por ejemplo 0 V y 5 V, entonces esta señal solo va a tomar los valores 0 V (0 lógico) o 5 V (1 lógico), aunque también es totalmente cierto que, para pasar de 0 V a 5 V, y viceversa, es necesario pasar analógicamente por todos los valores posibles de 0 V a 5 V, y viceversa.

Un ordenador es una máquina digital y, por tanto, puede diseñarse utilizando el álgebra de Boole, desarrollada a mediados del siglo XIX y rescatada a mediados del siglo XX para ayudar en el diseño digital. Según el álgebra de Boole, un circuito digital solo se compone de puertas AND, OR y NOT, cuyos comportamientos y símbolos se ven en la Figura 5.1. ¿Cómo se fabrican las puertas AND, OR y NOT? Este es el objetivo de este capítulo.

X	$\overline{X}$	X	Y	$X \cdot Y$	$X + Y$	$\overline{X \cdot Y}$	$\overline{X + Y}$
0	1	0	0	0	0	1	1
1	0	0	1	0	1	1	0
		1	0	0	1	1	0
		1	1	1	1	0	0

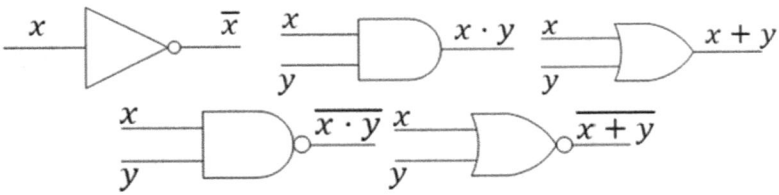

Figura 5.1. Tabla de verdad y símbolos de las puertas lógicas NOT, AND, OR, NAND y NOR

En el capítulo anterior vimos que las puertas lógicas se podían implementar con diodos, pero el resultado era pobre. La implementación actual se basa en tecnología MOS (*Metal-Oxide-Semiconductor*). Así pues, en este capítulo se explicará la tecnología MOS, cómo usarla para implementar puertas lógicas y qué características tienen estas puertas lógicas.

5.2. TECNOLOGÍA MOS, ESTRUCTURA MOS Y TRANSISTOR MOS

El término MOS significa *Metal-Oxide-Semiconductor*, es decir, seguimos trabajando con materiales semiconductores P y N, pero no se unen para formar diodos, sino para formar transistores MOS.

Para entender cómo funciona un transistor MOS y qué hace es necesario dar varios pasos: entender cualitativamente el material MOS, conocer la curva característica del transistor MOS (comportamiento estático) y utilizando esta comprender la respuesta temporal del transistor MOS (comportamiento dinámico).

Una estructura MOS como la de la Figura 5.2, *Metal-Oxide-Semiconductor*, tiene varias partes:

- Una puerta o *gate* metálica.

- Dióxido de silicio, SiO_2, que se comporta como un aislante.

- Material P (o material N) con huecos excedentes (con electrones excedentes), es decir, con portadores mayoritarios positivos (negativos).

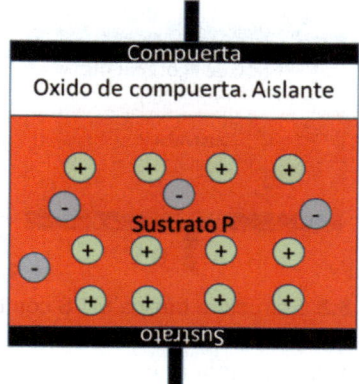

Figura 5.2. Estructura básica MOS con material P

Si se aplica una tensión positiva en la puerta, compuerta o *gate* ocurre:

- Si no hay tensión en la puerta ($V_G=0\ V$), entonces los huecos se reparten con normalidad por el sustrato P.

- Si la tensión es poca, entonces los huecos son repelidos de la zona de unión entre el SiO_2 y el material P. A su vez se van acercando electrones (portadores minoritarios) a la puerta. Ese movimiento de cargas va creando una diferencia de potencial hasta el punto de que llegará un momento en el que un electrón que quiera acercarse a la puerta será rechazado por ese potencial negativo. Es decir, ese proceso de atraer electrones (portadores minoritarios) y alejar huecos (portadores mayoritarios) se detiene si V_G es un valor positivo y pequeño. Además, se puede decir que en esa zona se produce una recombinación entre los electrones atraídos y los huecos alejados. El potencial asociado se denomina V_{TH} y es normalmente de unos 0,7 V, como en el diodo. Esa zona se vacía de portadores y se denomina *zona de agotamiento* o *zona de deplexión* (*depletion zone*).

- Si la tensión positiva aumenta por encima de un nivel (*threshold*) V_{TH}, entonces la zona cercana a la puerta no solo se vacía de huecos, sino que se llena de electrones (portadores minoritarios en P), creándose una zona de inversión. Al aumentar V_G por encima de V_{TH}, la primera *gana* a la segunda y llena la zona cercana a la puerta de electrones, empujando la zona de vaciamiento hacia abajo.

La Figura 5.3 muestra esta última situación.

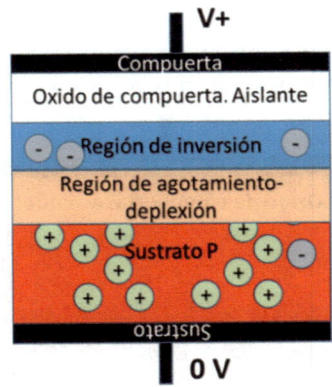

Figura 5.3. Estructura básica MOS con tensión positiva

El comportamiento anterior se asemeja a un condensador, y puede ser de gran utilidad en las explicaciones posteriores.

Un material P puede ser visto como un condensador que se carga negativamente en presencia de una tensión, V^-, mientras que, en ausencia de esta, se descarga siempre que haya un circuito conectado a tierra para descargar la tensión, si no hubiera tal conexión a tierra o circuito, entonces el valor se mantendría en V^-.

Para un material N es un condensador capaz de almacenar carga positiva V^+ en función de una tensión, y luego se descarga en ausencia de esta, siempre que haya un circuito para ello. Tanto para el material P como para el N, el proceso descrito se basa en los portadores minoritarios.

5.2.1. Transistores nMOS y pMOS

Un transistor MOS tipo nMOS se compone de un bloque de silicio con un sustrato P y dos bloques N+ en los extremos (N+ es un material N fuertemente dopado), además tiene un contacto metálico (de polisilicio) y un aislante entre la puerta y el sustrato P. Así pues, un transistor nMOS tiene cuatro terminales:

1. B (sustrato o *bulk*),
2. G (puerta o *gate*),
3. S (surtidor, fuente o *source*), y
4. D (drenador o *drain*).

En un transistor nMOS el sustrato suele estar cortocircuitado al surtidor S, y este a su vez a tierra.

En un transistor pMOS, el sustrato es material N, siendo el drenador y el surtidor material P+. En este caso, el sustrato suele estar conectado a la tensión de referencia V_{DD}, por ejemplo, 5V, y este a su vez al surtidor.

En la Figura 5.4 se ve que el drenador y el surtidor están separados por un espacio llamado *canal*. Los terminales S y D no están marcados, son intercambiables.

En un transistor nMOS será el surtidor (S) el terminal con menor tensión, siendo el otro terminal el drenador (D). Según esto, si la tensiones en S y D cambian en el circuito, entonces S y D cambian de posición. Esto no es un problema, pero puede complicar algo la explicación del funcionamiento.

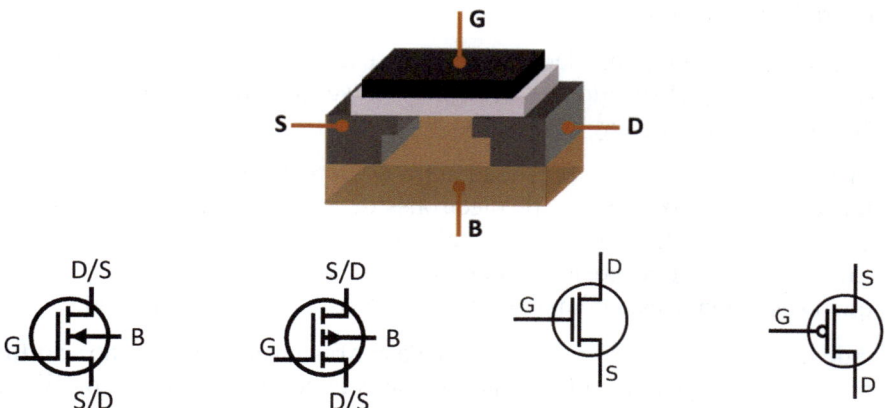

Figura 5.4. Estructura de semiconductora de un transistor nMOS y pMOS y distintos símbolos, los más comunes en lógica son los dos segundos. Fuente: De Brews ohare. Trabajo propio, CC BY-SA 3.0, y De Omegatron-Based on Image: IGFET N-Ch Enh Labelled.svg, CC BY-SA 3.0,

Modo de funcionamiento de un transistor nMOS

El funcionamiento de un transistor nMOS se basa en el comportamiento MOS antes descrito:

- Si V_{GB} es 0 V, es decir, si V_G está a 0 V, ya que V_B se supone conectado a tierra, entonces el canal está lleno de huecos, los propios del material P que son atraídos por V_G. En general, B y S están cortocircuitados en un nMOS, y ambos lo están a tierra, aunque esto no es obligado, claro está. En esta situación D está *flotando* y su tensión V_D se mantiene ya que su comportamiento es el de un condensador como se acaba de ver. Esta tensión flotante V_D da lugar a un valor *débil*.

- El simple contacto entre las zonas N+ (S y D) y P (B) permite la recombinación de huecos y electrones lo que propicia una zona de vaciamiento expresada mediante la tensión V_{TH} que detiene el proceso de recombinación.

- Si V_{GS} aumenta un poco, pero por debajo de V_{TH}, entonces el canal se vacía de huecos y se crea una zona de agotamiento o deplexión. Es decir, los portadores se reordenan algo: los huecos bajan y los electrones suben hacia el canal, lo que favorece la recombinación de electrones y huecos lo que a su vez da lugar a un potencial V_{TH} que hace que este proceso se detenga y no *suban* más electrones hacia el canal.

- Si V_{GS} sigue subiendo por encima de V_{TH}, entonces el canal se llena de electrones (portadores minoritarios del material P) ya que estos pueden atravesar la zona de vaciamiento anterior creando una zona de inversión (*inversión zone*). Además, los huecos van hacia el *fondo* del material P, creándose una zona de aislamiento o deplexión como en una unión NP. Esta zona crea una frontera caracterizada por un potencial.

- Si el canal está lleno de electrones, estos se unen a los propios del material N+ del drenador y el surtidor, es decir, hay un suministro continuo de electrones N-Canal-N, pero no hay corriente.

- Si $V_{GS} > V_{TH}$ y existe un potencial entre el drenador y el surtidor, $V_{DS} > 0$, entonces circula una corriente de electrones de S a D, es decir, hay intensidad de corriente de D a S (sentido convencional de la corriente por cargas positivas). En esta situación las posiciones de D y S no son fijas (derecha/izquierda) sino que D está donde está la mayor tensión, y S está en el otro terminal.

- Además, la corriente de electrones queda confinada en el canal y no se difumina por el sustrato ya que en las zonas de contacto N+ con P (D y S con B) hay un potencial que repele a los electrones, es la zona de deplexión.

- Además, si V_{GS} y/o V_{DS} aumentan mucho, entonces la corriente se dispara y el nMOS se destruye indefinidamente.

- Por otro lado, si $V_{GS} = 0$ (o $V_{GS} < 0$) entonces no hay corriente ya que el canal vacío de electrones no permite el paso de corriente.

La descripción anterior todavía debe ser detallada más gracias a la experimentación:

- Cuando $V_{GS} > V_{TH}$, entonces el nMOS empieza a conducir, $I_{DS} > 0$, si $V_{DS} > 0$ V, sin embargo, la conducción depende del valor de V_{DS}.

- Si $V_{DS} < V_{GS} - V_{TH}$, entonces la conducción es lineal, es decir, a mayor V_{DS} mayor I_{DS}. Simplemente, al aumentar V_{DS}, aumenta el campo y con él la intensidad de corriente de los electrones. Este comportamiento lineal hace que el nMOS se comporte como una resistencia de valor fijo dependiente de V_G.

- Si $V_{DS} > V_{GS} - V_{TH}$, entonces la corriente se satura, alcanzando un valor $I_{DS,SAT}$ que no aumenta aunque aumente V_{DS}. Esto es debido a que al aumentar V_{DS}, entonces el canal se estrecha o estrangula (*pinch-off*) en D hasta el punto de restringir el paso de la corriente de electrones. El canal se estrecha y casi no hay electrones en el terminal D, aunque estos se mueven con rapidez ya que V_{DS} es alta. También se puede decir que V_{GD} disminuye y por tanto, el potencial en D en la zona próxima a G también lo hace, con lo que la corriente no puede aumentar. La corriente en el canal se satura.

La Figura 5.5 muestra el comportamiento explicado.

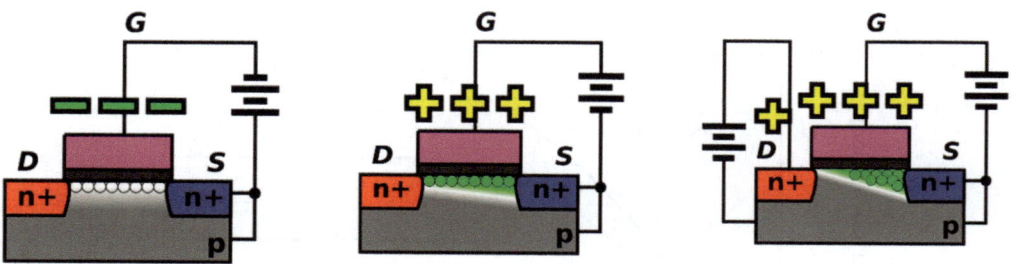

Figura 5.5. nMOS OFF, nMOS en conducción óhmica y nMOS en conducción saturada. Fuente: De Jjmontero9. Trabajo propio, CC BY-SA 3.0

La Figura 5.6 explica lo anterior con más detalle. La imagen superior izquierda muestra que S debe estar conectado a B (y este a tierra) para evitar que la corriente del surtidor derive hacia el sustrato.

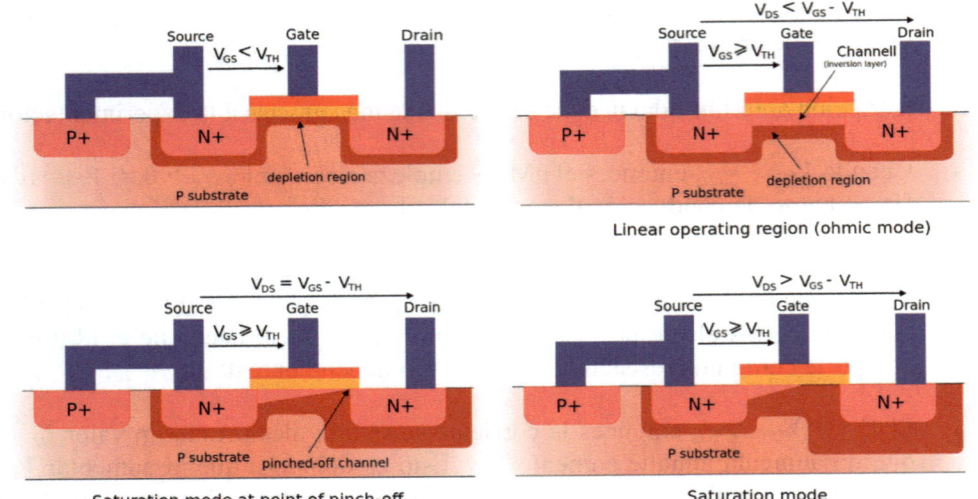

Figura 5.6. nMOS OFF, nMOS en conducción óhmica y nMOS en conducción saturada, con énfasis en el estrangulamiento del canal. Fuente: By Olivier Deleage y Peter Scott. Modified with permission from an original por Olivier Deleage, CC BY-SA 3.0.

Comportamiento eléctrico de un nMOS: curva característica

Experimentalmente (o mediante simulación) se puede obtener la curva característica del nMOS. La curva característica de la Figura 5.7 es una familia de curvas y en ellas se ven varias cosas:

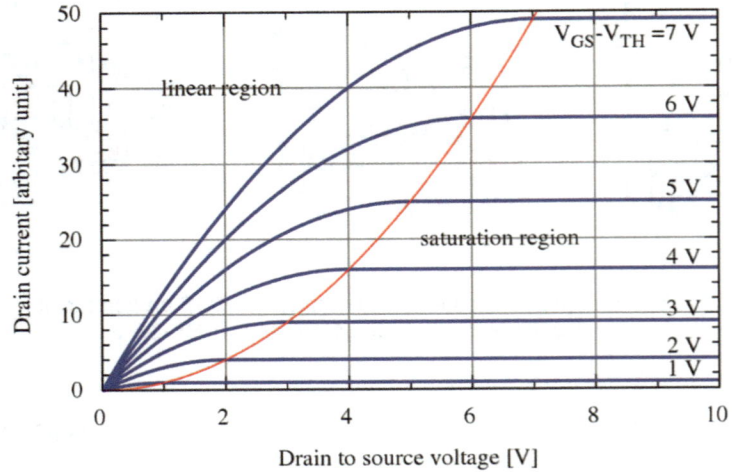

Figura 5.7. Curva característica de un transistor nMOS.
Fuente: By User: CyrilB-File:IvsV_mosfet.png, CC BY-SA 3.0,

- Si $V_{TH} = 0{,}7$ V, entonces para $V_{GS} < 0{,}7$ $I_{DS} = 0$. En la Figura 5.7 se ve que la primera curva es para 1 V, el resto de curvas está *apoyado* sobre el eje X y la corriente es nula para todo V_{DS}.

- Si $V_{GS} > 0{,}7$, entonces hay canal y la corriente circula en función de V_{DS} (siempre que V_B esté a tierra).

  — Para valores bajos de V_{DS}, para $V_{DS} < V_{GS} - V_{TH}$, entonces el comportamiento es lineal.

  — Y para valores altos de V_{DS}, para $V_{DS} > V_{GS} - V_{TH}$, entonces la corriente se satura en un valor que depende de V_{GS}.

La Tabla 5.1 resume el comportamiento descrito anteriormente.

Tabla 5.1 Polarización de un nMOS

V_{GS}	V_{DS}	I_{DS}
$0 < V_{GS} < V_{TH}$		$I_{DS} = 0$
$V_{GS} > V_{TH}$	$0 < V_{DS} < V_{GS} - V_{TH}$	I_{DS} lineal
	$V_{DS} > V_{GS} - V_{TH}$	I_{DS} saturada
	$V_{DS} \gg 0$	Rotura
$V_{GS} \gg 0$		Rotura

En realidad, cuando $V_{GS} \leq 0$ V entonces hay una muy pequeña corriente I_{DS} de sentido negativo proveniente de la circulación de huecos del sustrato.

Los nMOS en este libro solo tienen aplicación lógica y, por tanto, las tensiones serán siempre 0 V (0 lógico) o 5 V (1 lógico). Así, partiendo de que S y B están siempre cortocircuitadas a tierra, de que V_{TH} es 0,7 V, de que V_{GS} solo puede tomar los valores 0 V y 5 V (V_{DD}) y de que V_{DS} será variable (al pasar de 0 V a 5 V, y viceversa), entonces se puede plantear la Tabla 5.2

Tabla 5.2 Polarización de un nMOS real

V_S	V_G	V_{DS}	I_{DS}	Estado
$V_S = 0$ V	$V_G = 0$ V	Cualquier V_{DS}	$I_{DS} = 0$	OFF ($V_{GS} < 0{,}7$)
$V_S = 0$ V	$V_G = 5$ V	$V_D < 4{,}3$ V	I_{DS} lineal	ON ($V_{GS} > 0{,}7$)
		$V_D > 4{,}3$ V	I_{DS} saturada	ON ($V_{GS} > 0{,}7$)

La simplificación anterior no es del todo cierta, ya que para que V_G pase de 0 V a 5 V ha de pasar por todos los valores intermedios.

El modelo matemático siguiente es válido solo para tecnologías nMOS *antiguas*, donde el tamaño del transistor era grande, del orden de micras. Ahora los transistores son del orden de *nano*, y esta reducción de tamaño hace que los modelos matemáticos presentados no sean válidos. Es decir, las expresiones siguientes tienen valor académico y han sido obtenidas experimentalmente.

- Transistor OFF, $V_{GS} = 0$ V:

$$I_{DS} = 0$$

- Transistor ON en zona lineal: $V_{GS} > V_{TH}$ y $0 < V_{DS} < V_{GS} - V_{TH}$

$$I_{DS} = \mu_n \cdot C_{ox} \cdot \frac{W}{L} \cdot \left((V_{GS} - V_{TH}) \cdot V_{DS} - \frac{V_{DS}^2}{2} \right) = K \cdot \left((V_{GS} - V_{TH}) \cdot V_{DS} - \frac{V_{DS}^2}{2} \right)$$

Esta expresión de I_{DS} para valores pequeños de V_{DS} se puede expresar (de forma lineal):

$$I_{DS} = K \cdot \left((V_{GS} - V_{TH}) \cdot V_{DS} \right)$$

- Transistor ON en zona no lineal o saturada: $V_{GS} > V_{TH}$ y $V_{DS} > V_{GS} - V_{TH}$

$$I_{DS} = \frac{\mu_n \cdot C_{ox}}{2} \cdot \frac{W}{L} \cdot (V_{GS} - V_{TH})^2 \cdot (1 + \lambda \cdot V_{DS})$$

Para $\lambda = 0$,

$$I_{DS} = \frac{\mu_n \cdot C_{ox}}{2} \cdot \frac{W}{L} \cdot (V_{GS} - V_{TH})^2 = \frac{K}{2} \cdot (V_{GS} - V_{TH})^2$$

donde:

μ_n, es la movilidad efectiva de los portadores, electrones en un nMOS, $0,06$ m^2/V·s

C_{ox}, es la capacidad del óxido (aislante) por unidad de área, en C/m^2.

W, es el ancho del transistor, en m.

L, es la longitud del canal, enm.

λ, es un parámetro para ajustar que el canal se acorta (se reduce L) cuando este se estrangula al aumentar la tensión V_{DS}. Su unidad es V^{-1} e idealmente es 0, pero suele ser un valor bajo, por ejemplo, entre 0,1 y 0,01 para este modelo.

Los dos primeros valores se pueden considerar constantes, mientras que W, L y λ son factores constructivos: cuánto de grande es un transistor nMOS en ancho (W) y largo (L). El valor más representativo es L y este a su vez suele ser el doble del parámetro tecnológico litográfico de la fabricación MOS. Este valor indica lo ancho que es la punta del lápiz (laser) con el que se dibujan los transistores. Para un valor determinado (0,6 µm), entonces la longitud del canal L no debe ser menor del doble (1,2 µm), para así asegurar la calidad de la fabricación. Además, W/L no debe ser menor de 1,5 (W de 1,8 µm). Lo anterior no quiere decir que L sea siempre el doble, ya que puede ser más.

Las empresas fabricantes de circuitos integrados siempre luchan para reducir este parámetro ya que al hacerlo reducen el tamaño del transistor y con él su consumo, a la vez que aumentan la velocidad de transmisión. Y también aumenta la densidad, y con ella la complejidad de los circuitos, mientras que disminuye el precio relativo del circuito integrado. En 2022 TSMC anunció que en 2025 fabricaría chips con tecnología de 2 *nanos*, unas 1000 veces menor que las tecnologías *micro* de este modelo.

El valor que reúne estás características constructivas es K, conformada por K_n y el factor de forma W/L

$$K = K_n \cdot \frac{W}{L} \quad , \quad K_n = \mu_n \cdot C_{ox}, \quad C_{ox} = \frac{(\varepsilon_0 \cdot \varepsilon_r)}{t_{ox}}$$

donde en la expresión anterior de K_n:

ε_0, es la permitividad eléctrica en el vacío y es constante, 8.85×10^{-12} C^2 / N·m^2.

ε_r, es la permitividad relativa y depende de cada material, para el óxido de silicio es de 4, aproximadamente.

$$\varepsilon_0 \cdot \varepsilon_r = 3,51 \times 10^{-11} \text{ F/m}^2 \text{ para el óxido de silicio}$$

t_{ox}, depende de la tecnología, para 1,2 µm es del orden de 25 nm, por tanto,

$$K_n = \mu_n \cdot C_{ox} = 0,06 \cdot \frac{3,51 \times 10^{-11}}{25 \times 10^{-9}} = 8,424 \times 10^{-5} \frac{\text{A}}{\text{V}^2} = 84,24 \ \mu\text{A/V}^2$$

Por tanto, y para una tecnología de 1,2 µm, las expresiones anteriores son:

- Transistor OFF: $V_{GS} = 0$ V:

$$I_{DS} = 0$$

- Transistor ON en zona lineal: $V_{GS} > V_{TH}$ y $0 < V_{DS} < V_{GS} - V_{TH}$

$$I_{DS} = 84,24 \cdot \frac{W}{L} \cdot \left((V_{GS} - 0,7) \cdot V_{DS} - \frac{V_{DS}^2}{2} \right) \text{ en } \mu\text{A}$$

- Transistor ON en zona no lineal o saturada: $V_{GS} > V_{TH}$ y $V_{DS} > V_{GS} - V_{TH}$ y con $\lambda = 0$.

$$I_{DS} = 42,12 \cdot \frac{W}{L} \cdot (V_{GS} - 0,7)^2 \text{ en } \mu A$$

Las reglas de fabricación esperan que W/L sea de al menos 1,5 (o 2, depende del modelo). Con este valor y el resto, el modelo anterior se puede llevar a Excel para obtener la Figura 5.8.

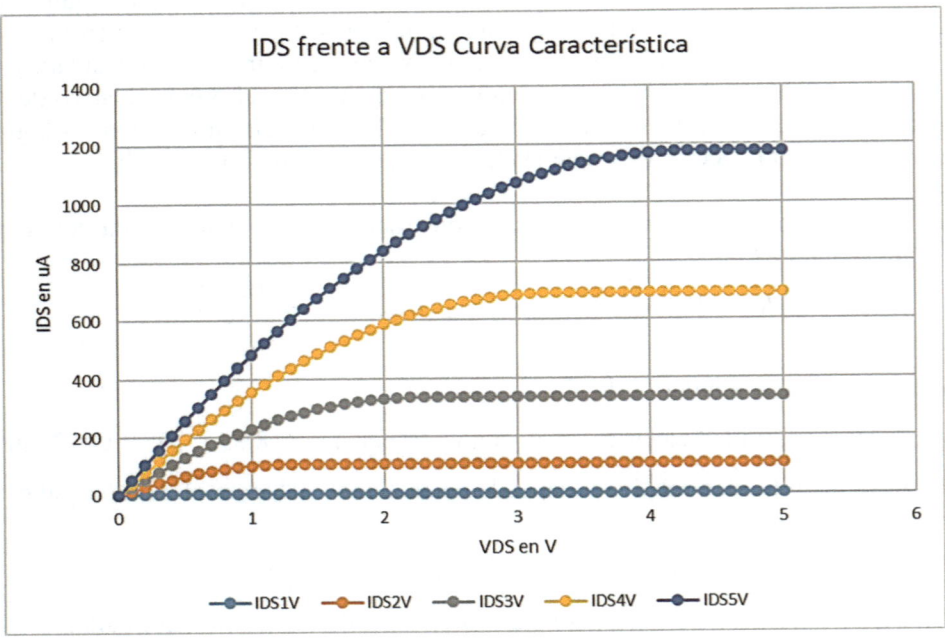

Figura 5.8. Curva característica de un transistor nMOS mediante un modelo matemático

Se ve que el valor final de la corriente depende del factor de forma W/L. Si se quiere que la corriente sea baja (aunque suficiente) para que el consumo sea bajo, entonces o se aumenta L o se disminuye W. Lo primero supone hacer más grande el nMOS y lo segundo reducirlo. Lo primero no es recomendable si se quiere aumentar la densidad y lo segundo tiene un límite, ya que en la fabricación W no puede ser menor de $1,5 \cdot L$. La solución pasa por reducir el tamaño de la litografía/tecnología y pasar de 1,2 μm a menos. En la actualidad se fabrican ya transistores de 5 nm y ya se habla de transistores de 2 nm. También, y recurrentemente, se dice que la tecnología litográfica no puede seguir reduciendo su tamaño ya que hay límites físicos que no se pueden traspasar, pero hasta ahora los tecnólogos lo han conseguido.

Comportamiento temporal y consumo de un nMOS

El comportamiento eléctrico no es lo más importante a la hora de explicar y utilizar un nMOS para circuitos lógicos. La pregunta es: si la tensión en la puerta es 0 V o 5 V, ¿qué pasa en los otros terminales?, ¿cómo se comportan?, ¿qué tensiones toman?, ¿qué corrientes presentan?

Para abordar este análisis hay que tomar uno de los terminales (izquierda) como entrada y el otro (derecha) como salida, recordando que la entrada y la salida serán D o S dependiendo de en qué terminal haya más o menos tensión. Y recordar lo dicho en el primer apartado: un bloque N se comporta como un condensador que se carga, descarga o mantiene su valor:

- Se carga con V^+ o V^-. Si un terminal está unido a un potencial, entonces es un condensador que se carga con dicho potencial.

- Se mantiene. Si una vez cargado el condensador, se retira la tensión, entonces el terminal mantiene su valor, como un condensador (aunque sutilmente se vaya descargando).

- Se descarga. Si una vez cargado el condensador, este se conecta a tierra, entonces se descarga. Y una vez descargado, mantiene su valor.

- Si el valor cargado —débil— es distinto de la tensión aplicada —fuerte—, entonces *gana* esta última. Por ejemplo, si el condensador que es D/S está a 0 V y se le aplica 5 V, entonces pasará tener 5 V, no habrá cortocircuito.

Vayamos caso por caso en un nMOS:

- OFF: Si $V_G = 0$ V, entonces el canal está vacío, no hay corriente y los dos terminales están aislados. Si uno de ellos cambia (la entrada) el otro (la salida) no lo hará, ya que el canal está vacío. La salida mantendrá su tensión en el tiempo.

  En este caso ya que el terminal es N+, si la salida estaba a 0 V, así se queda, pero si estaba a 5 V (u otra tensión) entonces el bloque N+ se comporta como un condensador, como ya se ha visto antes. Es decir, la salida no cambia, se mantiene en el tiempo (aunque se irá descargando como un RC poco a poco).

- ON. Si $V_G = 5$ V entonces hay dos casos posibles:

  — Si ambos terminales, D y S, están a 0 V (o a 5 V), entonces $V_{DS} = 0$ V y por tanto, no hay campo eléctrico que mueva electrones por el canal lleno de electrones. No hay corriente y ambos terminales siguen a 0 V (o 5 V). Los terminales mantienen su valor como condensadores.

— Si un terminal está a 0 V (S) y el otro a 5 V (D), entonces se establece una corriente I_{DS} de manera que la tensión de V_S va subiendo y el condensador en S se va cargando. Este proceso se da hasta que V_{DS} alcanza el valor V_{TH} (cuando $V_S = V_D - V_{TH} = 5 - V_{TH}$), momento en el que no se cumple la condición de ON ($V_{GS} > V_{TH}$), ya que

$$V_G - V_S = 5 - (5 - V_{TH}) = V_{TH}$$

y, por tanto, el nMOS pasa a condición OFF. Es decir, un terminal (D) se queda a 5 V y el otro (S) se queda a $5 - V_{TH}$, es decir, 4,3 V en nuestro caso. Al pasar a OFF, el terminal/condensador mantiene su valor.

Resumiendo, un transistor nMOS transmite bien el 0 lógico (0 V) a la salida, mientras que transmite mal el 1 lógico, ya que en la salida no hay 5 V, sino 4,3 V ($V_{DD} - V_{TH}$).

La Tabla 5.3 describe la evolución de los distintos terminales en función de las tensiones de los mismos.

Tabla 5.3. Polarización y consumo de un nMOS

Puerta	Entrada	Salida	Salida	Estado
$V_G = 0$ V	V_i cualquier V $V_{GS} < V_{TH}$	$V_o(t) = V_o(t-1)$, condensador	$V_o(t) = V_o(t-1)$	OFF $I_{DS} = 0$
$V_G = 5$ V	$V_i = 5$ V (V_i es D) $V_{GS} = V_G - V_o = 5$ V $V_{GS} = 5 - 4,3 = 0,7$ V	$V_o(t-1) = 0$ V (V_o es S) $V_{DS} = 5$ V y **bajando** hasta el tope $V_o(t) = V_S$ y llega a 4,3 y entonces, $V_{GS} = 5 - 4,3 = 0,7$ $V = V_{TH} = >$ OFF		ON $I_{DS} > 0$ OFF $I_{DS} = 0$
	$V_i = 5$ V (V_i es D)	$V_o(t-1) = 4,3$ V (no 5 V*) (V_o es S) $V_{GS} = 0,7$ V $V_o(t) = V_o(t-1)$	$V_o(t) = 4,3$ V	OFF $I_{DS} = 0$
	$V_i = 0$ V (V_i es S) $V_{GS} = V_G - V_i = 5$ V	$V_o(t-1) = 4,3$ V (no 5 V) (V_o es D) $V_{DS} = 4,3$ V (no 5 V) y **bajando** $V_o(t) = V_D = 0$ V	$V_o(t) = 0$ V	ON $I_{DS} > 0$ $I_{DS} = 0$
	$V_i = 0$ V (V_i es D/S) $V_{GS} = 5$ V	$V_o(t-1) = 0$ V S/D $V_{DS} = 0$ V $V_o(t) = V_D = 0$ V	$V_o(t) = 0$ V	ON $I_{DS} = 0$

La tabla marca en negrita cuándo hay consumo por parte del nMOS, y se ve que solo lo hay cuando el transistor está *cambiando*, es decir, transitoriamente.

O también, si observamos la tabla anterior desde el consumo se ve que este solo existe cuando V_o cambia de valor, solo consume en la transición mientras pasa de 1 a 0 lógicos (de 4,3 V a 0 V) o de 0 a 1 lógicos (0 V a 4,3 V). No consume por estar en 0 V o en 4,3 V, ya que en un caso el nMOS estará en el origen de la curva característica y en otro estará sobre el eje X (ver Figura 5.8).

La Tabla 5.3 se puede analizar caso por caso mirando la curva característica de I_{DS} frente a V_{DS} de la Figura 5.9.

Caso 1. Estando la salida $V_o(t-1) = 5$ V y la entrada $V_i = 0$ V, entonces V_G pasa de 0 V a 5 V.

Como V_D es V_o y V_S es V_i, entonces, $V_{DS} = V_o - V_i$.

En la Figura 5.9 Se ve que del punto 1 ($V_{DS} = V_o - V_i = 5$ V $- 0$ V) se sube de golpe a $V_{GS} = 5$ V (punto 2) y que luego según va bajando la salida (se descarga el condensador), también baja V_{DS} y, por tanto, baja hacia el origen donde $V_i = V_o = 0$ V mientras V_{GS} se mantiene a 5 V.

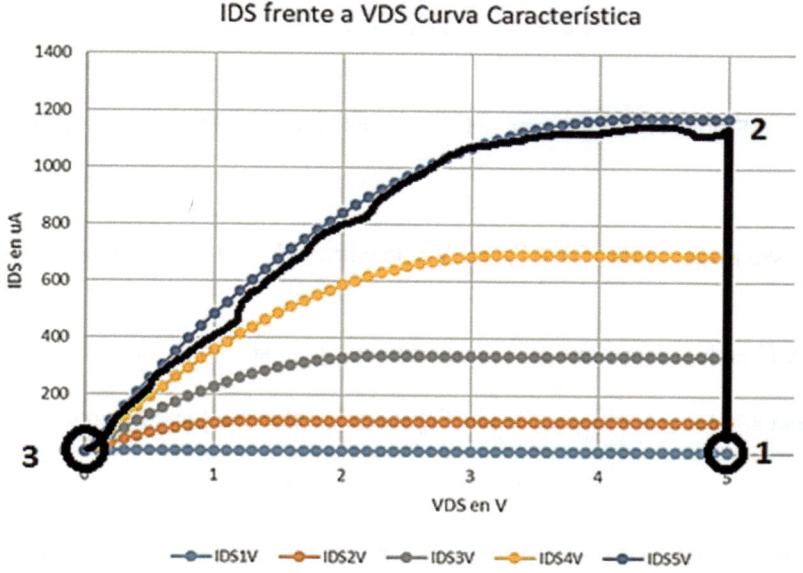

Figura 5.9. Evolución del Caso 1 del transistor nMOS

Aunque quizá, y por coherencia con lo visto antes, $V_o(t-1)$ no debe ser 5 V, sino 4,3 V y el Punto 1 debe estar más a la izquierda, en 4,3 V, como muestra la Figura 5.10.

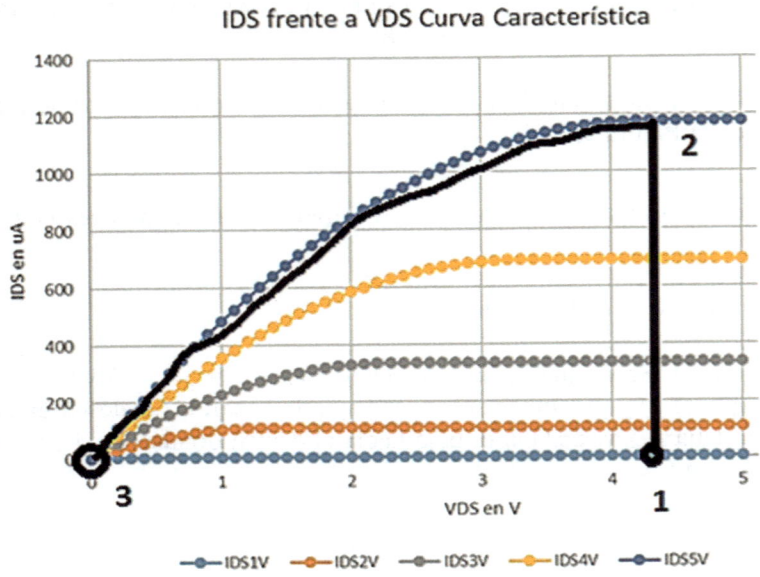

Figura 5.10. Evolución del Caso 1 del transistor nMOS desde 4,3 V

Caso 2. Estando la salida $V_o(t-1) = 0$ V y la entrada $V_i = 0$ V, entonces V_G pasa de 0 V a 5 V.

Ahora V_i es lo mismo que V_o y, por tanto, V_D y V_S son lo mismo.

Entonces, y tal y como muestra la Figura 5.11, el arranque está en el origen

$$V_i = V_o = V_D = V_S = 0 \text{ V}$$

al cambiar V_G a 5 V el punto 1 sigue siendo el mismo, aunque ahora está en la curva $V_{GS} = 5$ V (todas las curvas se juntan en el origen).

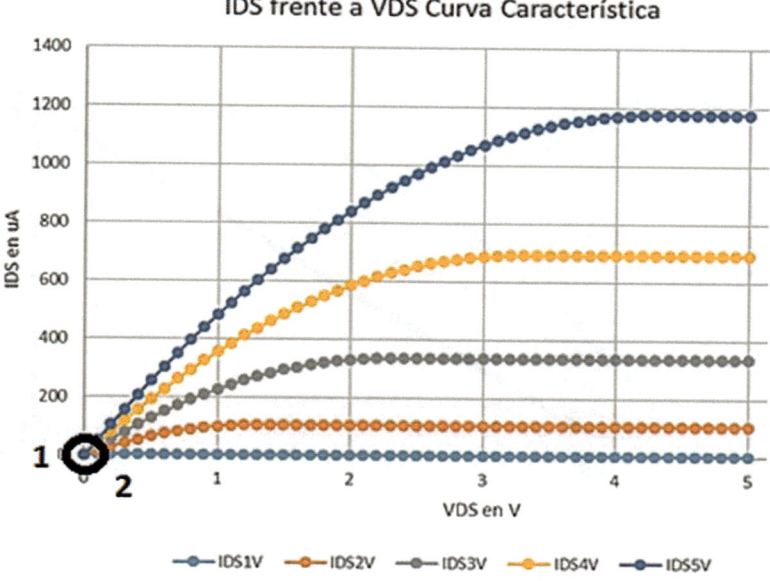

Figura 5.11. Evolución del Caso 2 del transistor nMOS

Caso 3. Estando la salida $V_0(t-1) = 0$ V, la entrada es $V_i = 5$ V y V_G pasa de 0 V a 5 V.

Ahora V_D es V_i y V_S es V_0, así,

$$V_{DS} = V_i - V_0$$

En la Figura 5.12 se ve el punto 1: $V_{DS} = 5$ V y $V_{GS} = 0$ V, que pasa al punto 2 cuando $V_G = 5$ V.

En ese momento V_0 (que es V_S) empieza a subir y con ella empieza a bajar V_{GS} hasta que $V_0 = V_S = 4{,}3$ V, en cuyo momento

$$V_{DS} = 0{,}7 \text{ V},$$

y

$$V_{GS} = 0{,}7 \text{ V}$$

y, por tanto, el estado es OFF.

La bajada puede ser recta o curva (no es tan importante), siguiendo un comportamiento u otro, según a qué velocidad vaya cambiando la salida, y esa velocidad depende del canal y del condensador en N+.

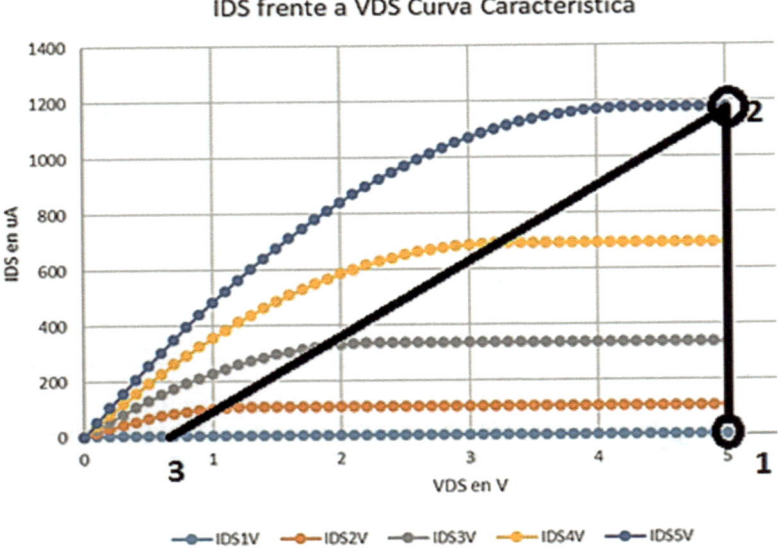

Figura 5.12. Evolución del Caso 3 del transistor nMOS

Caso 4. Estando la salida $V_0(t-1) = 4,3$ V, la entrada es $V_i = 5$ V y V_G pasa de 0 V a 5 V.

Ahora V_D es V_i y V_S es V_0, así,

$$V_{DS} = V_i - V_0$$

La Figura 5.13 arranca en el punto 1, porque

$$V_{DS} = 0,7 \text{ V } (V_i = 5\text{V y } V_0 = 4,3 \text{ V})$$

y

$$V_G = 0 \text{ V}$$

y por tanto,

$$V_{GS} = -4,3 \text{ V,}$$

entonces al pasar $V_G = 5$ V, tenemos que $V_{GS} = 0,7$ V con $V_{DS} = 0,7$ V, exactamente el mismo sitio, aunque las curvas sean distintas, ya que si $V_{GS} < 0,7$ V, todas las curvas de V_G están apoyadas en el eje X.

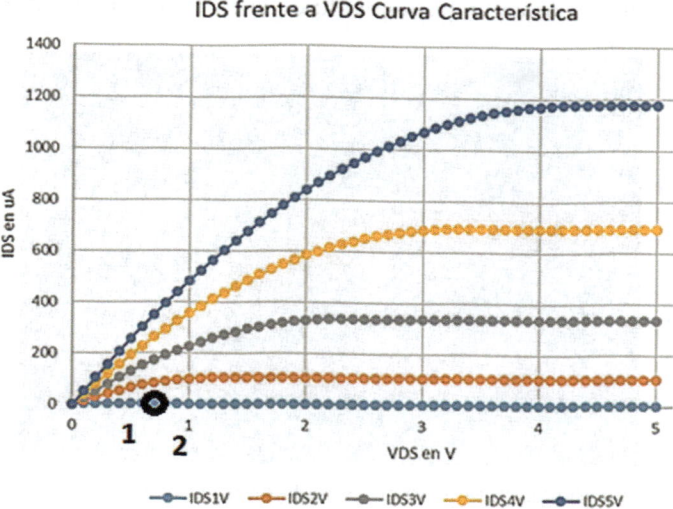

Figura 5.13. Evolución del Caso 4 del transistor nMOS

A continuación se describen con más detalle dos de los casos anteriores. En ambos hay un valor de salida que va a cambiar con la nueva V_i cuando se produzca un salto en V_G.

Utilizando el simulador MicroWind, MW, de Etienne Sicard, en la Figura 5.14 se ve cómo cambia la salida en dos situaciones: cambio de V_G de 0 a 5 V y cambio de V_i de 5 V a 0 V estando V_G a 5 V.

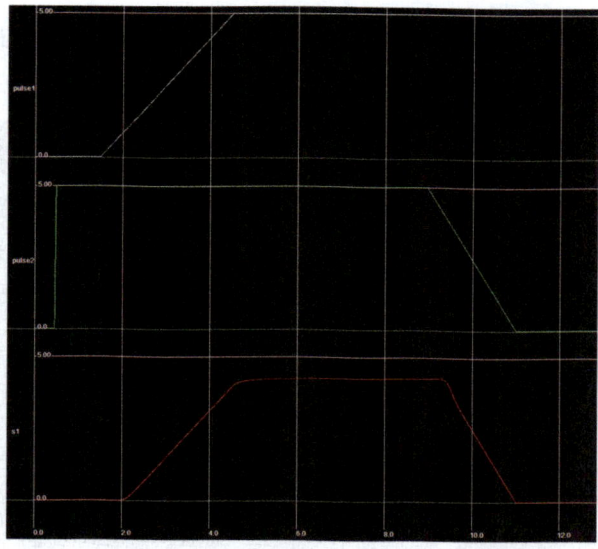

Figura 5.14. Evolución temporal de un nMOS, donde las señales son V_G, V_i y V_o

Es más interesante ver el comportamiento de la corriente en la Figura 5.15.

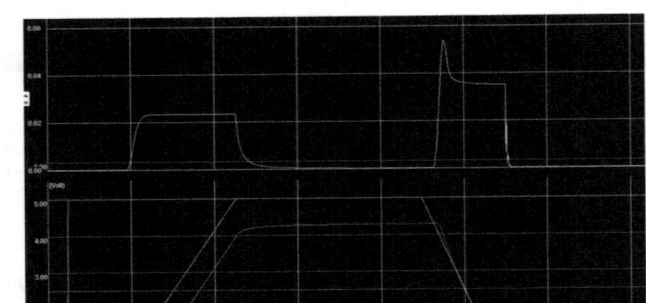

Figura 5.15. Evolución temporal y de la corriente de un nMOS: corriente y entrada/salida

En este caso son distintos los comportamientos en el primer y en el segundo cambio. El primer cambio (Caso A) es más lento y presenta (como es lógico por ser más lento) un menor consumo. En este caso hasta que V_G no pasa de 0,7 V no arranca el canal, con lo que ya va con retraso. Y arranca con $V_{DS} = 5 - 0 = 5$ V y $V_{GS} = 1 - 0 = 1$ V, y según va subiendo V_G aumenta V_S (es V_o), con lo que baja V_{GS}. Sin embargo, el segundo cambio es muy distinto. V_G ya está a 5 V y V_S es ahora 0 V, con lo que V_{GS} es directamente 5 V y además V_{DS} es 4,3 V menos la entrada que va bajando. Se ve que la salida sigue con rapidez a la entrada, no hay un retardo ocasionado por los 0,7 V del caso anterior.

En la Figura 5.16 se ve mejor el comportamiento cuando estando la salida a 5 V entonces, V_i es 0 V y V_G pasa de 0 V a 5 V.

Figura 5.16. Detalle de la evolución temporal de un nMOS, donde las señales son V_G, V_i y V_o

La Figura 5.17 muestra la curva con las corrientes y el comportamiento se ve mejor.

Figura 5.17. Evolución temporal y de corriente de un nMOS: corriente y entrada/salida

En la Figura 5.17 se ve que estando V_G a 5 V y V_o a 0 V (S) si V_i pasa de 0 V a 5 V entonces la salida pasa a 4,3 V, pero lo hace de forma rápida (más rápido que en el primer caso anterior) ya que V_{GS} ya era 5 V al *entrar* el cambio en V_i. Según va subiendo V_i, lo va haciendo V_o y, por tanto, V_{DS} no se *dispara*. Se autorregula.

Sin embargo, en el segundo caso estando V_i a 0 V (S) y estando V_D a 4,3 V, y por tanto, V_{DS} = 4,3 V, resulta que V_G pasa de 0 V a 5 V (Caso B anterior). Se ve que la salida cambia antes de que acabe la excursión de V_G, como es lógico (V_o depende de V_i). Lo hace muy rápido porque V_{DS} arranca en un valor alto y aunque va bajando este descenso se compensa con la *subida* de V_G y con ella la de V_{GS}.

Comportamiento de un pMOS

El comportamiento de un pMOS es similar al de un nMOS ya que, aunque las tensiones y corrientes son distintas, la relación entre ellas es similar.

Por un lado, el sustrato es N y los terminales son P+. En cuanto a las tensiones, el sustrato se conecta a V_{DD} (5 V o 3,3 V o 0,9 V), el surtidor es el terminal de mayor tensión, mientras el drenador es el otro. En condiciones normales de funcionamiento el surtidor está conectado a V_{DD}. La tensión en la puerta es variable, lo que llena o vacía el canal de huecos (portadores positivos).

Si V_{GS} es negativa, es decir, si $V_G = 0$ V, entonces el canal se llena de huecos (portadores minoritarios del sustrato), creándose también una zona de deplexión en el sustrato. En este momento si la tensión V_{DS} empieza a bajar, haciéndose negativa, entonces los huecos que llenan el canal se ponen en movimiento dando lugar a una corriente que va de S a D, en el sentido convencional de los portadores positivos. Si V_{DS} desciende mucho, entonces el canal se estrangula y la corriente se satura. El comportamiento es similar al descrito en la Figura 5.6, aunque aquella lo es para un transistor nMOS.

De forma más detallada y correcta, y teniendo presente que ahora V_{TH} es negativa, la Tabla 5.4 muestra la polarización de un pMOS.

Tabla 5.4. Polarización de un pMOS

V_{GS}	V_{DS}	I_{DS}
$0 > V_{GS} > V_{TH}$		$I_{DS} = 0$
	$0 > V_{DS} > V_{GS} - V_{TH}$	I_{DS} lineal
$V_{GS} < V_{TH}$	$V_{DS} < V_{GS} - V_{TH}$	I_{DS} saturada
	$V_{DS} \ll 0$	Rotura
$V_{GS} \ll 0$		Rotura

En pMOS lógico las tensiones serán siempre 0 V (0 lógico) o 5 V (1 lógico). Así, partiendo de que S y B están siempre cortocircuitadas a 5 V, de que V_{TH} es − 0,7 V, de que V_{GS} solo puede tomar los valores − 5 V y 0 V y de que V_{DS} será variable, entonces se puede plantear la Tabla 5.5.

Tabla 5.5. Polarización de un pMOS con voltajes

V_G	V_{DS}	I_{DS}	Estado
$V_G = 5$ V	Cualquier V_D	$I_{DS} = 0$	OFF ($V_{GS} = 5 - 5 > -0,7$ V)
$V_G = 0$ V	$V_D > -4,3$ V	I_{DS} lineal	ON ($V_{GS} = 0 - 5 < -0,7$ V)
	$V_D < -4,3$ V	I_{DS} saturada	ON ($V_{GS} = 0 - 5 < -0,7$ V)

En cuanto a la respuesta temporal de un pMOS es similar a la de un nMOS, simplemente hay que recordar que V_{TH} es negativa, − 0,7 V. En este caso el pMOS transmite bien el 1 lógico (5 V) y mal el 0 lógico, ya que la salida no se pone a 0 V sino a 0,7 V.

La Tabla 5.6 resume este comportamiento.

Tabla 5.6. Polarización y corriente de un pMOS

Puerta	Entrada	Salida	Salida	Estado
$V_G = 5$ V	V_i cualquier valor $V_{GS} > V_{TH}$	$V_o(t) = V_o\,(t-1)$, condensador	$V_o(t) = V_o(t-1)$	OFF
$V_G = 0$ V	$V_i = 0$ V (Vi es D) $V_{GS} = -5$ V $V_{GS} = V_G - V_S = 0 -$ $0,7 = 0,7$ V	$V_o(t-1) = 5$ V (V_o es S) $V_{DS} = -5$ V y va subiendo hasta un tope $V_o(t) = V_D$ y llega a 0,7 V y entonces $V_{GS} = 0 - 0,7 = -0,7$ V $= V_{TH} => $ OFF	$V_o(t) = 0,7$ V	ON $I_{DS} < 0$ OFF $I_{DS} = 0$
	$V_i = 0$ V (Vi es D)	$V_o(t-1) = 0,7$ V (no 0 V) (V_o es S) $V_{GS} = -0,7$ V $V_o(t) = Vo(t-1)$	$V_o(t) = 0,7$ V	OFF $I_{DS} = 0$
	$V_i = 5$ V (Vi es S/D) $V_{GS} = -5$ V	$V_o(t-1) = 5$ V (V_o es D/S) $V_{DS} = 0$ V $V_o(t) = V_D = 5$ V	$V_o(t) = 5$ V	ON $I_{DS} = 0$
	$V_i = 5$ V (Vi es S) $V_{GS} = -5$ V	$V_o(t-1) = 0,7$ V (no 0 V) (V_o es D) $V_{DS} = -4,3$ V (no -5 V) y subiendo a 0 V $V_o(t) = V_D = 5$ V	$V_o(t) = 5$ V	ON $I_{DS} < 0$ $I_{DS} = 0$

En un pMOS todo es similar matemáticamente al nMOS, pero con diferencias claras. Lo que antes eran electrones, ahora son huecos (corriente de distinto signo) con una menor movilidad de $\mu_p = 0,02$ m^2/V_s, lo que antes eran tensiones positivas, ahora son negativas, y así $V_{TH} = -0,7$ V, etc., pero además hay que tener en cuenta que ahora los portadores (huecos) van de S a D y, por tanto, tenemos I_{SD}, así si seguimos hablando de I_{DS}, por coherencia, entonces $I_{DS} = -I_{SD}$, es decir, I_{DS} es negativa. Las expresiones quedan como sigue:

- Transistor OFF, $V_{GS} = 0$ V:

$$I_{DS} = 0$$

- Transistor ON en zona lineal, $V_{GS} < V_{TH}$ y $0 > V_{DS} > V_{GS} - V_{TH}$

$$I_{DS} = -\mu_p \cdot C_{ox} \cdot \frac{W}{L} \cdot \left((V_{GS} - V_{TH}) \cdot V_{DS} - \frac{V_{DS}^2}{2} \right) = -Kp \cdot \left((V_{GS} - V_{TH}) \cdot V_{DS} - \frac{V_{DS}^2}{2} \right)$$

Esta expresión de I_{DS} para valores pequeños de V_{DS} se puede expresar (de forma lineal):

$$I_{DS} = -Kp \cdot \left((V_{GS} - V_{TH}) \cdot V_{DS} \right)$$

- Transistor ON en zona no lineal o saturada, $V_{GS} < V_{TH}$ y $V_{DS} < V_{GS} - V_{TH}$

$$I_{DS} = -\frac{\mu_p \cdot C_{ox}}{2} \cdot \frac{W}{L} \cdot (V_{GS} - V_{TH})^2 \cdot (1 + \lambda \cdot V_{DS})$$

Para $\lambda = 0$

$$I_{DS} = -\frac{\mu_p \cdot C_{ox}}{2} \cdot \frac{W}{L} \cdot (V_{GS} - V_{TH})^2 = -\frac{Kp}{2} \cdot (V_{GS} - V_{TH})^2$$

donde:

μ_p, es la movilidad efectiva de los portadores, huecos en un pMOS, que es de 0,02 m^2/V$_s$, es decir, tercio de la movilidad de los electrones.

C_{ox}, es la capacidad del óxido (aislante) por unidad de área, en C/m^2.

W, es el ancho del transistor, en m.

L, es la longitud del canal, en m.

λ, es un parámetro para ajustar que el canal se acorta (se reduce L) cuando este se estrangula al aumentar la tensión V_{DS}. Su unidad es V^{-1} e idealmente es 0, pero suele ser un valor bajo, por ejemplo, entre 0,1 y 0,01 para este modelo matemático.

Tomando los mismos valores constructivos, tecnología de 1,2 μm, para el pMOS que los tomados para el nMOS, las ecuaciones quedan como sigue:

- Transistor OFF, $V_{GS} = 0$ V:
$$I_{DS} = 0$$

- Transistor ON en zona lineal, $V_{GS} < V_{TH}$ y $0 > V_{DS} > V_{GS} - V_{TH}$

$$I_{DS} = -28{,}32 \cdot \frac{W}{L} \cdot \left((V_{GS} + 0{,}7) \cdot V_{DS} - \frac{V_{DS}^2}{2} \right) \text{ en μA}$$

- Transistor ON en zona no lineal o saturada, $V_{GS} < V_{TH}$ y $V_{DS} < V_{GS} - V_{TH}$ y con $\lambda = 0$.

$$I_{DS} = -21{,}24 \cdot \frac{W}{L} \cdot (V_{GS} + 0{,}7)^2 \text{ en μA}$$

Las ecuaciones anteriores, con *W/L* igual a 1,5, dan como resultado la siguiente gráfica. En la Figura 5.18 se ve que tanto V_{DS} como V_{GS} son negativas, lo mismo que la corriente.

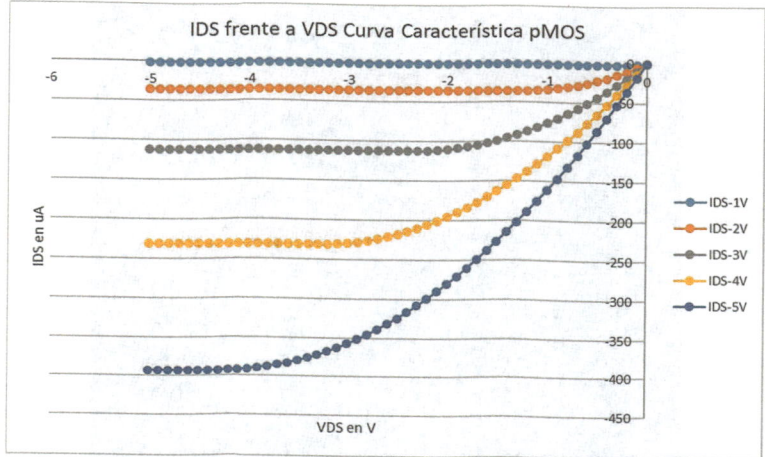

Figura 5.18. Curva característica de un pMOS

5.3. ANÁLISIS Y DISEÑO DEL INVERSOR CMOS

En este apartado vamos a diseñar la puerta lógica más básica, el inversor, utilizando transistores MOS. Además de diseñar el inversor, se va analizar su comportamiento utilizando para ello lo explicado en los apartados anteriores.

Después de caracterizar el inversor, los siguientes circuitos lógicos serán diseñados atendiendo solo a su comportamiento lógico, sin atender en detalle a su comportamiento eléctrico.

5.3.1. Diseño del inversor

Un inversor tiene un comportamiento definido por el álgebra de Boole mediante una tabla de verdad. La Figura 5.19 también incluye su símbolo.

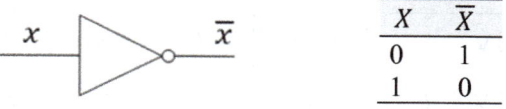

Figura 5.19. Tabla de verdad y símbolo de un inversor lógico o booleano

En el diseño de un inversor se combinan un transistor nMOS y un pMOS según el diseño de la Figura 5.20.

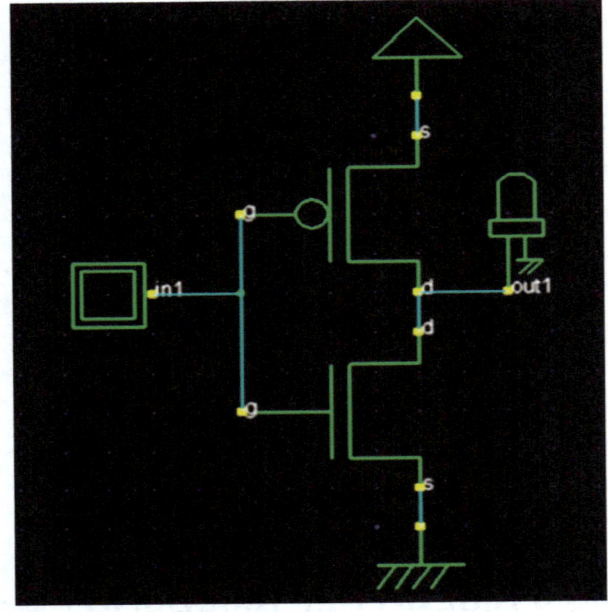

Figura 5.20. Diseño de un inversor lógico con tecnología CMOS

La Tabla 5.7 muestra el comportamiento del inversor, teniendo en cuenta que el surtidor del pMOS está a 5 V y el del nMOS a tierra (conexiones superior e inferior, respectivamente). La puerta G de ambos transistores está conectada a V_i (tensión de entrada), mientras que ambos drenadores están conectados entre sí a V_o (tensión de salida). El comportamiento del inversor solo depende de la entrada V_i.

Tabla 5.7. Detalle del comportamiento de un inversor CMOS

	nMOS con $V_S = 0$ V			pMOS con $V_S = 5$ V			
V_i	V_G	V_{GS}	Estado	V_G	V_{GS}	Estado	V_o
0 V	0 V	0 V	OFF	0 V	− 5 V	ON	5 V
5 V	5 V	5 V	ON	5 V	0 V	OFF	0 V

Si V_i es 5 V, entonces el nMOS está ON y el pMOS está OFF y por tanto D y S del nMOS se cortocircuitan de manera que los 0 V de S pasan a D, que es la salida V_o.

Si V_i es 0 V, entonces el pMOS está ON y el nMOS está OFF y por tanto, D y S del pMOS se cortocircuitan de manera que los 5 V de S pasan a D, que es la salida V_o.

Resumiendo, en la Tabla 5.10: si la entrada es 1, la salida es 0; y si la entrada es 0, la salida es 1.

Tabla 5.10. Comportamiento de un inversor CMOS

IN (V_i)	OUT (V_o)
0 (0 V)	1 (5 V)
1 (5 V)	0 (0 V)

Por otro lado, ¿qué comportamiento eléctrico tiene el inversor? ¿qué consumo presenta? La tabla anterior muestra que cuando el nMOS está ON, el pMOS está OFF, y viceversa. Es decir, nunca están ambos a ON (tampoco a OFF). Si nunca están ambos a ON, entonces no hay camino de 5 V a tierra y por tanto, no puede circular la corriente (no hay diferencia de potencial). Resumiendo, cuando la salida está a 1 o está a 0, el inversor no consume.

Sin embargo, cuando la salida pasa de 0 a 1, o de 1 a 0, entonces sí hay un consumo transitorio, ya que durante un tiempo ambos transistores están ON, mientras la salida cambia de valor y pasa el nMOS de estar a ON, a estarlo el pMOS, y viceversa.

Esta es una característica fundamental del inversor: consumo nulo a 0 o a 1; y pequeño consumo en el cambio.

En la Figura 5.21 se ve el comportamiento temporal del inversor. Se ve con claridad que la salida (curva inferior) es lo contrario de la entrada. Se ve que, si la entrada es 0 V, la salida es 5 V, y viceversa. Recordemos que el pMOS transmitía *mal*, 0 V (transmitía 0,7 V), mientras que el nMOS transmitía mal el 5 V (transmitía 4,3 V), sin embargo, esto no afecta ya que el 0 en la salida es *responsabilidad* del nMOS y el 1, del pMOS, justo donde tiene su buen comportamiento.

Además, en la Figura 5.21 se ve que el cambio en la salida de 1 a 0 es más rápido que el cambio de 0 a 1. Esto es así porque el primer cambio depende del nMOS, y en este los portadores son los electrones, con una movilidad superior a los huecos del pMOS.

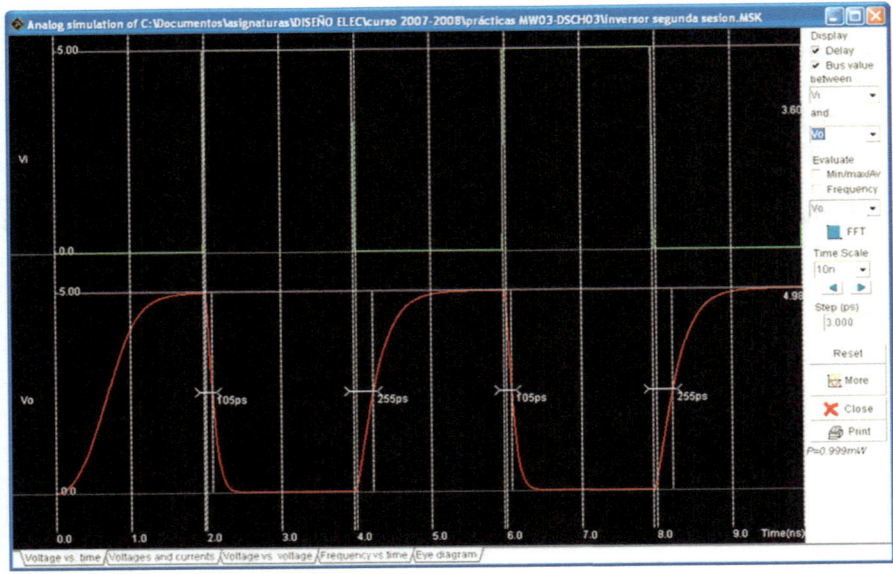

Figura 5.21. Evolución temporal de un inversor lógico CMOS

5.3.2. Análisis de un inversor lógico CMOS

La parte más interesante del inversor ya está vista: su comportamiento lógico y su consumo, pero también tiene sentido estudiar con algo de detalle su comportamiento eléctrico.

Antes hemos visto los modelos matemáticos nMOS y pMOS y sus curvas características obtenidas mediante Excel. La Figura 5.22 muestra ambos juegos de curvas superpuestas teniendo en cuenta las siguientes relaciones.

$$I_{DSnMOS} = -I_{DSpMOS}$$

En el nMOS:

$$V_{GSnMOS} = V_i - 0 = V_i$$

y

$$V_{DSnMOS} = V_o - 0 = V_o$$

En el pMOS:

$$V_{GSpMOS} = V_i - 5$$

y

$$V_{DSpMOS} = V_o - 5\ V$$

Desde un punto de vista gráfico, la Figura 5.22 muestra la corriente I_{DSpMOS} negada para así poder igualarla gráficamente a I_{DSnMOS} y, además, igualando las dos expresiones de V_o se obtiene que $V_{DSnMOS} = V_{DSpMOS} + 5$ y, por tanto, la gráfica $I_{DSpMOS.}$ aparece desplazada 5 V a la derecha.

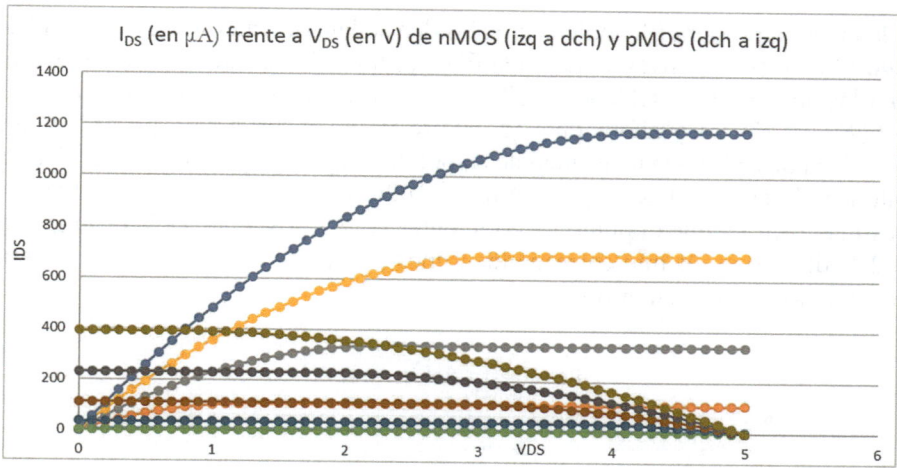

Figura 5.22. Curvas características de un nMOS y un pMOS superpuestas

La falta de simetría se debe a que los huecos son más lentos que los electrones y por lo tanto, la corriente en el pMOS es menor que en el nMOS.

La Tabla 5.11 muestra la evolución de las señales del inversor. Los números se han obtenido de las tablas creadas en Excel para cada valor de tensión según los correspondientes modelos matemáticos. El tiempo t es arbitrario, donde 1, 2, ... no significa nada más que orden.

Tabla 5.11. Evolución temporal detallada de un inversor lógico CMOS

	1	5	2	4	3	6
t	V_i	V_o	V_{GSN}	V_{DSN}	V_{GSP}	I_{DS}
0	0	5	0	5	− 5	0
1	1	5	1	5	− 4	0
2	2	3	2	3	− 3	100
3	3	0,2	3	0,2	− 2	35
4	4	0	4	0	− 1	0
5	5	0	5	0	0	0
6	5	0	5	0	0	0
7	5	0	5	0	0	0
8	5	0	5	0	0	0
9	4	0	4	0	− 1	0
10	3	0,2	3	0,2	− 2	35
11	2	3	2	3	− 3	100
12	1	5	1	5	− 4	0
13	0	5	0	5	− 5	0

En la tabla, la primera fila indica en qué orden se han obtenido los datos: empieza por V_i, luego V_{GSN}, y así sucesivamente. En la fila 2 (y leyendo las columnas en el orden indicado por los números) V_i es 2 V y con ella V_{GSN} también ($V_{GSN} = V_i - 0$), mientras que V_{GSP} es –3 V ($V_{GSP} = V_i - 5$), y ahora, en 4 ¿dónde se cortan la curva de V_{GSN} =2 V y la curva V_{GSP} =–3 V? pues a la vista no es fácil de responder, digamos que, en 3 V, así siendo V_{DSN} 3 V entonces V_o es 3 V ($V_{DSN}=V_o - 0$) e I_{DS} es 100 μA leídos en el eje horizontal. Para la fila 3 es más fácil ya que el punto de corte entre V_{GSN} 3 V y V_{GSP} –2 V es más o menos para 0,2 V de V_{DSN} a los que corresponden unos 35 μA de I_{DS}. La Figura 5.23 muestra gráficamente los valores anteriores.

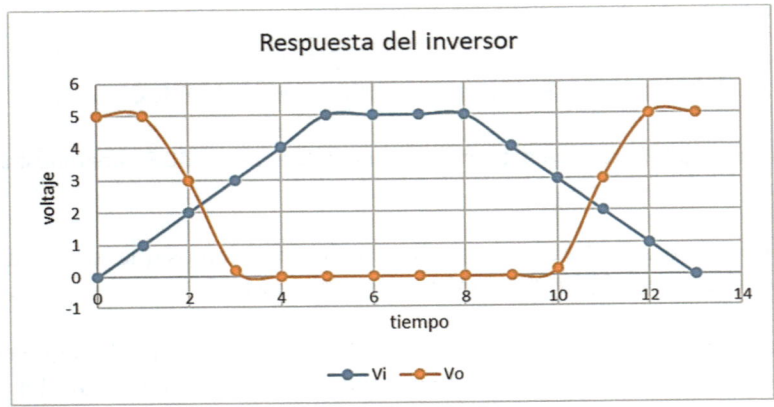

Figura 5.23. Representación gráfica temporal de la evolución de un inversor lógico CMOS

La Figura 5.24 muestra la curva de transferencia del inversor. En ella se ve que la curva no es simétrica, no está centrada en 2,5 V en la entrada. La razón es la misma que se vio anteriormente: el comportamiento cuantitativo de nMOS y pMOS no es idéntico.

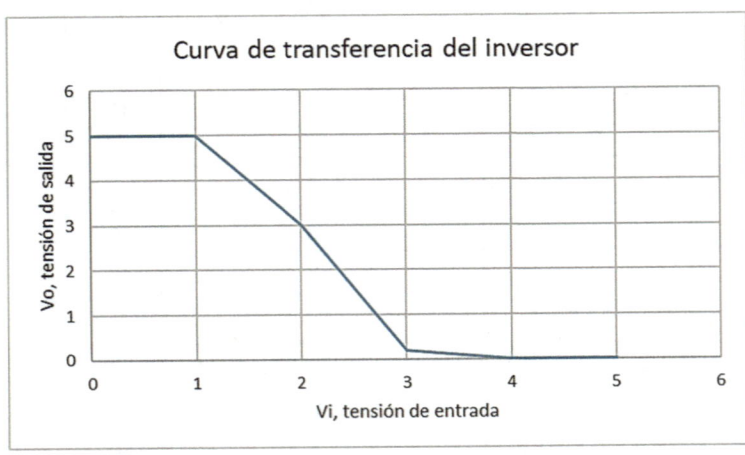

Figura 5.24. Curva de transferencia de un inversor

El simulador MW (*Microwind*) de Etienne Sicard (https://microwind.net) nos permite ver en la Figura 5.25 la curva de transferencia más exacta.

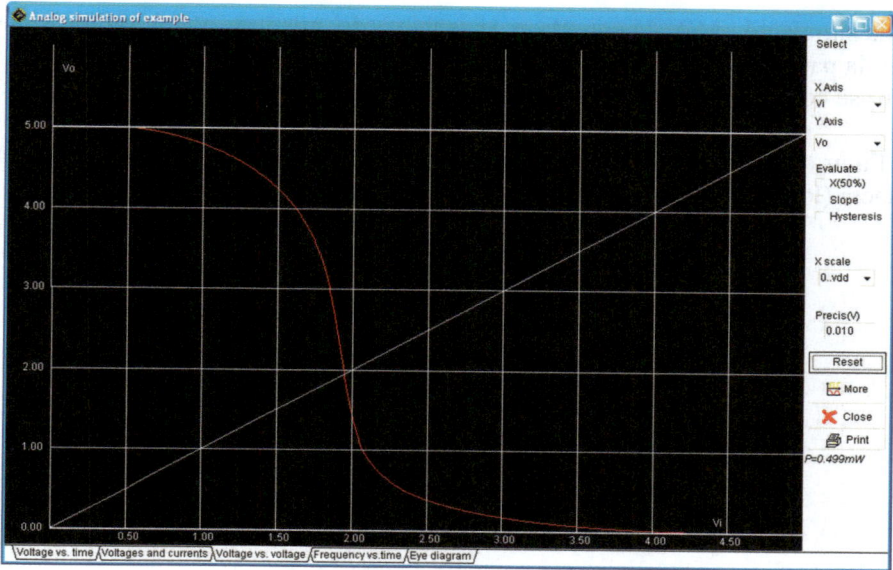

Figura 5.25. Curva de transferencia de un inversor según el simulador MW03

En cuanto al consumo, la Figura 5.26 muestra claramente que solo circula corriente eléctrica en el momento del cambio de la salida.

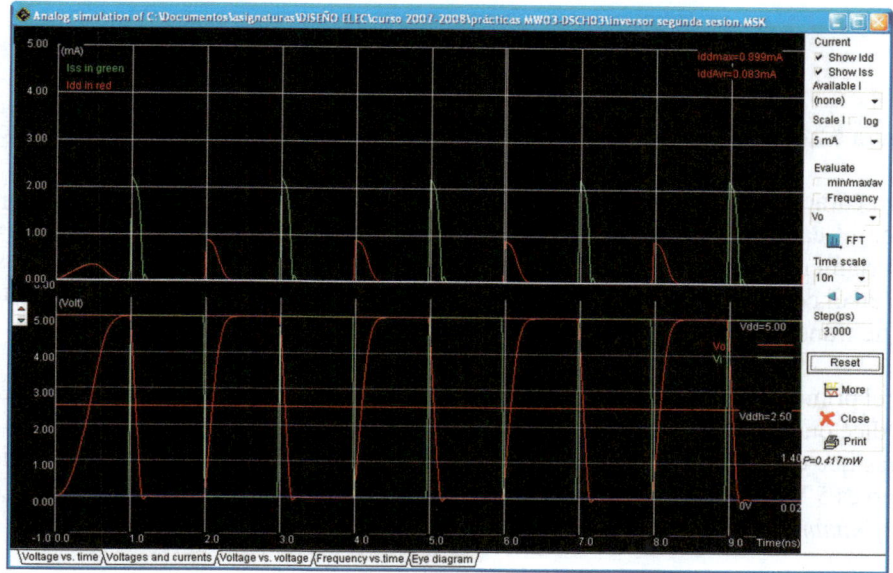

Figura 5.26. Evolución temporal y consumo en un inversor lógico CMOS

De nuevo, la corriente es mayor al pasar de 1 a 0, ya que es el nMOS el encargado de hacerlo, y la velocidad de cambio es mayor.

En la simulación MW, la entrada es la señal verde, mientras que la salida es la señal roja (en la parte inferior de la imagen). La señal verde de corriente (parte superior de la imagen) se corresponde con el nMOS, y la roja, con el pMOS.

La Figura 5.27 visualiza el consumo utilizando los datos en Excel de una forma menos exacta (los consumos de 1 a 0 y de 0 a 1 son distintos) pero más clara.

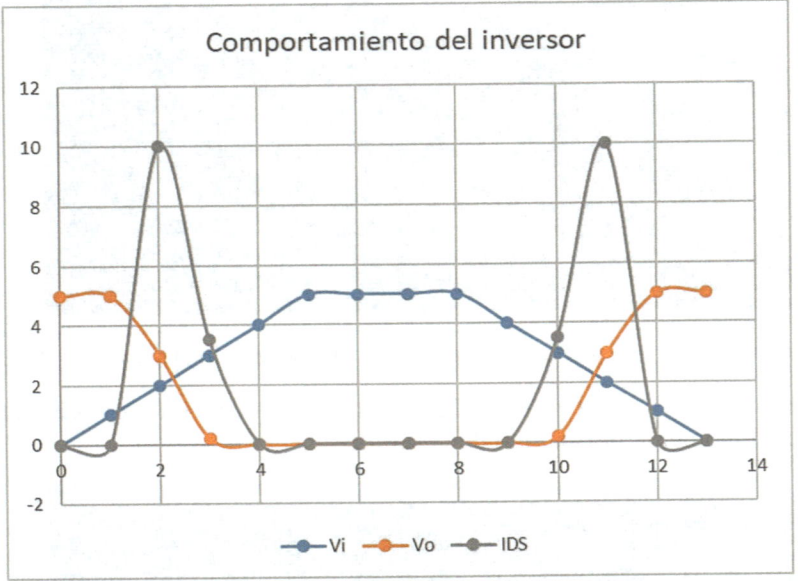

Figura 5.27. Evolución temporal y consumo en un inversor lógico CMOS mediante Excel

Otra característica importante del inversor son los valores de tensión en los que se produce el cambio de 0 a 1 y de 1 a 0 y con ellos el margen de ruido del inversor. Arbitrariamente los fabricantes decidieron que ese punto se obtendría leyendo las tensiones en el codo de la curva, es decir, donde una recta de pendiente − 1 es tangente a la curva de transferencia. La Figura 5.28 muestra este proceso.

En el primer punto tangente la tensión de entrada vale 1,5 V, y la de salida 4,3 V. Entonces se dice que 1,5 V es el máximo valor de entrada que es el 0 lógico (el mínimo es 0 V), mientras que el 4,3 V debe ser leído, como el mínimo valor de salida que es el 1 lógico (el máximo es 5 V). Estos valores son V_{ILMAX} (*Input Low Máximum Voltage*) y V_{OHMIN} (*Output High Mínimum Voltage*). De forma simétrica, 2,3 V y 0,8 V son V_{IHMIN} y V_{OLMAX}.

Estos valores permiten obtener el margen de ruido estático de un inversor.

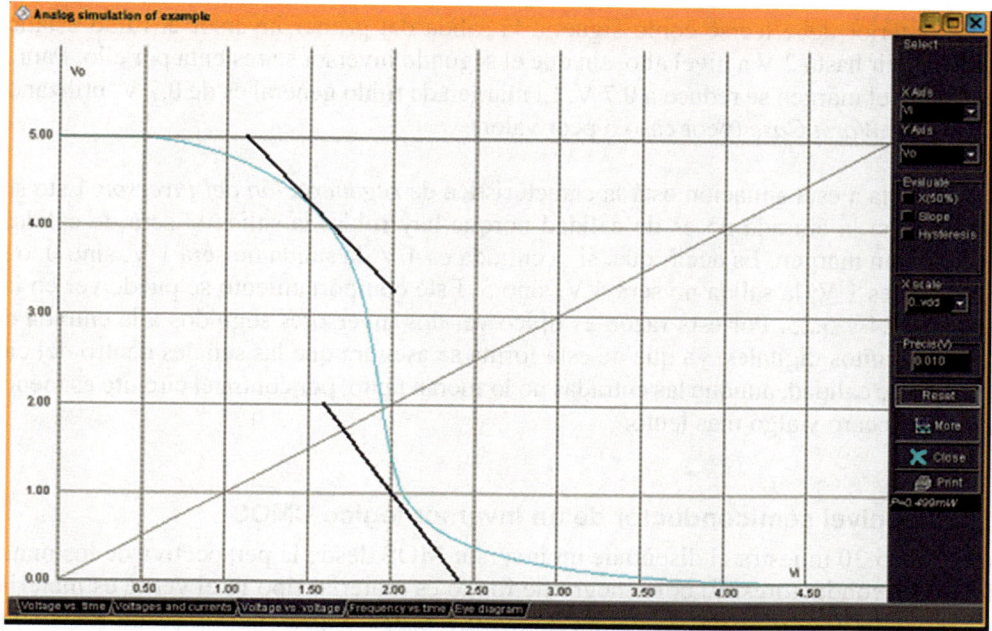

Figura 5.28. Estudio de la transición de un inversor lógico CMOS

Ejemplo 5.1

En la Figura 5.29 ¿cuánto puede variar la salida del primer inversor sin que afecte a la entrada del segundo inversor? Esta variación no es deseable, pero el ruido la puede provocar.

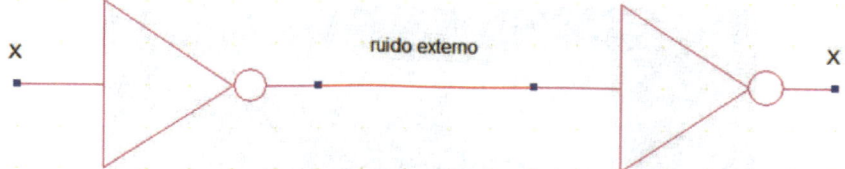

Figura 5.29. Estudio del ruido en un inversor

En este caso se puede calcular el margen de ruido de este inversor como el menor valor de los márgenes alto y bajo.

$$V_{ILMAX} = 1{,}5\ \text{V} \quad \text{y} \quad V_{OHMIN} = 4{,}3\ \text{V}$$

$$V_{IHMIN} = 2{,}3\ \text{V} \quad \text{y} \quad V_{OLMAX} = 0{,}8\ \text{V}$$

Margen de ruido a nivel alto: $NM_H = |4{,}3\ \text{V} - 2{,}3\ \text{V}| = 2\ \text{V}$

Margen de ruido a nivel bajo: $NM_L = |0{,}8\ \text{V} - 1{,}5\ \text{V}| = 0{,}7\ \text{V}$

Lo anterior debe leerse como sigue: a la salida del primer inversor el ruido estático puede añadir hasta 2 V a nivel alto, sin que el segundo inversor se resienta por ello. Para el nivel bajo, el margen se reduce a 0,7 V. El margen de ruido general es de 0,7 V, utilizando la regla del *Worst Case* (peor caso o peor valor).

Asociada a esta situación está la característica de *regeneración del inversor*. Esto supone que, si la entrada no es de calidad porque hay ruido, la salida sí será de calidad, dentro de un margen. Es decir, que, si la entrada es 4 V, la salida no será 1 V, sino 0, o si la entrada es 1 V, la salida no será 4 V, sino 5. Este comportamiento se puede ver en las Figuras 5.24 y 5.25. Por esta razón es típico ver dos inversores seguidos a la entrada de ciertos circuitos digitales, ya que de esta forma se asegura que las señales dentro del circuito son de calidad, aunque las entradas no lo fueran tanto, por contra el circuito es menos denso, más caro y algo más lento.

Diseño a nivel semiconductor de un inversor lógico CMOS

La Figura 5.30 muestra el diseño de un inversor MOS desde la perspectiva de los materiales semiconductores. El color negro de fondo es material tipo P, el verde es material tipo N+, el rojo es polisilicio (similar a metal) y el azul representa las pistas metálicas. Este es el inversor que se ha diseñado y simulado en el simulador Microwind, MW. Este diseño es operativo ya que opera como un inversor lógico, sin embargo, no es fabricable ya que no cumple una serie de reglas de diseño de semiconductores, pero este ámbito excede a los objetivos de este libro. Simplemente se quiere remarcar que el diseño de la Figura 5.30 es operativo, pero no es fabricable.

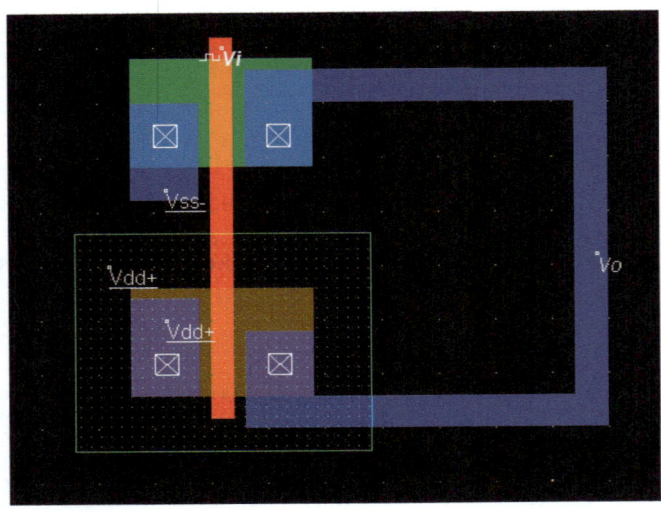

Figura 5.30. Diseño semiconductor de un inversor lógico CMOS

5.4. DISEÑO LÓGICO MOS

Existe una forma de diseñar circuitos digitales utilizando la estrategia CMOS (*Complementary* MOS) que se explicará en este apartado. También se explicará más adelante la técnica de diseño mediante puertas de transmisión.

5.4.1. Diseño lógico CMOS

El diseño CMOS es muy sencillo de explicar y fácil de aplicar. El diseño se basa en dividir el circuito es dos partes que se complementan (*complementary*):

- el plano superior pMOS, y
- el plano inferior nMOS.

Todos los diseños que se abordan en este apartado van a tener esta característica.

En el caso ideal, la expresión a implementar ha de estar negada y ser del tipo *suma de productos* (SoP, *sum of products*) o *producto de sumas* (PoS, *product of sums*).

Por ejemplo, vamos a implementar la función lógica NAND (*not* AND) descrita en la Figura 5.31.

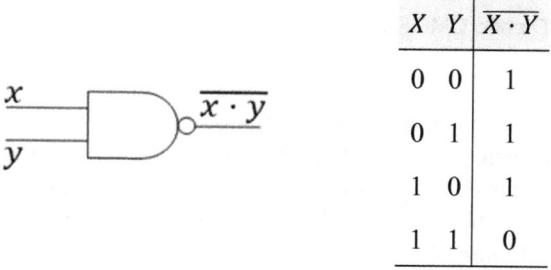

X	Y	$\overline{X \cdot Y}$
0	0	1
0	1	1
1	0	1
1	1	0

Figura 5.31. Tabla de verdad y símbolo de la puerta lógica NAND (*Not*-AND)

En este apartado se entiende que el lector conoce los principales operadores lógicos o booleanos.

Pueta lógica NAND

La Figura 5.32 muestra el diseño CMOS de una puerta lógica NAND y el comportamiento de cada transistor.

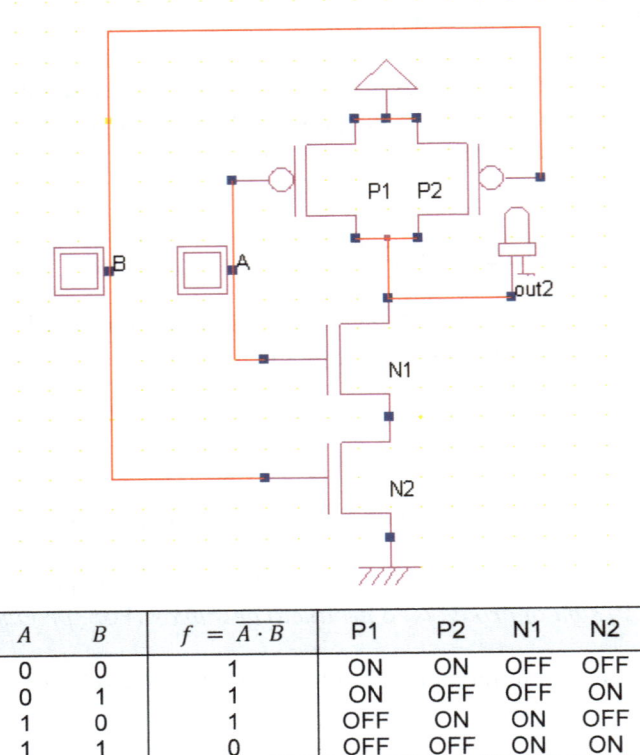

A	B	$f = \overline{A \cdot B}$	P1	P2	N1	N2
0	0	1	ON	ON	OFF	OFF
0	1	1	ON	OFF	OFF	ON
1	0	1	OFF	ON	ON	OFF
1	1	0	OFF	OFF	ON	ON

Figura 5.32. Diseño CMOS de una puerta lógica NAND y su comportamiento

En la Figura 5.32 es importante observar que el plano nMOS se compone de dos transistores nMOS en serie (es un producto), y dos pMOS en paralelo. Esto es así porque la función a implementar es un producto $A \cdot B$. Recordemos que como el plano nMOS entrega un 0, entonces la función de salida está negada. Por eso lo mejor es que la función a implementar esté negada en su conjunto.

Con más detalle vemos que para $A = B = 0$ los dos pMOS están ON y por tanto, los 5 V van a la salida, esto es un 1. Si solo una de las dos entradas es 0, entonces solo uno de los dos pMOS está ON pero, aun así, la salida es 1. En este caso solo un transistor nMOS está ON y por tanto, la tierra no puede *llegar* a la salida, ya que uno de los nMOS está OFF. Solamente cuando ambas entradas están a 1, se ponen a ON los dos nMOS y la tierra puede alcanzar la salida, mientras que los pMOS están OFF.

Pueta lógica NOR

En el caso de la puerta NOR, su tabla de verdad y símbolo están en la Figura 5.33.

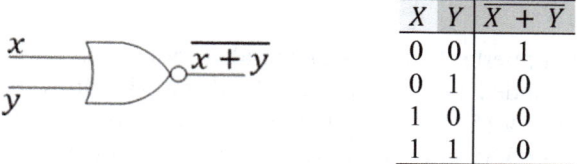

X	Y	$\overline{X + Y}$
0	0	1
0	1	0
1	0	0
1	1	0

Figura 5.33. Tabla de verdad y símbolo de la puerta lógica NOR (Not-OR)

La Figura 5.34 muestra una función NOR (*not* OR). En este caso es una suma negada y por tanto, los dos transistores nMOS no están en serie sino en paralelo, y de forma complementaria los dos pMOS están en serie.

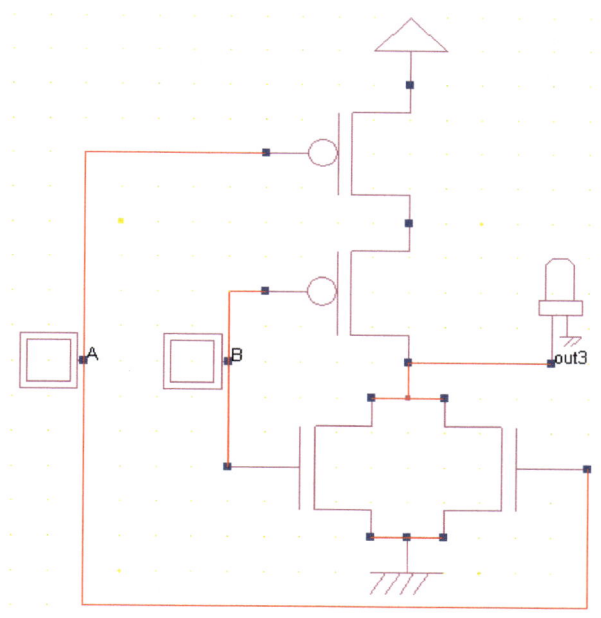

A	B	$f = \overline{A + B}$	P1	P2	N1	N2
0	0	1	ON	ON	OFF	OFF
0	1	0	ON	OFF	OFF	ON
1	0	0	OFF	ON	ON	OFF
1	1	0	OFF	OFF	ON	ON

Figura 5.34. Diseño CMOS de una puerta lógica NOR y su comportamiento

Pueta lógica AND

Para implementar una puerta AND una buena idea sería partir de la Figura 5.34 y simplemente poner 5 V donde hay tierra, y tierra donde hay 5 voltios. Pero en este caso el 1 no tendría 5 V, sino 4,3 V ($5\,\text{V} - V_{TH}$) y 0 no sería 0 V, sino 0,7 V ($0\,\text{V} - V_{TH}$), y esto no es aceptable. La Figura 5.35 muestra las dos soluciones aceptables.

- La primera simplemente niega la salida NAND mediante un inversor y, por tanto, se convierte en AND.

- La segunda solución se basa en el teorema de DeMorgan, $f = A \cdot B = \overline{\overline{A} + \overline{B}}$.

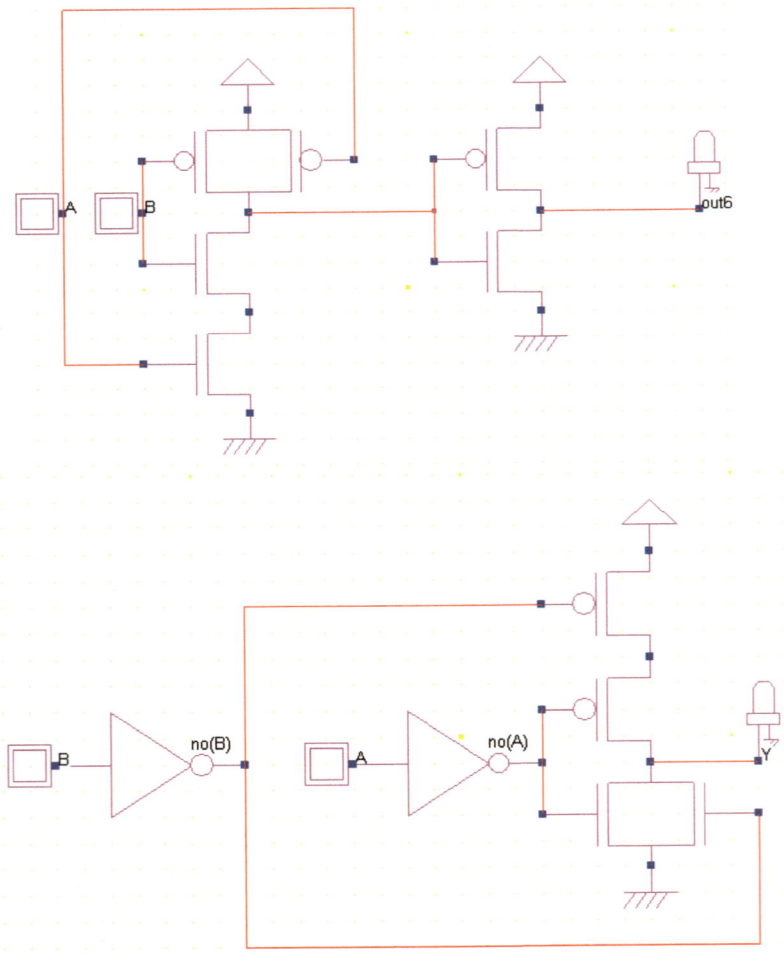

Figura 5.35. Diseño CMOS de una puerta lógica AND

El planteamiento para la puerta OR es similar al anterior: negar la puerta NOR o utilizar el Teorema de DeMorgan.

Pueta lógica XOR

La función XOR (*eXclusive* OR) es $A \oplus B = \overline{A \cdot B + \bar{A} \cdot \bar{B}}$. En este caso la función está negada, lo que ayuda, y luego es una suma (paralelo) de dos productos (serie). Así pues, el diseño es el de la Figura 5.36. En esta figura no se añaden los inversores de las entradas para mejorar la claridad. Y por supuesto hay otras formas de implementar la puerta XOR que no se recogen aquí.

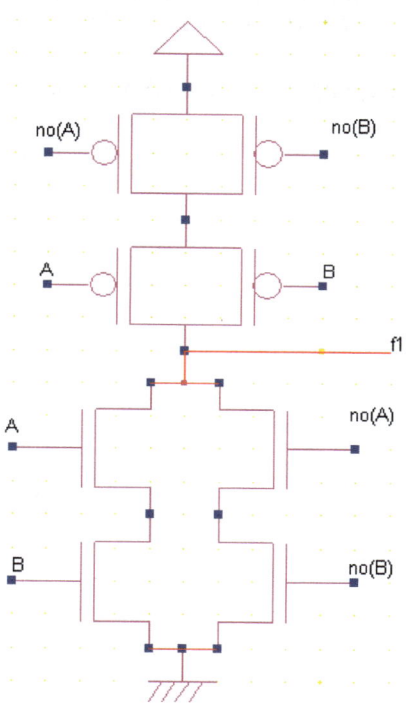

A	B	A⊕B
0	0	0
0	1	1
1	0	1
1	1	0

Figura 5.36. Diseño CMOS de una puerta lógica XOR

Si la función a implementar está negada y es una SoP o una PoS, entonces el método es sencillo.

Para un SoP negada:

- Cada producto se convierte en una conexión serie de nMOS, con las entradas negadas o no, según estén en la función.

- Todos los productos anteriores conectan en paralelo entre sí.

- El plano pMOS es el plano complementario del anterior noMOS, es decir, todo lo que era serie ahora es paralelo, y todo lo que era paralelo, ahora es serie.

Para un PoS negada:

- Cada suma se convierte en una conexión paralelo de nMOS, con las entradas negadas o no según estén en la función.

- Todas las sumas se conectan en serie entre sí.

- El plano pMOS es el complementario del plano anterior noMOS: todo lo que era serie ahora es paralelo, y todo lo que era paralelo, ahora es serie.

Por ejemplo, la Figura 5.37 muestra la implementación de la función:

$$f = \overline{(A) + (\bar{A} \cdot B) + (\bar{B} \cdot C)}$$

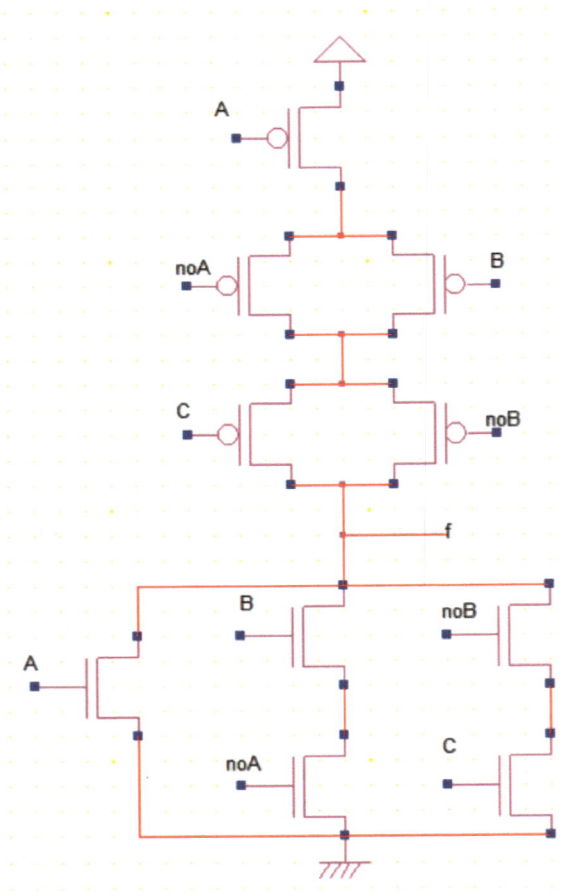

Figura 5.37. Diseño CMOS de la función *f*

Si la función a implementar combina productos y sumas de forma más o menos desordenada y/o la función no está negada, entonces todo se complica, pero el procedimiento sigue siendo el mismo: diseñar la parte nMOS conectando en serie los productos y en paralelo las sumas, y luego haciendo lo complementario en el plano pMOS, es decir, cambiar serie por paralelo, y viceversa.

Diseño a nivel semiconductor de una puerta NAND

La Figura 5.38 muestra el esquema de una puerta lógica NAND desde el punto de vista de los materiales. De nuevo este diseño es operativo desde el punto de vista lógico, pero no es fabricable. Seguidamente, la Figura 5.39 muestra el consumo asociado a esta puerta lógica NAND.

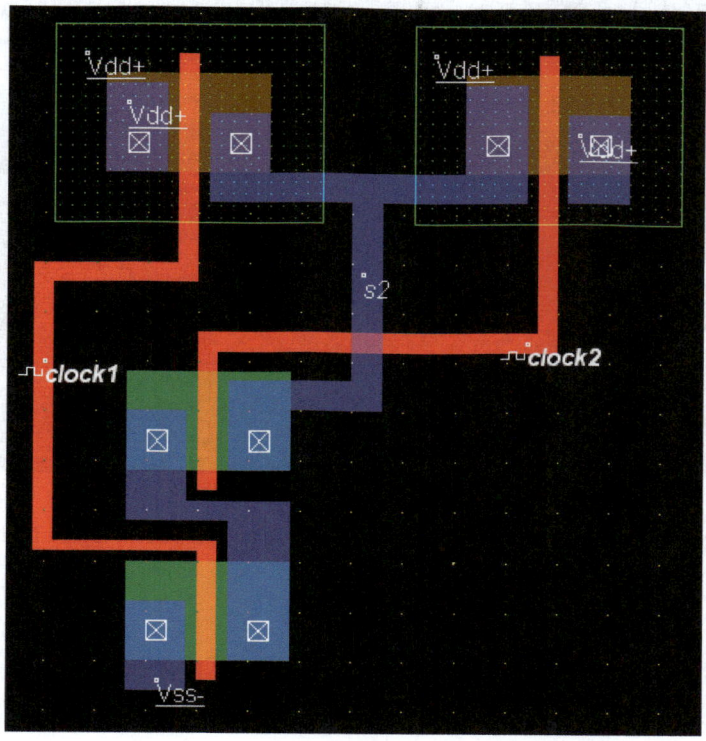

Figura 5.38. Diseño a nivel semiconductor CMOS de una puerta lógica NAND

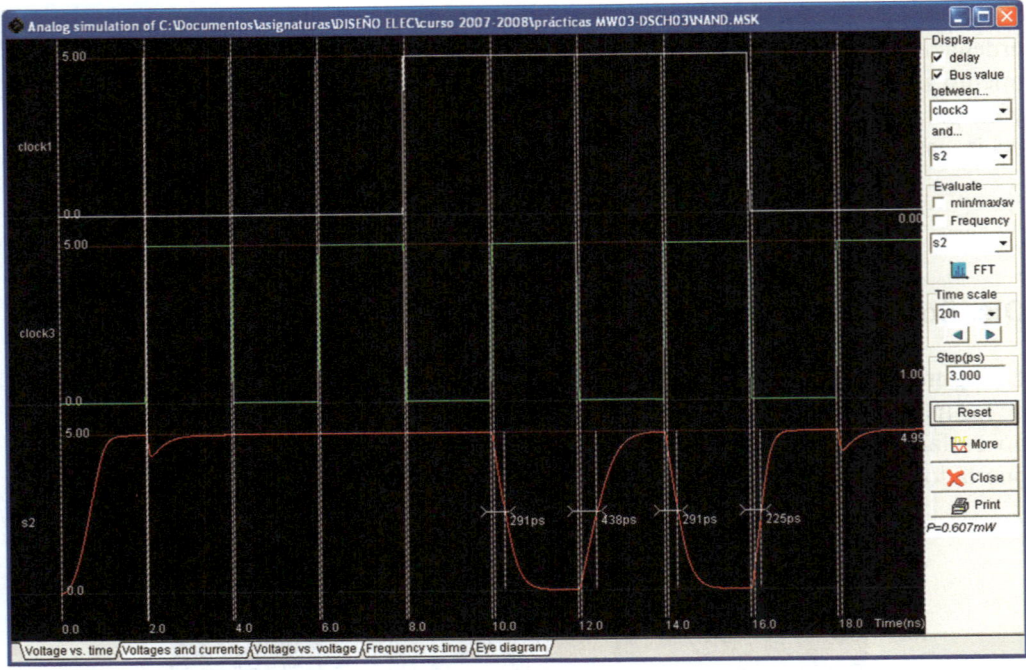

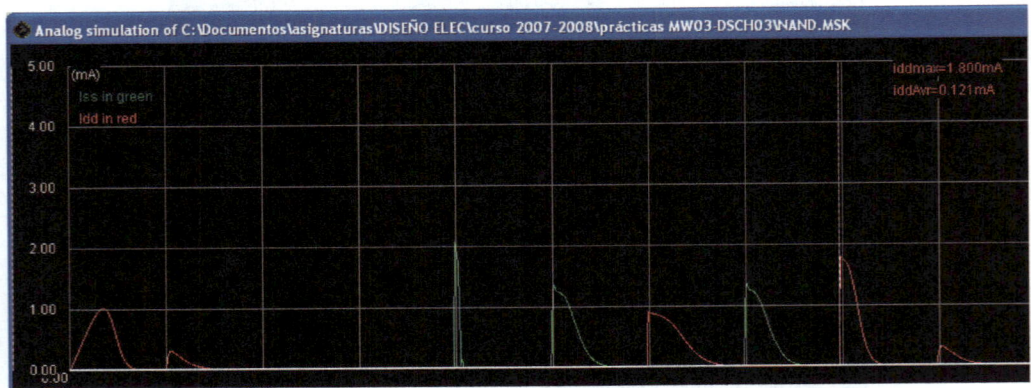

Figura 5.39. Evolución temporal y consumo de una puerta lógica NAND

5.4.2. Diseño lógico con Puertas de Transmisión (PT)

La estrategia de diseño PT se basa en la Puerta de Transmisión (PT, *Transmisión Gate*), mostrada en la Figura 5.40. Tiene una entrada (In) y una señal de *enable*. Si *enable* está a 0, entonces tanto el pMOS como el nMOS están OFF y por tanto, la salida se queda a su nivel de tensión previo, es decir, $V_o(t) = V_o(t-1)$. Mientras que, si *enable* está a 1, entonces ambos transistores están ON y, por tanto, *In* pasará a *Out*. Recordemos que, si un transistor está OFF, entonces vimos que su salida se mantenía, ya que el terminal afectado se comportaba como un condensador.

Otra situación a destacar es que si *In* es un 1 (5 V), entonces el nMOS entrega 4.3 V, esto podría parecer negativo, y lo es, pero también está el pMOS, y este sí entrega 5 V.

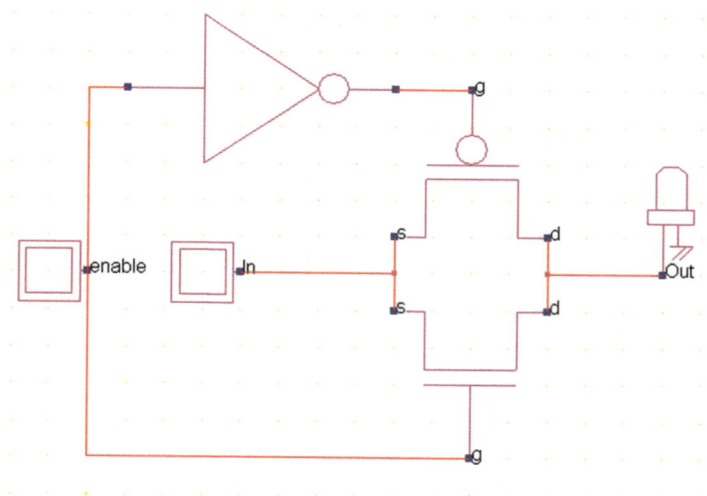

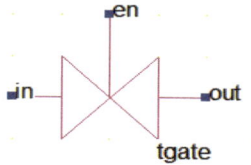

Enable	In	Out, $V_o(t)$
0	0	$V_o(t-1)$
0	1	$V_o(t-1)$
1	0	0
1	1	1

Figura 5.40. Diseño y comportamiento de una puerta de transmisión

Utilizando una puerta de transmisión vemos cómo se puede implementar una función XOR. Si nos fijamos en la tabla de la Figura 5.41 vemos que, si A es *enable*, entonces la salida es $\bar{B}$ mientras que si *enable* es $\bar{A}$, entonces la salida es B.

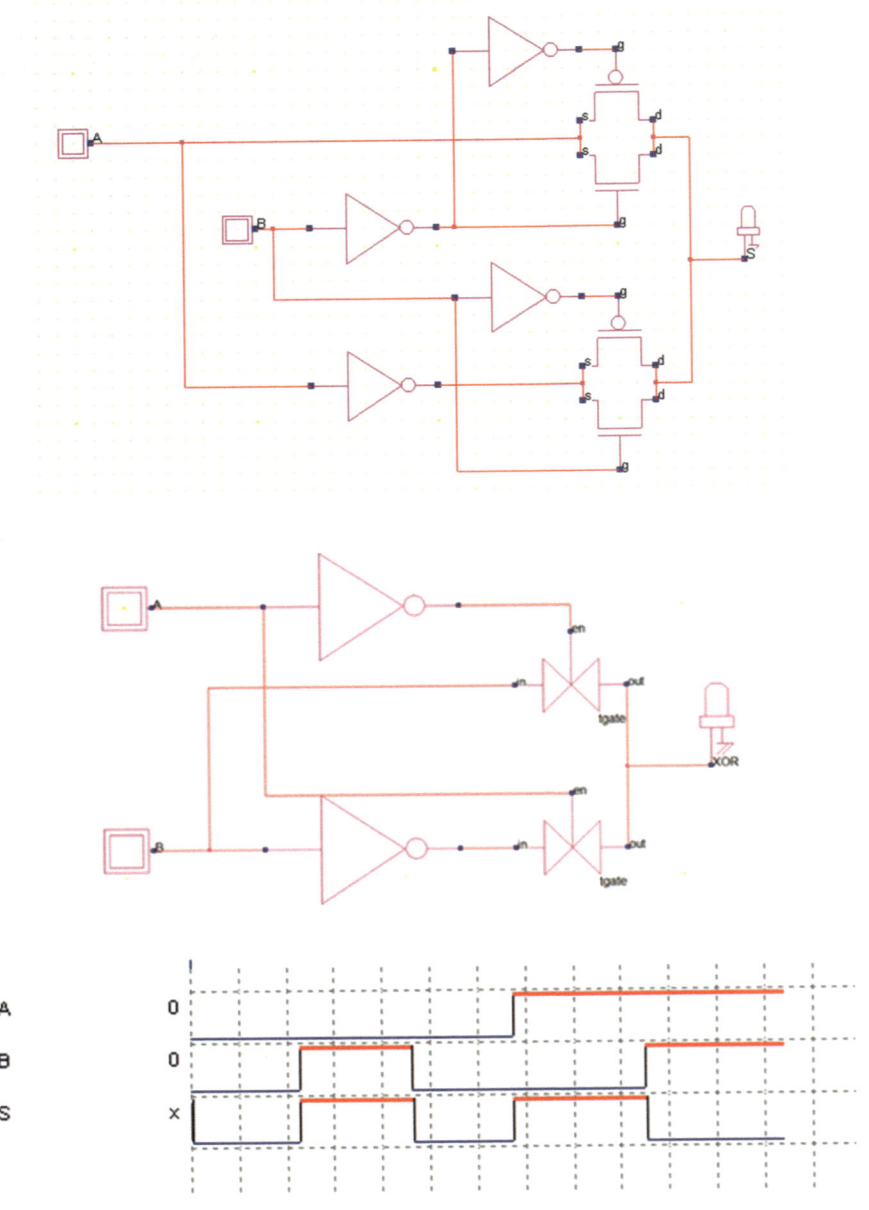

Figura 5.41. Diseño y comportamiento de una XOR mediante una puerta de transmisión

Este mismo enfoque se puede usar para implementar un multiplexor, por ejemplo, el 2:1. En el multiplexor de la Figura 5.42, una y sola una de las entradas, pasa a la salida.

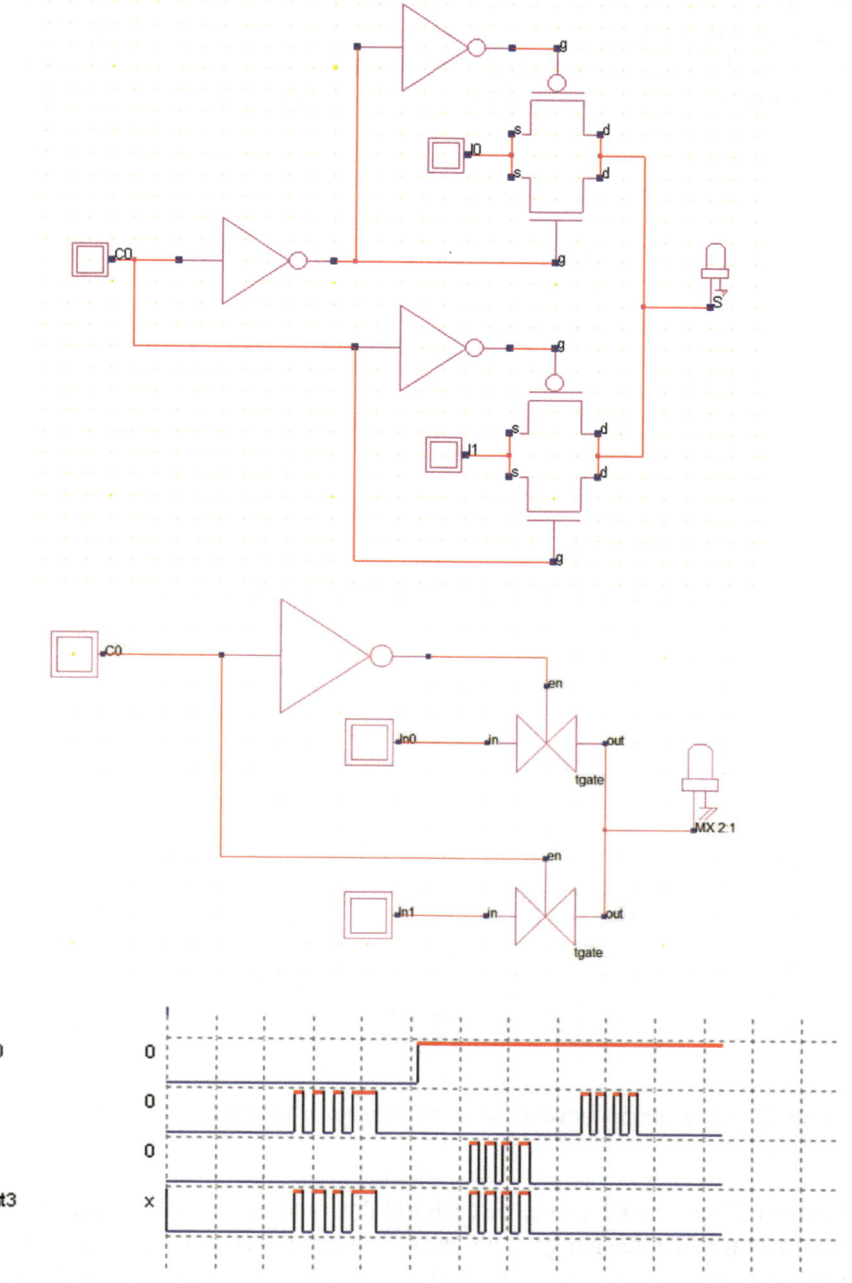

Figura 5.42. Diseño y comportamiento de un multiplexor 2:1 mediante una puerta de transmisión

Si se desea diseñar un demultiplexor, la estructura es exactamente la misma, excepto que hay dos salidas y una entrada, DMX 1:2. La Figura 5.43 muestra que el diseño consiste simplemente en dar la vuelta al diseño de la Figura 5.42. En la simulación se ve que cuando una salida no está conectada a una entrada (su PT no está habilitada), entonces se ve de color gris y esto quiere decir que está flotando. Este valor es el último aportado, y será un 0 o un 1, de carácter débil. Esta situación depende de cada simulador.

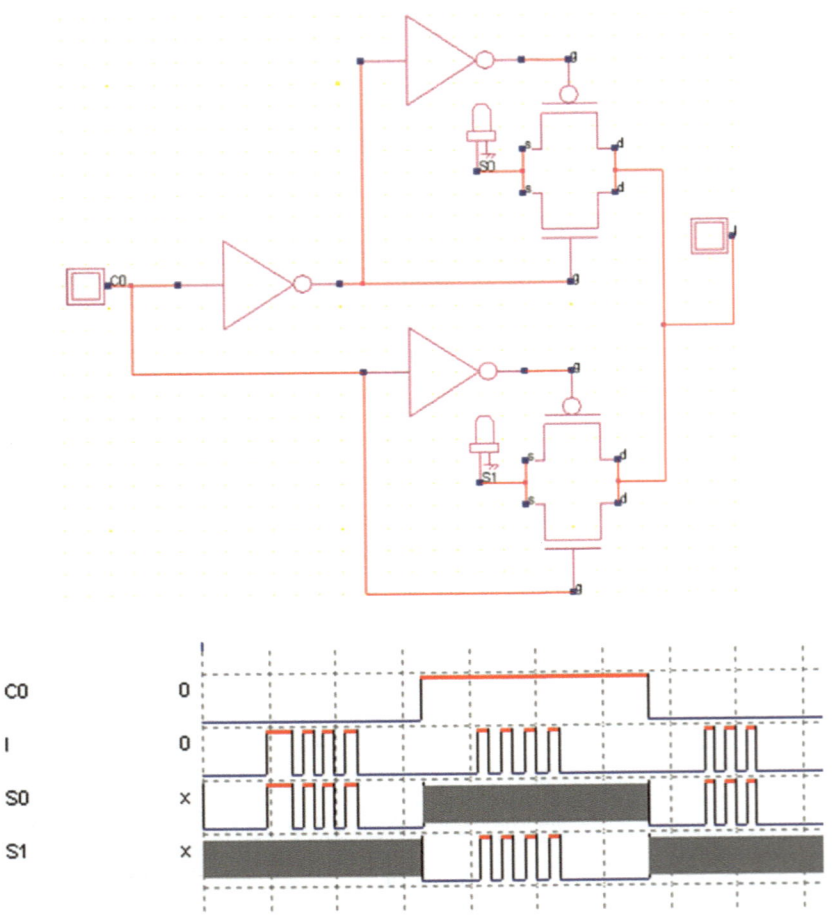

Figura 5.43. Diseño y comportamiento de un demultiplexor 1:2 mediante una puerta de transmisión

¿Por qué utilizar una PT en vez de CMOS? Pues porque una PT produce una reducción del número de transistores a usar, tanto mayor cuanto más grande es el circuito. Por ejemplo, para un multiplexor de 16:1, la reducción supera el 50 % de espacio, lo que sin duda es importante.

La cuestión ahora es ¿se puede implementar cualquier función digital con CMOS? La respuesta es no, solo se pueden implementar aquellos circuitos digitales en los que la funcionalidad de la PT encaje con *naturalidad*. Esto es una desventaja, pero es importante destacar que el uso de XOR en operadores aritméticos y de multiplexores como *Lookup Table* (LUT*)* en las FPGAs hacen que la PT sea muy útil en el diseño digital.

5.4.3. Diseño de Biestables y Flip-Flop

Otro de los elementos más populares en diseño digital son los biestables o elementos de memoria. Estos son capaces de almacenar un bit o varios durante un tiempo indeterminado.

Para implementar un biestable, es importante saber cómo mantener un valor en el tiempo, y para ello lo mejor es usar la realimentación de la salida a la entrada.

El diseño de la Figura 5.44 es un biestable D síncrono por nivel bajo: si la línea de reloj o *enable* está a 0, entonces lo que hay en la entrada, pasa a la salida, y si el reloj está a 1, entonces la salida no cambia, se mantiene en su último valor.

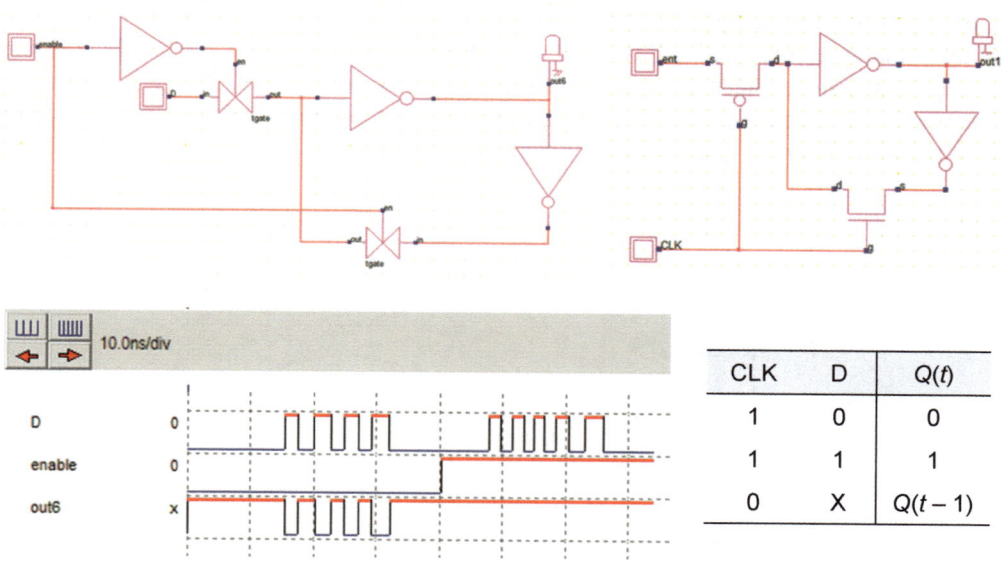

CLK	D	Q(t)
1	0	0
1	1	1
0	X	Q(t − 1)

Figura 5.44. Diseño y comportamiento de un biestable D síncrono por nivel

La línea CLK de reloj también se llama *enable* según sea el uso del biestable. Existen dos soluciones:

- una con puertas de transmisión, y

- la otra con transistores.

Esta segunda es mucho más compacta, 6 transistores frente a 14, una reducción de más del 50 %. En esta segunda implementación los inversores aseguran el buen funcionamiento, aunque los nMOS y pMOS entreguen un 1 y un 0 débiles, respectivamente.

En las dos implementaciones hay dos inversores en la cadena de realimentación. Desde un punto de vista lógico no tiene sentido añadirlos ya que una doble negación lógica deja la señal como estaba, su interés es más físico. Los dos inversores retardan la señal (sin cambiar su valor lógico), evitando un posible fenómeno de carreras (*races*) ya que entre la salida de la PT de la cadena directa y la entrada de la PT de la cadena de realimentación estos dos inversores permiten mantener la señal entre la desconexión de la primera PT y la conexión de la segunda.

Sería más elegante que los dos inversores estuvieran en la cadena directa, pero al repartirlos se mantiene el efecto buscado y se reduce a la mitad el retardo que hay entre la salida de la PT directo y la salida del biestable, pasando de dos inversores a uno. Este uso de inversores también se da en la celda de memoria RAM.

Si contamos los transistores necesarios en el diseño anterior son 10 (o 14 según se incluyan los inversores de las PT), pero si miramos el diseño digital clásico de la Figura 5.45, los transistores necesarios son 18: 4 transistores por cada NAND y 2 más por el inversor. Es decir, este diseño de la PT supone un coste menor (mayor densidad y rapidez y menor consumo) que el mismo diseño según CMOS.

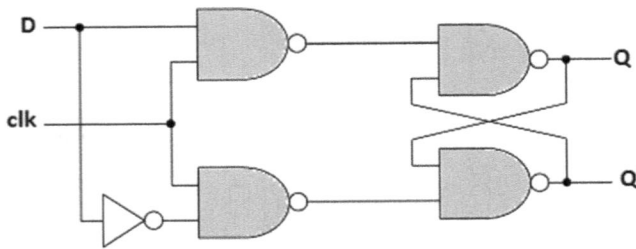

Figura 5.45. Diseño lógico de un biestable D síncrono por nivel

El biestable más usado es el biestable D síncrono por flanco de la Figura 5.46, denominado *flip-flop* D, y está basado en unir dos biestables D síncronos por nivel. En este caso la salida toma el valor de la entrada en el instante del flanco.

CLK	D	Q(t)
↑	0	0
↑	1	1
0	X	Q(t − 1)

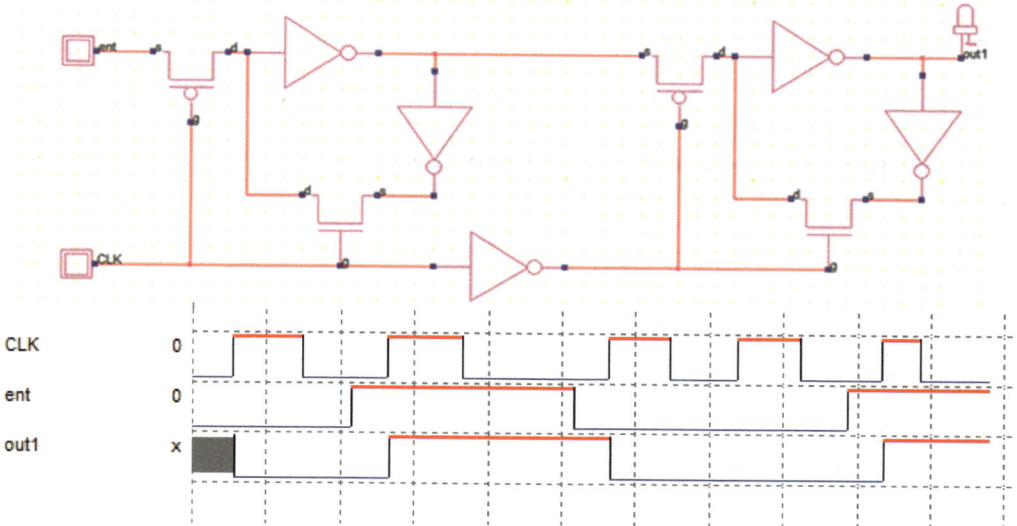

Figura 5.46. Diseño y comportamiento de un *flip-flop* D mediante una PT

5.4.4. Celda básica de memoria RAM

Por último, es interesante diseñar una celda RAM de 1 bit. El diseño es el de la Figura 5.47 y su análisis necesita de algo de atención ya que no hay línea de entrada ni de salida como tales, hay *línea Bit*.

En esta línea Bit se puede leer el dato o poner el dato a ser escrito siempre y cuando la *línea Word* está activada para los correspondientes bits. Mientras WL(*Word Line*) no esté activa, entonces los dos inversores están aislados y mantienen su valor *flotando*. Si se activara WL entonces el comportamiento depende de BL (*Bit Line*), si tiene un 1 o un 0 (BL es S), entonces este cambia el valor del anillo de inversores ya que su valor estaba "flotando", pero si BL flota (BL es D) entonces el valor almacenado en la celda se muestra en BL. Y si una vez cargada la celda, WL se inactiva, entonces el anillo de inversores se encarga de mantener el valor.

En la Figura 5.47 destaca que no haya línea de *read/write*, no es necesario ya que el uso de BL como entrada (*write*) o como salida (*read*) hace de línea *read/write*.

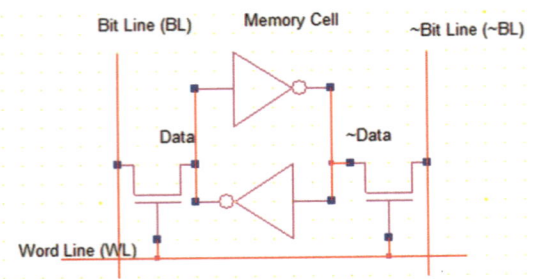

Figura 5.47. Diseño MOS de una celda de memoria RAM

La Figura 5.48 muestra una memoria RAM de 4×4 bits basada en la anterior celda de 1 bit.

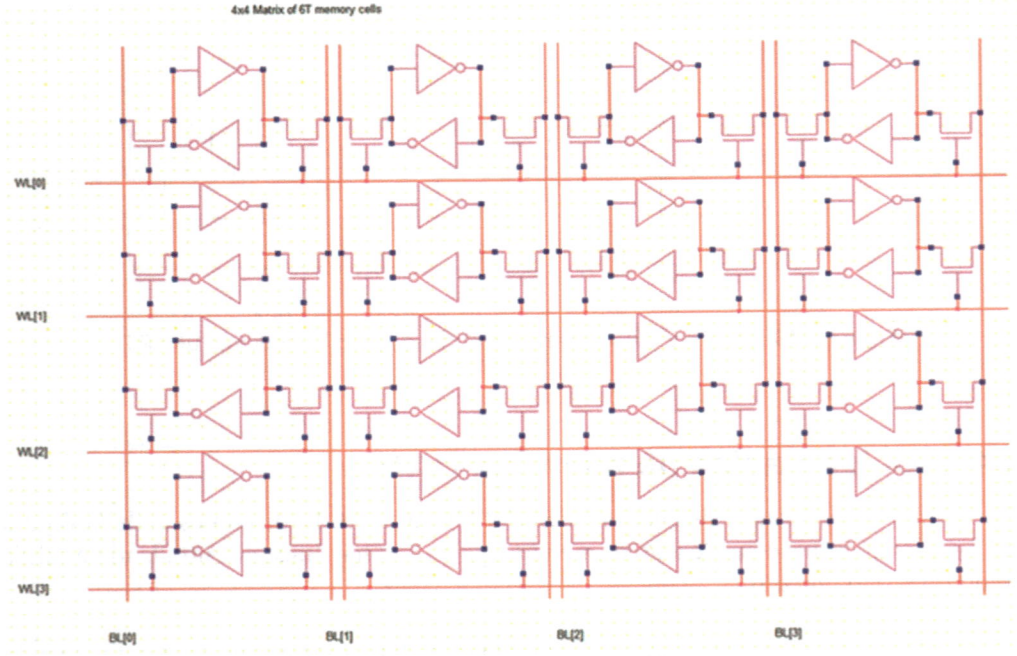

Figura 5.48. Diseño MOS de una memoria RAM 4x4

5.5. RESUMEN

Una computadora es un circuito digital sofisticado que conceptualmente solo contiene puertas lógicas AND, OR y NOT. En este capítulo hemos visto cómo diseñar estas puertas usando transistores MOS (nMOS y pMOS), para ello hemos estudiado el comportamiento estático y dinámico de los transistores nMOS y pMOS por separado, para finalmente hacer un estudio detallado del inversor CMOS, la puerta lógica más sencilla. Además, se han mostrado otras técnicas de diseño que implementan otras funciones muy útiles en computación como las puertas XOR, los multiplexores/demultiplexores, los biestables y las memorias.

PROBLEMAS PROPUESTOS

5.1. Implementar con tecnología CMOS la siguiente función booleana.

$$f = \overline{(A + \overline{B}) \cdot (\overline{A} + C)}$$

5.2. Implementar con tecnología CMOS la siguiente función booleana.

$$f = \overline{A + \overline{A} \cdot \overline{B}}$$

5.3 Implementar con tecnología CMOS la siguiente función booleana.

$$f = \overline{A \cdot (B + \overline{B} \cdot C)}$$

5.4. Implementar con tecnología CMOS la siguiente función booleana

$$f = A + (B \cdot (\overline{A} + C)$$

5.5. Implementar con tecnología CMOS la siguiente función booleana.

$$f = \overline{A + A \cdot B \cdot C}$$

5.6. Explicar qué hace el circuito adjunto

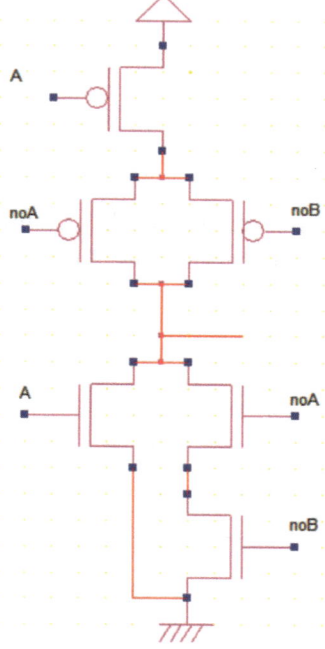

5.7. Explicar por qué es incorrecto el siguiente circuito CMOS y cómo se podría implementar la función lógica que parece querer implementar.

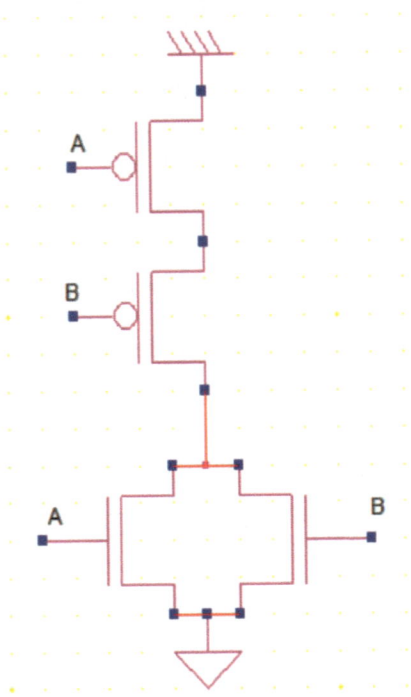

5.8. Dibujar el circuito MOS basado en puertas de transmisión que implementa parte de un sumador completo. Calcular la reducción que supone usar una puerta de transmisión en vez de lógica CMOS.

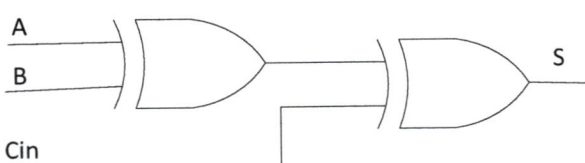

5.9. Dibujar el circuito MOS basado en puertas de transmisión que implementa un sumador completo. Calcular la reducción que supone usar PT en vez de lógica CMOS.

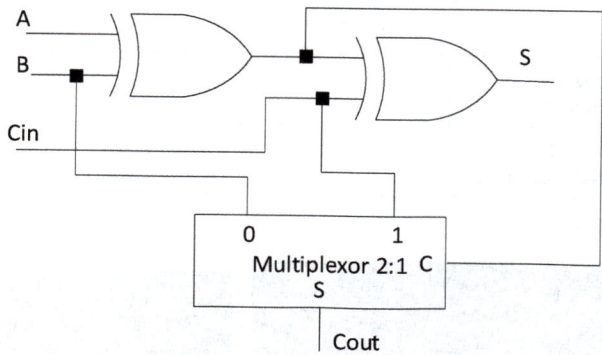

5.10. ¿Qué función lógica implementa el circuito de la figura?

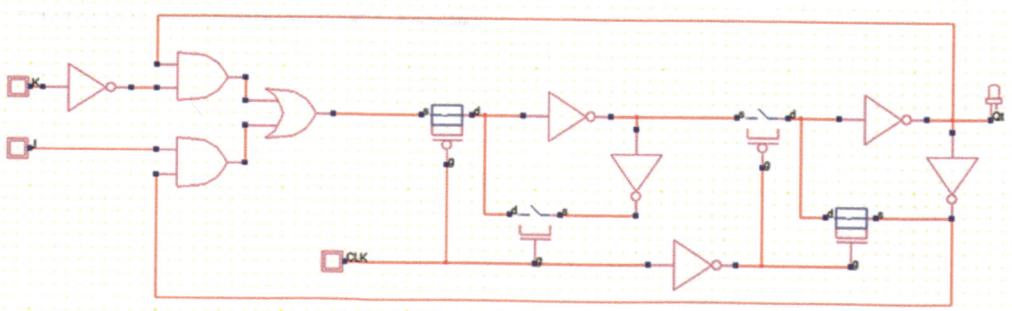

5.11. Modificar el circuito de la figura para que tenga señal de *reset* y *preset*.

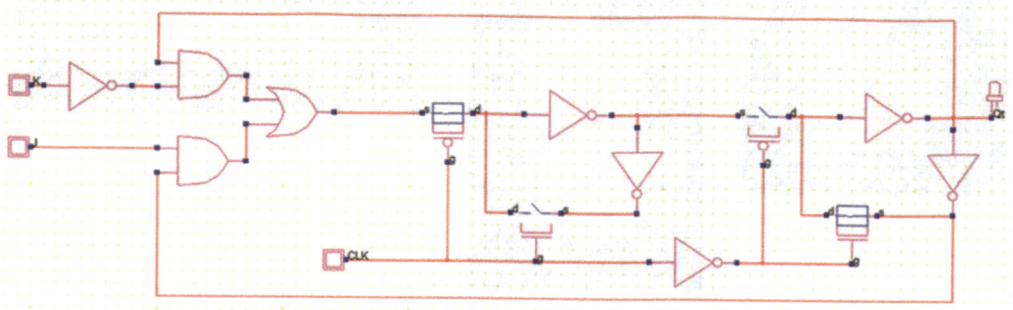

5.12. Indicar qué diseño se corresponde con cada una de las dos gráficas adjuntas para la curva de transferencia. Poner una cruz donde haya correspondencia

	Diseño MOS 1	Diseño MOS 2	Diseño MOS 3
Curva de transferencia 1			
Curva de transferencia 2			

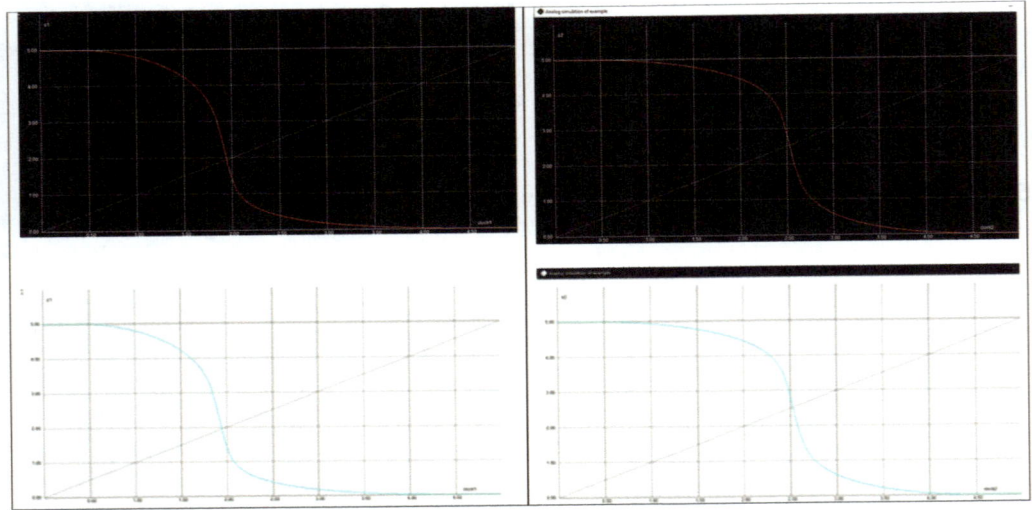

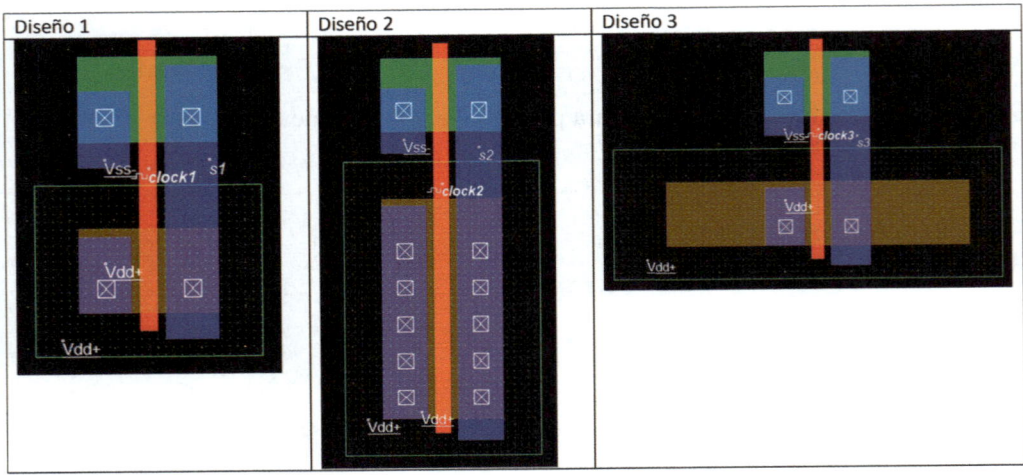

5.13. Completar la tabla de verdad del diseño MOS de la figura e indicar de qué función se trata. ¿Cree que este circuito tiene algún problema?

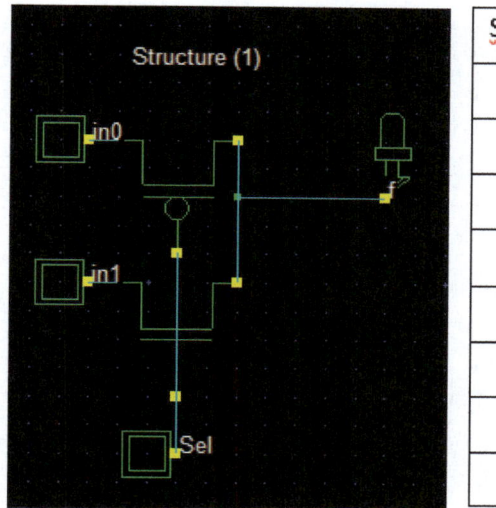

Sel	In1	In0	sal

5.14. Completar la tabla de verdad del diseño MOS de la figura e indicar de qué función se trata. ¿Cree que este circuito tiene algún problema?

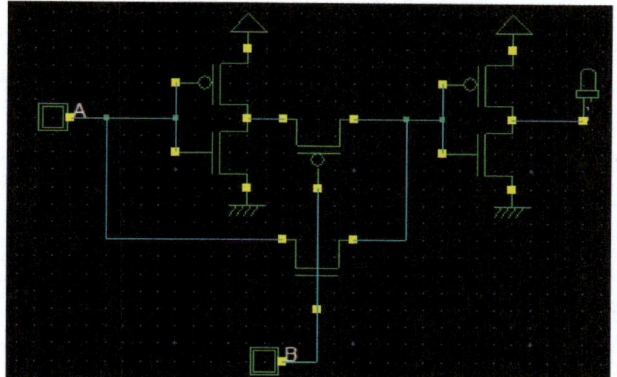

A	B	sal

5.15. ¿Qué función implementa el circuito de la figura? ¿por qué se han colocado dos inversores a la salida? ¿son necesarios?

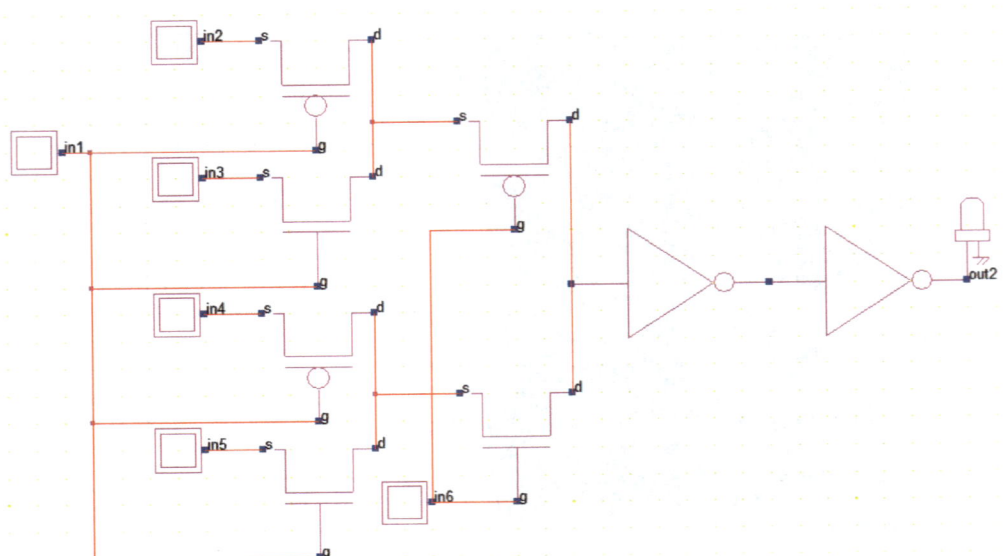

5.16. Completar la curva característica adjunta y la respuesta temporal. Observar que la salida está a 4,3 V en el arranque del comportamiento temporal de la gráfica.

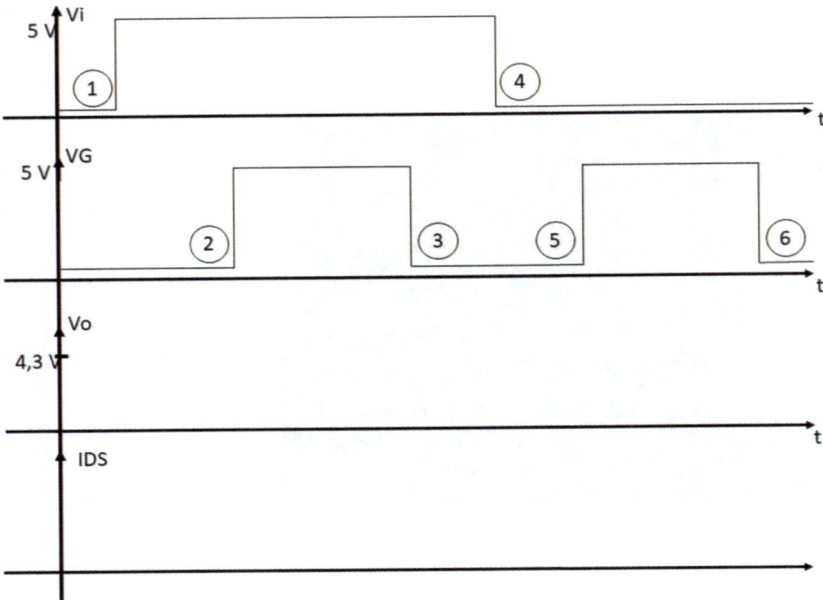

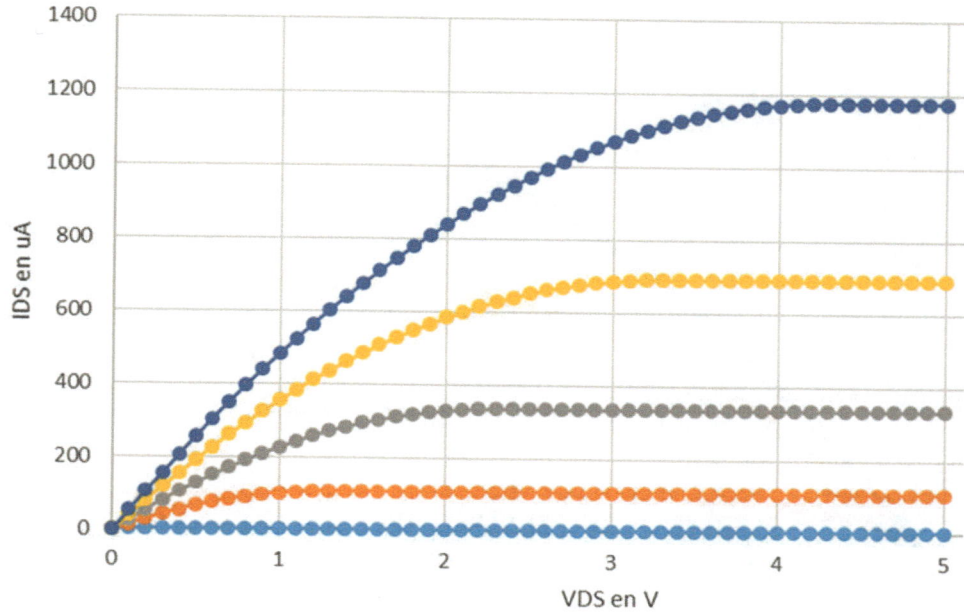

5.15. Completar la curva característica adjunta y la respuesta temporal. Observar que la salida está a 0 V en el arranque del comportamiento temporal de la gráfica.

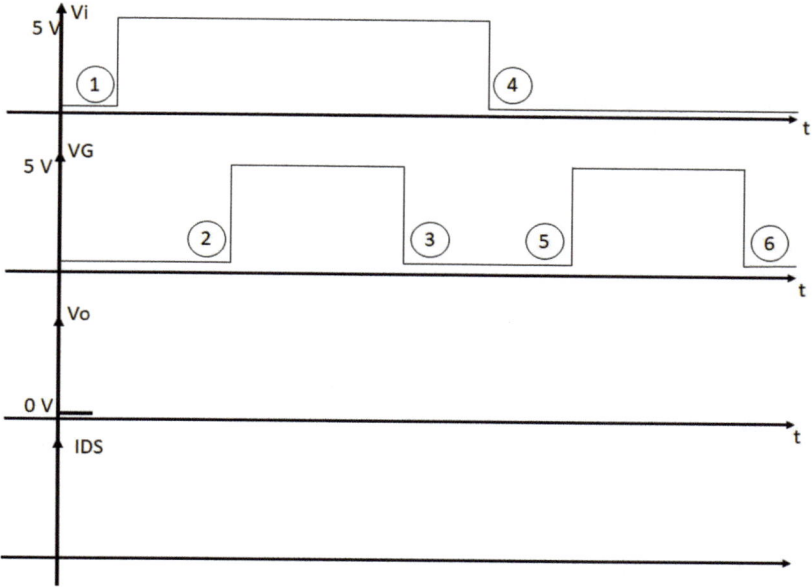

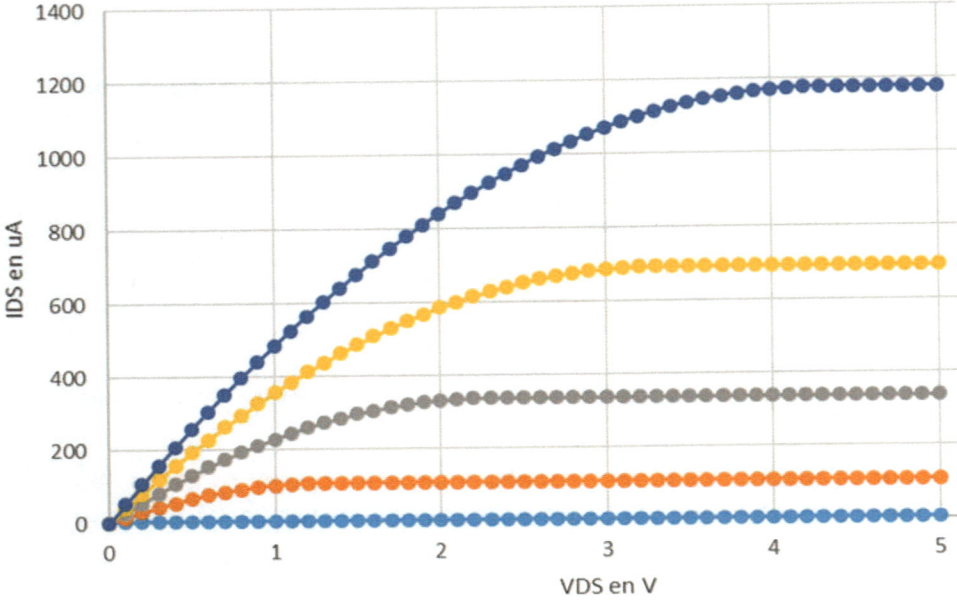